SQL 學習手冊 第三版

資料建立、維護與檢索

THIRD EDITION

Learning SQL

Generate, Manipulate, and Retrieve Data

Alan Beaulieu　著

林班侯　譯

目錄

前言

歷年來，各種程式語言興衰更迭，現役的程式語言中，很少發跡於超過十年以前。少數的例子包括 COBOL，這是一種在大型主機中仍十分常見的程式語言；其次是 Java，它誕生於 1990 年代中期，但已成為最受歡迎的程式語言之一；而 C 語言則仍受到作業系統、伺服器開發及嵌入式系統相當程度的歡迎。至於資料庫的領域，就不能不提到 SQL，它甚至可以溯源至 1970 年代。

SQL 最早的起源，是作為一種從關聯式資料庫中產生、操作及檢索資料的語言，從當時至今已逾 40 餘載。然而在過去十年左右，又興起了其他的資料平台，像是 Hadoop、Spark 和 NoSQL 等等，它們引起了相當的注目，同時也侵蝕了關聯式資料庫的市場。然而正如本書最後幾個章節中所探討的，SQL 語言已經發展成可以從各種平台檢索資料，而不限於資料表、文件或普通檔案等資料儲存方式。

為何要學習 SQL？

無論你是否使用關聯式資料庫，只要從事資料科學、商務情報、或是其他跟資料分析有關的工作，可能都得對 SQL 有所了解，同時還必須熟悉其他的語言 / 平台，像是 Python 和 R 等等。資料無所不在，它們為數龐大、累積的速度又快，能從這些資料中理出頭緒的人，在業界可說是炙手可熱。

為何要從本書著手？

坊間許多書籍往往先將讀者視為一無所知，但這類書籍常流於淺薄。另一種書籍則屬於參考指南型，它鉅細靡遺地說明語言中每道敘述的所有面向，如果你已對自己的目標心知肚明，只缺如何達成目的的語法，那前述第二種書會很有用。

但本書居於這兩種角色之間，筆者會先從若干 SQL 語言的基礎開始，藉由基本知識，逐步進展到一些更為進階的功能，讓你真正掌握其中訣竅。此外，本書最後一章還會介紹如何查詢非關聯式資料庫中的資料，這是入門書籍鮮少觸及的題材。

本書結構

本書共分十八章、加上兩篇附錄：

第 1 章，一點背景知識

　　簡單介紹電腦資料庫的過往歷史，包括關聯式模型及 SQL 語言的興起。

第 2 章，建立並填製資料庫

　　說明如何建置本書要用到的 MySQL 資料庫及資料表，並將資料填入其中。

第 3 章，基礎查詢

　　介紹 select 敘述，並進一步展示最常見的子句（select、from、where）。

第 4 章，篩選

　　介紹可以用在 select、update 或是 delete 等敘述的 where 子句中的各種條件類型。

第 5 章，查詢多個資料表

　　說明如何透過資料表結合來查詢多組資料表。

第 6 章，集合的運用

　　說明資料集合的始末，以及如何在查詢語句中與它們互動。

第 7 章，資料的產生、操作與轉換

　　介紹數種可用於操作或轉換資料的內建函式。

第 8 章，分組與彙整

說明如何彙整資料。

第 9 章，子查詢

介紹子查詢（個人偏好），並說明在何處及如何應用它們。

第 10 章，再談結合

進一步探索各種類型的資料表結合動作。

第 11 章，條件邏輯

探索如何將條件邏輯（如 if-then-else）運用在 select、insert、update 和 delete 等敘述當中。

第 12 章，交易

介紹交易及其運用方式。

第 13 章，索引與約束條件

探索索引與約束條件。

第 14 章，Views

說明如何建置獨特的介面，藉以將使用者和資料複雜性區隔開來。

第 15 章，中繼資料

解說資料字典的作用。

第 16 章，分析函式

包括各種用於產生排行、小計、及其他常用於報表與分析所需數值的函式。

第 17 章，操作大型資料庫

介紹如何將超大型資料庫變得易於管理及檢閱的技術。

第 18 章，SQL 與大數據

探索 SQL 語言的轉型，理解如何從非關聯式的資料平台檢索資料。

附錄 A，範例資料庫的 ER 關係圖

展示本書中所有範例所使用的 database schema。

附錄 B，習題解答

提供每章習題的解答。

本書編排慣例

本書採用下列各種字體來達到強調或區別的效果：

斜體字 (*Italic*)

代表新名詞、網址 URL、電郵地址、檔案名稱、以及檔案屬性等等。中文則採用楷體字。

定寬字 (Constant width)

用於呈現程式碼，或是在文字段落中呈現某些程式元件，像是變數或函式名稱、資料庫、資料型別、環境變數、敘述及關鍵字等等。

定寬斜體字 (*Constant width italic*)

標示應依使用者提供的輸入值、或是依前後文決定內容，再藉以取代的文字。

定寬粗體字 (**Constant width bold**)

標示命令或其他應由使用者逐字確實輸入的文字。

此圖示代表提示或建議，或是一般性說明。舉例來說，我會以這種註記向讀者指出 Oracle9*i* 裡有用的新功能。

此圖示代表警告或應該注意。舉例來說，如果有特定的 SQL 子句可能因使用不慎而造成意料外的後果，我會用這種方式告警。

使用範例程式

為了實驗本書中的範例及相關資料，作法如下：

- 下載並安裝 MySQL server version 8.0（或更新的版本），並從下列網址載入 Sakila 範例資料庫。

    https://dev.mysql.com/doc/index-other.html

如果你偏好要自行複製一組資料，並希望自己所做的變動都可以保留下來，抑或是你只是有意在自己的機器上安裝一套 MySQL server，就可以使用以上方式自行安裝。你也可以利用由 Amazon Web Services 或是 Google Cloud 這類雲端環境代管的 SQL Server。不論地表或雲端，你都需要自行處理安裝／設定等事項，但這些議題已經超出本書範疇。一旦你的資料庫就緒，還得進行以下若干步驟，載入示範用的 Sakila 資料庫。

首先，你得啟動一個 `mysql` 的命令列用戶端，並鍵入密碼，然後執行以下步驟：

1. 進入 *https://dev.mysql.com/doc/index-other.html*，瀏覽 Example Databases（範例資料庫）段落，下載「sakila database」的相關檔案。

2. 將檔案放到本機目錄下，像是 *C:\temp\sakila-db*（以下兩個步驟將以此目錄為準，但你可以換成自己用的目錄路徑名稱）。

3. 鍵入 `source c:\temp\sakila-db\sakila-schema.sql` 然後按下 Enter。

4. 鍵入 `source c:\temp\sakila-db\sakila-data.sql` 然後按下 Enter。

這時你應該擁有一個可以運作的資料庫了，其中也包含一切本書範例所需的資料。

致謝

要感謝我的編輯 Jeff Bleiel，是他協助讓本書第三版得以面世，還有 Thomas Nield、Ann White-Watkins 和 Charles Givre 的襄助校閱本書。感謝 Deb Baker、 Jess Haberman 及其他所有 O'Reilly Media 參與製作本書的人們。最後要感謝內人Nancy、還有我的一對掌珠 Michelle 和 Nicole，感謝她們的鼓勵和啟發。

第一章

一點背景知識

在我們正式捲起袖子來幹活之前，先來回顧資料庫技術的過往，同時追溯一下關聯式資料庫與 SQL 語言發展的緣起，應該會有所助益。因此筆者會先從若干基礎的資料庫概念講起，同時回顧一下運算式資料儲存及檢索的歷史。

如果你是那種想趕快開始學習撰寫查詢的讀者，儘管放心地跳到第 3 章去繼續，但筆者建議各位還是在稍後轉過頭來回顧一下第 1 與第 2 兩章，這樣才能了解 SQL 語言的歷史與效用。

資料庫簡介

所謂的資料庫（*database*），說穿了不過是若干彼此有關資訊的集合。舉例來說，一本電話簿就是由住在特定區域中的所有人名、電話號碼及地址構成的資料庫。不過電話簿雖然確實是個無所不在、而且運用頻繁的資料庫，它卻有以下的缺陷：

- 要找出某人的電話號碼十分耗時，尤其是當電話簿篇幅浩繁的時候。

- 電話簿僅以姓名作為索引，因此若想反過來找出住在特定地址的人名時，雖說理論上不無可能，實務上卻不是這類資料庫該有的使用方式。

- 從電話簿印刷成篇的那一刻起，其中的資訊就開始日趨偏差，因為人們會不定期地移入或遷離電話簿所涵蓋的這個區域、或是更改電話號碼、甚至是在同一區內搬遷，都會造成電話簿資訊的失準。

電話簿所帶有的一切缺陷，同樣也會發生在其他手動維護的資料儲存系統上，譬如檔案櫃裡的病歷。由於紙本資料庫具有如此繁瑣的本質，故而在電腦剛問世之時，最先為人開發出來的應用程式之一，就是**資料庫系統**，這是一種儲存及檢索運算資料的機制。由於資料庫系統是以電子化的形式取代紙本儲存，因此它的資料檢索起來更為迅速，又可以透過多種方式進行索引，還可以對使用者隨時提供最新近的資訊。

早期的資料庫系統所管理的資料，係儲存在磁帶上。由於磁帶的數量往往遠多於可以讀取磁帶的機器，於是技術人員只有在需要特定資料時，才會裝卸磁帶。當時的電腦記憶體仍屬有限，因此若有多筆取得相同資料的請求，通常就得一再地從同一捲磁帶中讀取多次。雖說此種資料庫已比紙本資料庫大有進步，與今日的技術相較仍相去甚遠（現代的資料庫系統管理的資料動輒達數個 petabytes，可以透過伺服器叢集取得，而這些伺服器中往往又以高速記憶體暫存了多達數十個 gigabytes 的資料，不過這些都有點離題了。）

非關聯式的資料庫系統

這個小節中含有一些關聯式資料庫問世以前的資料庫系統背景知識。如果讀者們亟於開始鑽研 SQL，儘管跳過這幾頁，到下一小節讀下去。

在運算式資料庫系統問世的早期，資料會以幾種迥異於今日的方式儲存、並呈現給使用者。以**階層式資料庫系統**（*hierarchical database system*）為例，資料會以一個以上的樹狀結構來呈現。圖 1-1 展示的就是 George Blake 和 Sue Smith 兩位客戶的銀行帳戶相關資料，以樹狀結構呈現時的外觀。

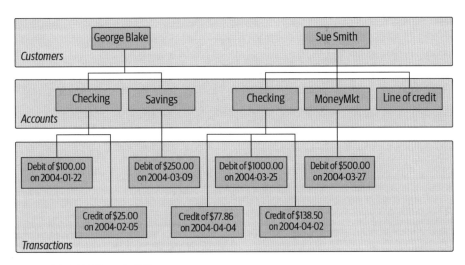

圖 1-1　帳戶資料的階層式外觀

George 與 Sue 兩人都擁有自己的資料樹，其中含有帳戶及各自的交易紀錄。而樹狀資料庫系統所提供的工具，可以找出特定客戶的資料樹、然後循線找出所需的帳戶和交易紀錄。樹中的每一個節點都會有一個上層可以追溯（但頂層就沒有上層可以追溯了）、也會有一個或多個下層可以伸展（自然底層也不會有下層可以伸展）。這種組態就是知名的**單源階層**（*single-parent hierarchy*。）

另一種常見的方式，則稱為**網路式資料庫系統**（*network database system*），它定義了一連串紀錄的集合，同時又定義了許多連結的集合，而這些連結則決定了前述不同紀錄之間的關係。圖 1-2 顯示的便是與上述相同的 George 和 Sue 的帳戶，在這種系統中的外觀。

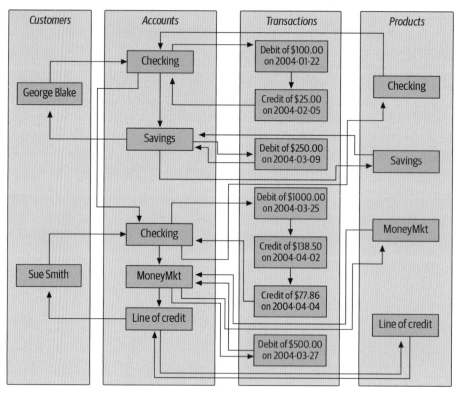

圖 1-2　帳戶資料的網路式外觀

為了找出 Sue 的金融交易帳戶（money market account）中的交易，你得透過以下的步驟：

1. 先找出 Sue Smith 的客戶紀錄。

2. 再順著連結，從 Sue Smith 的客戶紀錄找出她的帳戶清單。

3. 然後沿著帳戶鏈找下去，直到找到你找到她的金融交易帳戶為止。

4. 然後再沿著金融交易帳戶紀錄，找出交易清單

網路式資料庫系統的有趣功能之一，就是圖 1-2 中最右側所展示的產品紀錄集合。注意，每一種 product 紀錄（支票、儲蓄等等）都會指向 account 紀錄中對應該產品類別的清單。因此 account 的紀錄必可從多處取得（包括 customer 紀錄和 product 紀錄），因此網路式資料庫有時也被視為以多源階層（*multiparent hierarchy*）運作。

不論是階層式、還是網路式資料庫系統，至今都仍常為人所運用，不過它們多半活躍於大型主機環境。此外，階層式資料庫系統也在目錄服務（directory services）的領域大為活躍，例如微軟的 Active Directory 和開放原始碼的 Apache Directory Server 等等。然而到了 1970 年代，一種嶄新的資料呈現方式開始萌芽，這種作法更為嚴謹、然而卻相對容易理解與實現。

關聯式模型

1970 年，IBM 研究實驗室的 E. F. Codd 博士出版了題為「A Relational Model of Data for Large Shared Data Banks」（大型共用資料庫的關聯式資料模型）的論文，其中倡議資料可以用一系列的資料表（*tables*）來加以呈現。這裡揚棄了原本以指標在相關資料實體（entities）之間遊走的方式，而是以實體間彼此重複的資料為基礎，將位於不同資料表的紀錄連結起來。圖 1-3 便展示了 George 和 Sue 的帳戶資訊在這種概念下的呈現方式。

圖 1-3 中的四個資料表，分別呈現了到目前為止所探討的四種資料實體：customer、product、account 和 transaction。請看圖 1-3 上方的 customer 資料表，你會發現三個欄位（*columns*）：cust_id（其中含有客戶的 ID 序號）、fname（其中含有客戶的名字）、以及 lname（其中含有客戶的姓氏）。在 customer 資料表中，你會看到兩列（*rows*）資料，其中一筆便是 George Blake 的資料、另一筆則是 Sue Smith 的資料。一個資料表裡可以有多少個欄位，各種伺服器之間皆不盡相同，但通常都足以應付需求（以微軟的 SQL Server 為例，每個資料表最多可以有 1,024 個欄位）。至於資料表中最多可以有多少筆資料，就只是物理限制（例如磁碟機空間）、以及可維護性（例如資料表成長到什麼程度就會導致難以操作）的問題，而非資料庫伺服器自身限制的問題了。

關聯式資料庫中的每個資料表，都會含有某種資訊，可以獨一無二的識別資料表中的某筆資料（這就是所謂的*主鍵*（*primary key*）），此外還有其他可以用來完整描述資料實體的額外資訊。再度觀察 customer 資料表，cust_id 欄位，其中便含有每個客戶間彼此互異的數字；以 George Blake 為例，就可以透過客戶 ID 第 1 號來加以識別。其他客戶決不會被分配到雷同的識別碼，此外也不需透過其他資訊來找出 customer 資料表中 George Blake 的資料。

Customer

cust_id	fname	lname
1	George	Blake
2	Sue	Smith

Account

account_id	product_cd	cust_id	balance
103	CHK	1	$75.00
104	SAV	1	$250.00
105	CHK	2	$783.64
106	MM	2	$500.00
107	LOC	2	0

Product

product_cd	name
CHK	Checking
SAV	Savings
MM	Money market
LOC	Line of credit

Transaction

txn_id	txn_type_cd	account_id	amount	date
978	DBT	103	$100.00	2004-01-22
979	CDT	103	$25.00	2004-02-05
980	DBT	104	$250.00	2004-03-09
981	DBT	105	$1000.00	2004-03-25
982	CDT	105	$138.50	2004-04-02
983	CDT	105	$77.86	2004-04-04
984	DBT	106	$500.00	2004-03-27

圖 1-3　帳戶資料的關聯式外觀

 每一種資料庫伺服器都自有一套機制，用於產生獨特的一組數字，以便作為主鍵的值來使用，因此你無須擔心如何追蹤哪些序號已經用於分配。

雖說我也可以用 fname 和 lname 兩個欄位來組成主鍵（含有兩個以上的欄位組成的主鍵，又被稱為（複合鍵，*compound key*），但很有可能發生銀行帳戶中有多人同名同姓的狀況。因此筆者會特別選擇只以 customer 資料表的 cust_id 欄位作為主鍵欄位。

在上例中，選擇 `fname/lname` 作為主鍵的作法，稱為自然鍵（*natural key*），若是選用 *cust_id* 作為主鍵，便稱為代理鍵（*surrogate key*）。至於要使用自然鍵或是代理鍵，完全要看資料庫設計者而定，但在以上的案例中，答案很明顯，因為人的姓氏可能會變動（例如因婚姻承續配偶姓氏），而主鍵欄位的值一旦分配、是不得再變動的。

有些資料表中還會含有可以用於瀏覽其他資料表的資訊；這便是先前提過的所謂「實體間彼此重複的資料」（redundant data）。舉例來說，account 資料表中也有一個欄位是 `cust_id`，它代表的是該開戶的客戶獨有的識別碼，此外還有 `product_cd` 欄位，這代表的則是該帳戶所屬產品類型的獨特識別碼。這兩個欄位就是所謂的**外來鍵**（*foreign keys*），至於它們的用途，就跟階層式和網路式資料庫中串接帳戶資訊的那些箭頭是一樣的。如果你正在檢視某一筆特定帳戶紀錄、並想進而查詢其開戶客戶的相關資訊，就可以透過該帳戶的 `cust_id` 欄位值，用它去找出 customer 資料表中對應的那筆資料（在關聯式資料庫的術語裡，這個過程便是我們熟知的結合（*join*）；第 3 章時會介紹結合的概念，第 5 章和第 10 章還會再深入探討到它）。

表面上看起來，將相同的資料重複多次儲存在各處，似乎顯得浪費，但是關聯式模型中的資料重複儲存方式是有明確定義的。舉例來說，在 account 資料表中加上含有客戶獨特識別碼的欄位、藉以代表開戶的客戶資料，這是正確的作法，但若是在 account 資料表中也納入客戶的姓名欄位，則是不當的作法。舉例來說，萬一有客戶改冠夫姓，你就得確認資料庫是否只有一處存有該客戶的名稱資料；不然就會有一處資料異動、它處卻未隨之異動的副作用，如此便會導致資料庫中的資料不夠精確可靠。這類資料的正確位置應該是 customer 資料表，而且只有 `cust_id` 這個值可以用在其他資料表中。此外，以單一欄位容納多項資訊，像是以 `name` 欄位同時收錄姓氏與名字，或是以 `address` 欄位同時收錄街道、城市、省分、郵遞區號的資訊，也是不適當的做法。將資料庫設計加以精煉、以確保各個彼此獨立的資訊片段只會出現在一處（外來鍵不算）的這個過程，就叫做**正規化**（*normalization*）。

回到圖 1-3 的四個資料表，讀者們也許會想，那要如何從這四張表找出 George Blake 的支票帳戶交易呢？首先，你得先在 customer 資料表中找到代表 George Blake 的獨特識別碼。然後再到 account 資料表中比對，找出哪一筆帳戶資料的 `cust_id` 欄位符合 George 的獨特識別碼，而且該筆資料的 `product_cd` 欄位的內容，還要和 product 資料表中 `name` 一欄的內容「Checking」相符合。最後到 transaction 資料表中，找出與以上那筆帳戶資料的 `account_id` 識別碼相符的交易資料。聽起來也許很複雜，但你只需一行 SQL 語言的命令便能解決，這一點各位馬上就會學到。

一些名詞

筆者在先前的小節中已經提到過若干新穎的術語了，現在該來正式地定義一下。表 1-1 列出了我們會在本書後續篇幅中用到的術語，以及相關的定義。

表 1-1　術語與說明

名詞	說明
資料實體	代表資料庫使用者需要的內容。像是客戶啦、零件啦、地理位置等等，都算是資料實體。
資料欄位	儲存在資料表中的個別資訊片段。
資料列	一個由欄位構成的集合，足以完整描述一個資料實體、或是對某個實體的操作。有時也稱為一筆紀錄。
資料表	一個資料列的集合，可以存在於記憶體中（暫時存在的）或是永久性儲存體中（持續存在的）。
結果集合	非持續性資料表的別稱，通常是一道 SQL 查詢的結果。
主鍵	可以用來獨特識別資料表中每一列資料的欄位，可以由一個或多個欄位組成。
外來鍵	可以用來獨特識別其他資料表中每一列資料的欄位，可以由一個或多個欄位組成。

SQL 是什麼？

Codd 除了定義出關聯式模型之外，他還提出了一種稱為 DSL/Alpha 的語言，用來操作關聯資料表裡的資料。就在 Codd 的論文公開後不久，IBM 便按照 Codd 的觀念，委託一個團隊建構出了一套原型。該團隊打造出來的，是一套精簡過的 DSL/Alpha，並命名為 SQUARE。而 SQUARE 不斷改進的成果，便衍生出名為 SEQUEL 的語言，後來就簡稱為 SQL。雖說 SQL 一開始是用在關聯式資料庫中操作資料的語言，後來卻成長（在本書尾聲時會看到）並蛻變成一隻可以在各種資料庫技術間通用的資料操作語言。

SQL 問世已逾 40 載，而且長年以來也發生了不少變化。到了 1980 年代中期，美國國家標準協會（American National Standards Institute，ANSI）開始制定第一套 SQL 語言標準，然後在 1986 年公布。隨後又分別在 1989、1992、1999、2003、2006、2008、2011 和 2016 年推出了 SQL 的修訂標準。隨著 SQL 核心語言的改進，都會再加上新的功能，藉以整合物件導向功能、及其他的新事物。最近的標準則專注於整合相關的技術，像是可延伸標記語言（extensible markup language，XML）和 JavaScript 物件註記寫法（JavaScript object notation，JSON）等等。

SQL 與關聯式模型的發展始終亦步亦趨，正是因為 SQL 查詢的結果形式便是資料表（在這種情境下產生的資料表又稱為結果集合（result set））。因此要在關聯式資料庫中新建永久性資料表時，只需將查詢的結果集合加以儲存即可。同理，也可以把永久性資料表和源自其他查詢的結果集合視為查詢對象，來進行查詢（這一點會在第 9 章再詳細探討）。

最後一點：SQL 並非首字母縮寫（雖然許多人仍堅持它是「結構化查詢語言」（Structured Query Language）的首字母縮寫）。但實際稱呼該語言時，其實不論是以字母稱呼（例如 S. Q. L.）、或是以單字稱呼為 *sequel*，意思都是一樣的。

SQL 敘述的種類

SQL 語言可區分為幾個互異的部分：本書要探討的部分，包括用來定義資料庫中儲存資料結構的 *SQL 架構敘述*（*SQL schema statements*）；以及用來操作上述 SQL 架構敘述所定義資料結構的 *SQL 資料敘述*（*SQL data statements*）；還有用於起始、結束和復原交易過程的 *SQL 交易敘述*（*SQL transaction statements*）（第 12 章會探討交易）。舉例來說，若要在資料庫中新建一個資料表，就必須利用 SQL 架構敘述來建立資料表，而事後要再對新資料表填入（populating）資料的過程，則需要用到 SQL 資料敘述。

為了讓讀者們體會一下這些敘述的外貌，以下便是一道會建立名為 corporation 資料表的 SQL 架構敘述：

```
CREATE TABLE corporation
 (corp_id SMALLINT,
  name VARCHAR(30),
  CONSTRAINT pk_corporation PRIMARY KEY (corp_id)
);
```

以上敘述會建立一個資料表、其中含有兩個欄位 corp_id 和 name，而 corp_id 欄位則被視為資料庫的主鍵。第 2 章時我們會再進一部細談以上敘述的各項細節，像是 MySQL 中有哪些不同的資料型別等等。以下則是一道會對 corporation 資料表填入一筆 Acme Paper Corporation 相關資料的 SQL 資料敘述：

```
INSERT INTO corporation (corp_id, name)
VALUES (27, 'Acme Paper Corporation');
```

這道敘述會對 corporation 資料表填入一筆資料，其中則含有 corp_id 欄位的資料值 27、以及 name 欄位的資料值 Acme Paper Corporation。

最後則是一道簡單的 select 敘述，它會從剛剛建立的資料表取出資料：

```
mysql< SELECT name
    -> FROM corporation
    -> WHERE corp_id = 27;
+-----------------------+
| name                  |
+-----------------------+
| Acme Paper Corporation |
+-----------------------+
```

所有透過 SQL 架構敘述所建立的資料庫元素，都儲存在一組特殊的資料目錄（*data dictionary*）資料表裡。這份「關於資料庫本身的資料」，通常又稱為中繼資料（*metadata*），我們會在第 15 章介紹它。資料目錄中的資料表和你自己建立的一般資料表並無差異，同樣也可以透過 select 敘述進行查詢，藉以查閱運行中資料庫中所部署的現有資料結構。舉例來說，如果你受命要產生一份報告，其中包括上個月新開的所有戶頭，

你可以在製作報告時直接引用 account 資料表中已知的欄位名稱，或是轉而查詢資料目錄，藉以得知現有的欄位集合、並在每一次執行時都動態地產生最新的相關資訊報表。

本書大部分篇幅都著重在 SQL 語言的資料處理部分，其中涵蓋 select、update、insert 和 delete 命令。第 2 章會展示 SQL 架構敘述，引導讀者們如何設計和建立若干簡單的資料表。一般來說，除了語法以外，SQL 架構敘述不太需要什麼探討，但 SQL 資料敘述雖然為數較少，但卻有許多值得鑽研的內容。因此筆者雖然會介紹許多 SQL 架構敘述，但本書大部分章節仍會專注在 SQL 資料敘述上。

SQL：非程序性語言

如果你過去曾用過程式語言，你應該已經習於事先定義變數和資料結構，並使用條件邏輯（如 if-then-else）和迴圈結構（如 do while … end），還有把程式碼拆分成較小的、可重複利用的片段（如物件、函式、程序）等等。你的程式碼會先交由編譯器處理，而編譯好的可執行檔則會如實地執行你設計的動作（好吧，也許有時不如預期）。不論你使用的是 Java、Python、Scala 或其他的*程序性*（*procedural*）語言，你都可以全權控制程式的動作。

程序性語言既定義了期望中的結果應有的外貌,也定義了產生該結果所需的機制或過程。非程序性語言也會定義期望中的結果,但卻把產生結果所需的過程交給外部代理機制去處理。

但是使用 SQL 時,你必須放棄習慣控制權的一部分,因為 SQL 敘述雖然定義了必要的輸入與輸出,但執行一道敘述的方式,卻必須留給資料庫引擎中一個名為最佳化工具(*optimizer*)的元件去決定。最佳化工具的任務,就是檢視你的 SQL 敘述,並考量你的資料表設定、以及其中具備的索引,然後決定最有效率的執行路徑(好吧,有時也不見得是最有效率的)。大部分的資料庫引擎都允許你指定所謂的最佳化提示(*optimizer hints*),藉以影響最佳化工具的決策,類似的提示包括指名使用特定索引等等;但大多數的 SQL 使用者卻都選擇不要進行如此複雜的微調,而是把它留給資料庫管理員或性能調校專家去傷腦筋。

因此,你用 SQL 是無法寫出完整應用程式的。除非你只是要寫一個簡易的指令碼(script)來操作特定的資料,不然就得整合 SQL 和你偏好的程式語言。有些資料庫廠商已經為你整合了這樣的功能,像是甲骨文的 PL/SQL 語言、MySQL 的預存程序(stored procedure)語言、以及微軟的 Transact-SQL 語言等等。在這類語言中,SQL 資料敘述是語法的一部分,因此你可以不露痕跡地將資料庫查詢寫到程序式命令當中。然而,如果你使用的是 Java 或是 Python 之類的非資料庫專屬語言,你就得透過工具程式(toolkit)或 API,才能在程式碼中執行 SQL 敘述。這類工具程式多半由資料庫廠商提供,有些則來自第三方的供應商、甚至是由開放原始碼社群所提供。表 1-2 列出了若干將 SQL 整合至特定語言的既有選項。

表 1-2 SQL 的整合工具程式

Language	Toolkit
Java	JDBC(Java 資料庫連接)
C#	ADO.NET(微軟)
Ruby	Ruby DBI
Python	Python DB
Go	database/sql 套件

如果你只是想要以互動方式執行 SQL 命令,每一家資料庫廠商其實都會提供簡易的命令列工具,讓你可以從中對資料庫引擎下達 SQL 命令、並進而檢視結果。大多數的廠商還會額外提供圖形介面工具,其中一個視窗會顯示你的 SQL 命令、另

一個視窗則顯示執行後的結果。此外也有一些第三方廠商的工具，例如 Squirrel，它可以透過 JDBC 連接到各種資料庫伺服器。由於本書中的範例都是以 MySQL 資料庫示範執行的，筆者會使用 `mysql` 這個命令列工具，這是一個安裝 MySQL 時預設就會提供的工具，它可以執行範例中的程式、並將輸出結果格式化成為易於觀看的外觀。

SQL 的範例

筆者先前在本章開始時曾承諾，要讓讀者們體驗一下實際的 SQL 敘述，並藉以傳回支票帳戶中所有的交易紀錄。閒話休提，這就拿出來：

```
SELECT t.txn_id, t.txn_type_cd, t.txn_date, t.amount
FROM individual i
  INNER JOIN account a ON i.cust_id = a.cust_id
  INNER JOIN product p ON p.product_cd = a.product_cd
  INNER JOIN transaction t ON t.account_id = a.account_id
WHERE i.fname = 'George' AND i.lname = 'Blake'
  AND p.name = 'checking account';


+--------+-------------+---------------------+--------+
| txn_id | txn_type_cd | txn_date            | amount |
+--------+-------------+---------------------+--------+
|     11 | DBT         | 2008-01-05 00:00:00 | 100.00 |
+--------+-------------+---------------------+--------+
1 row in set (0.00 sec)
```

這裡暫時不會太過深入所有細節，而是只會說明，這筆查詢會找出 individual 資料表中與 George Blake 有關的資料列、同時也找出 product 資料表中名為「checking」產品的資料列，再藉此找出 account 資料表中含有以上客戶／產品組合的帳戶資料，進而取得 transaction 資料表中關於該帳戶交易資料的四個欄位。如果你剛好知道 George Blake 的客戶識別碼（customer ID）就是 8、也知道支票帳戶的識別碼是「CHK」，那你甚至還可以直接到 account 資料表中，用客戶識別碼和帳戶識別碼找出 George Blake 的支票帳戶，進而調出相關的交易紀錄：

```
SELECT t.txn_id, t.txn_type_cd, t.txn_date, t.amount
FROM account a
  INNER JOIN transaction t ON t.account_id = a.account_id
WHERE a.cust_id = 8 AND a.product_cd = 'CHK';
```

筆者會在以下幾章中一一說明以上查詢語句中的觀念（再加上更多範例），這裡不過是想讓大家先領教一下即將面對的內容罷了。

以上查詢語句中一共包含三個不同的子句（*clauses*）：`select`、`from` 和 `where`。幾乎所有你會看得到的查詢語句中，都至少會包含這三種子句，只不過還會有更多的子句可以供特定目的使用。這三種子句的角色說明如下：：

```
SELECT /* 單一或多項內容 */ ...
FROM   /* 從單一或多處來源 */ ...
WHERE  /* 符合一或多項條件 */ ...
```

 大部分實作出來的 SQL，都會把放在 `/*` 和 `*/` 標籤中間的內容視為註解。

建構查詢語句時，首要任務是先大致地決定需要用到哪些資料表，然後將它們加入到你的 `from` 子句中。然後你得在 `where` 子句中加上判斷條件，以便從你的資料表中篩選出你真正有興趣的資料。最後則是要決定你要從這些資料表中取出哪些欄位，並放到 `select` 子句中。以下是一個簡單的例子，顯示如何找出姓氏為「Smith」的所有客戶：

```
SELECT cust_id, fname
FROM individual
WHERE lname = 'Smith';
```

以上查詢會在 `individual` 資料表中搜尋，找出所有 `lname` 欄位內容符合字串「Smith」的資料列，再取出該種資料列的 `cust_id` 和 `fname` 等欄位。

除了查詢資料庫，你很可能還需要為資料庫填入資料、或是加以修改。以下是一個如何在 `product` 資料表中插入一筆新資料的簡單例子：

```
INSERT INTO product (product_cd, name)
VALUES ('CD', 'Certificate of Depysit')
```

哎呀，似乎你把「Deposit」這個字拼錯了。不過這不是問題。你可以用 `update` 敘述加以修正：

```
UPDATE product
SET name = 'Certificate of Deposit'
WHERE product_cd = 'CD';
```

注意，以上的 update 敘述同時還包含一個 where 子句，就像 select 敘述的做法一樣。這是因為 update 敘述必須找出真正需要更新的資料列；在這個案例中，你指定只有 product_cd 欄位內容符合「CD」字樣的資料列才是修改的目標。由於 product_cd 欄位是 product 資料表的主鍵，你可以預期以上的 update 敘述只會修改到一筆（也可能是零筆，要看你提供的篩選值在該資料表中是否存在而定）。每當你執行一道 SQL 資料敘述時，你都會從資料庫引擎收到相關的回應，包括有多少筆資料受到你的敘述所影響。如果你使用先前提到過的 mysql 之類的命令列互動式工具，那你也會看到關於有多少筆資料會涉及相關動作的訊息：

- 你的 select 敘述找到的資料筆數
- 你的 insert 敘述所建立的資料筆數
- 你的 update 敘述所修改的資料筆數
- 你的 delete 敘述所移除的資料筆數

如果你正在使用某種含有前述工具程式的程序性語言，該工具程式必會含有某種呼叫功能（call），可以在你的 SQL 資料敘述執行過後，取得類似的執行結果資訊。一般來說，在程式每次執行敘述後檢查此類資訊、確認沒有發生什麼意料外的問題，是比較穩當的做法（例如你忘記在 delete 敘述中加上 where 子句，結果導致資料表中所有資料列都被刪掉！）。

MySQL 又是什麼？

關聯式資料庫在商用領域已經叱吒超過卅個年頭。其中最成熟及受到愛用的商業版產品包括：

- 甲骨文公司的 Oracle Database
- 微軟的 SQL Server
- IBM 的 DB2 Universal Database

這些資料庫伺服器的功能都大同小異，不過其中有些較為適於運行規模非常大、或是吞吐量極高的資料庫。有些則較善於處理物件或是超大檔案、或是 XML 等文件檔案。此外，所有這些伺服器都明確地遵守了最新版的 ANSI SQL 標準。這是好事，當筆者教大家如何寫出只須略為修改（甚至不用改）就可以在任何平台上執行的 SQL 敘述時，會把是否符合 ANSI 標準列為要點。

除了商業版資料庫伺服器，開放原始碼社群在試圖建立可行的替代用方案方面，過去廿年中也有不少進展。其中最常為人們所使用的開放原始碼資料庫伺服器，要算是 PostgreSQL 和 MySQL 了。MySQL server 是可以免費取得的，筆者也發現其下載及安裝都極為容易。有鑑於此，筆者決定在 MySQL（8.0 版）資料庫上執行本書所有的範例，並以 `mysql` 命令列工具來格式化所有的查詢結果。即就算你已在使用他種伺服器、也沒打算要換成 MySQL，筆者仍舊希望你可以安裝一套最新版的 MySQL 伺服器，並載入範例的 schema 和資料，再拿本書的資料和範例來做實驗。

然而還是要提醒大家：

　　本書重點並非 MySQL 版本的 SQL 實作。

相反地，本書的設計是要教導讀者們寫出不必修改就能在 MySQL 上執行的 SQL 敘述，甚至只須小改（甚至不用改）就也能在最近的 Oracle Database、DB2 和微軟 SQL Server 上執行的 SQL 敘述。

抽離 SQL

在本書第二版和第三版發行中間的十年中，資料庫業界發生了許多變化。雖說關聯式資料庫仍受到重用，這種現象一時也不會有太大的變化，但是新進的資料庫技術卻更能滿足像是亞馬遜和谷歌等新興業者的需求。這些技術包括 Hadoop、Spark、NoSQL 和 NewSQL，它們都是善於擴展的分散式系統，通常部署在叢集形式的伺服器上。雖說詳盡探索這些技術已經超越了本書的範圍，它們卻都與關聯式資料庫有一個共通點：那就是 SQL。

由於企業常會以多種技術來儲存資料，因此有必要將 SQL 從特定的資料庫伺服器上抽離出來，並建立一種可以跨越多種資料庫的服務。舉例來說，你有可能得從儲存在 Oracle、Hadoop、JSON 檔案、CSV 檔案及 Unix 日誌檔中的資料拼湊而成一份報表。坊間已有可以滿足上述挑戰的新一代工具問世，其中前景看好的是 Apache Drill，它是一種開放原始碼的查詢引擎，允許使用者撰寫查詢來存取任何資料庫或檔案系統中的資料。我們會在第 18 章時探討 Apache Drill。

還有哪些參考書呢？

以下四章的整體目標，是先介紹 SQL 資料敘述，其中會特別強調 select 敘述中的三種主要子句。此外讀者們會看到許多採用 Sakila schema 的範例（下一章便會談到），本書所有範例均採用相同架構。筆者衷心希望，藉由熟悉單一資料庫，就能讓讀者們掌握到範例的精髓，無須每次都要停下來先熟悉資料表內容。如果你覺得每次都操作同一批資料表很無趣，儘管自行建立其他資料表來擴充範例資料庫，或是自行建置資料庫，並用來做實驗。

一旦你掌握了基本知識，隨後的章節就會帶大家深入鑽研更多內容，它們大部分都彼此互相獨立。因此讀者們若是讀到覺得迷惑，儘管放心地跳過去繼續閱讀，然後晚一點再回頭來重讀不懂的部分。當你讀完本書，也練習過所有範例，應該就已具備成為一位熟練 SQL 技術人員的本錢了

如果讀者們有意繼續深入了解關聯式資料庫、以及有關運算式資料系統的發展史，或是不甘心只侷限於以上簡短的 SQL 語言簡介，以下是一些值得一讀的參考來源：

- C. J. Date 所著的《*Database in Depth: Relational Theory for Practitioners*》（O'Reilly 出版）（中文版為《深入資料庫之美學》）

- C. J. Date 所著的《*An Introduction to Database Systems*》第八版（Addison-Wesley 出版）（中文版為《資料庫系統概論》）

- C. J. Date 所著的《*The Database Relational Model: A Retrospective Review and Analysis*》（Addison-Wesley 出版）

- 維基百科在定義資料庫一文中的「Database Management System」段落（*https://oreil.ly/sj2xR*）

第二章

建立並填製資料庫

本章將提供必要的資訊，協助讀者們初步建立資料庫，進而建立資料表、並填入本書範例所需的相關資料。讀者們會學到各種不同的資料型別、以及如何以這些型別建立資料表。由於本書範例皆以 MySQL 資料庫為驗證對象，本章多少較為偏向 MySQL 的功能和語法，但大部分的觀念均可適用於任何資料庫伺服器。

建立一個 MySQL 資料庫

如果讀者們想要以本書範例進行實驗，作法如下：

- 下載並安裝 MySQL server 的 8.0 版（或更新版本），並從 *https://dev.mysql. com/doc/index-other.html* 載入 Sakila 範例資料庫。

但若是你偏好要有自己一份的資料副本，並希望自己所做的任何異動內容都可以保存下來，抑或是你只是想自行在自家機器上安裝一套 MySQL 伺服器，就可以使用上述方式。你也可以選擇使用託管在 Amazon Web Services 或 Google Cloud 之類雲端環境的 MySQL 伺服器。無論是雲端還是地面環境，你都必須自行安裝／設定，雖說這些都不在本書範圍之內。一旦你的資料庫準備完畢，就必須遵行幾個步驟，以便載入 Sakila 示範資料庫。

首先，你必須啟動命令列用戶端工具 mysql，並輸入連線密碼，然後執行以下步驟：

1. 瀏覽 *https://dev.mysql.com/doc/index-other.html* 網頁，下載 Example Databases區段中的「sakila database」相關檔案。

2. 將檔案放到本機目錄，例如 *C:\temp\sakila-db*（以下兩個步驟會用到，但你可以換成任一自己想用的暫存目錄）。

3. 鍵入 source c:\temp\sakila-db\sakila-schema.sql 然後按下 Enter 鍵。

4. 再鍵入 source c:\temp\sakila-db\sakila-data.sql 也按下 Enter 鍵。

現在你應該有一個可以運作的資料庫，其中也已填入本書範例所需的資料了。

Sakila 示範用資料庫係由 MySQL 所提供，並採用新版 BSD 授權。Sakila 所包含的資料，是模擬一間虛構的電影租賃業者，其中的資料表包括店面、庫存、影片、客戶、以及付費等等。雖說電影出租實體店面幾乎已是昨日黃花，但只要變通一下，只需忽略原本的員工及地址等資料表，再把 store 資料表更名為 streaming_service，就可以把它重新轉換成一間串流影音業者。然而，本書中的範例仍將照著原本的劇本走（雙關語冷笑話）。

使用命令列工具 mysql

除非你使用的是暫時性的資料庫連線會談（亦即前一小節中的第二種方式），不然你就得自行啟動 mysql 命令工具，以便與資料庫互動。要做到這一點，你得先開啟一個 Windows 或 Unix 的 shell，並執行 mysql 工具程式。舉例來說，如果你以 root 帳號登入，就要這樣做：【譯註】

```
mysql -u root -p;
```

譯註　如果你在別處安裝 MySQL，但想從自己的電腦遠端連線到 MySQL，有兩種方式：一是以 ssh 遠端連線到 MySQL 所在的 Linux 主機，那操作方式便跟此處所述無異；另一種則是從你自己電腦上的 MySQL 用戶端（例如圖形化的 HeidiSQL）遠端連線，但這時你就得先克服若干 MySQL 對於遠端連線的許可設定、防火牆開放，以及相關資料庫物件對於連線帳號的權限設定等等。

你必須輸入密碼，然後就會看到熟悉的 `mysql>` 提示字樣。要觀察所有既存的資料庫，請下達以下命令：

```
mysql> show databases;
+--------------------+
| Database           |
+--------------------+
| information_schema |
| mysql              |
| performance_schema |
| sakila             |
| sys                |
+--------------------+
5 rows in set (0.01 sec)
```

因為你將要操作的對象是 Sakila 資料庫，因此你得用 `use` 命令來指定你要操作的資料庫：

```
mysql> use sakila;
Database changed
```

每當你啟動 `mysql` 命令列工具時，都可以順便指定連線的使用者名稱：

```
mysql -u root -p sakila;
```

這樣一來，每當你啟用該工具時，都可以省掉再次鍵入 `use  sakila` 的動作。現在你已經建立會談連線，也指定了要操作的資料庫，可以下達 SQL 敘述並檢視其結果了。舉例來說，如果你想知道當下的日期與時間，可以發出以下查詢：

```
mysql> SELECT now();
+---------------------+
| now()               |
+---------------------+
| 2019-04-04 20:44:26 |
+---------------------+
1 row in set (0.01 sec)
```

`now()` 函式是一個 MySQL 的內建函式，它會傳回執行當時的日期和時間。如上所示，`mysql` 命令列工具會用 `+`、`-` 和 `|` 等字元，把輸出內容包成方框表單格式。一旦結果全部顯示完畢（但上例中只有一列的執行結果），`mysql` 命令列工具便會顯示一共傳回了多少列的資料、以及該筆 SQL 敘述花了多長的時間執行完畢。

當你用完 mysql 命令列工具後，只需鍵入 quit; 或是 exit;，便可回到先前 Unix 或 Windows 命令的 shell 畫面。

MySQL 的資料型別

一般說來，所有廣受愛用的資料庫伺服器都有辦法儲存相同型別的資料，像是字串、日期、以及數字。不過它們往往在特殊資料型別上有所歧異，像是 XML 和 JSON 文件、或是空間資料等等。由於本書是以介紹 SQL 為主的入門書，而且你會處理到的欄位中有 98% 都只會包含簡單的資料型別，本章只會介紹字元 character）、日期（像是時序之類）、以及數字等資料型別。以 SQL 來查詢 JSON 文件的功能，會在第 18 章談到。

字元資料

字元資料可以用固定長度或可變長度的字串形式來儲存；差別在於固定長度的字串，其右側未滿長度的部分會以空白字元填滿，因此儲存所消耗的位元組數永遠是固定的，然而可變長度的字串則不會以空白字元填滿，因此儲存時也不會消耗相同數量的位元組。在定義字元欄位時，你必須指定欄位能儲存任何字串的最大長度。舉例來說，如果你想要儲存長達 20 個字元的字串，就會採用以下兩種定義方式之一：

```
char(20)    /* 固定長度 */
varchar(20) /* 可變長度 */
```

char 欄位的最大長度目前是 255 個位元組，而 varchar 欄位的上限是 65,535 個位元組。如果你要儲存更長的字串（諸如電子郵件、XML 文件等等），那麼你就必須改採一種文字型別（mediumtext 和 longtext），本小節稍後就會介紹它們。一般來說，如果欄位中儲存的所有字串長度都是一致的，你就該採用 char 型別，像是州或省份的縮寫之類，如果欄位中儲存的所有字串長度都不見得相同，就該改用 varchar 型別。不過，所有的資料庫伺服器都會以大致類似的方式運用 char 和 varchar 這兩種型別。

 使用 varchar 的唯一例外是 Oracle Database。Oracle 的使用者在定義可變長度字元欄位時，應採用 varchar2 型別。

字元集

對於像是英文這樣採用 Latin 字母集的語言來說，因為呈現字母所需的字元數量有限，因此僅需一個位元組就足以儲存所有用得到的字元。但像是日文或韓文這樣的語言，其字元數量就相對多得多，因而需要用到多個位元組才足以呈現所有的字元。這樣的字元集因而被稱為**多位元組字元集**（*multibyte character sets*）。

MySQL 可以使用不同的字元集來儲存資料，單一位元組或多重位元組都無妨。如欲觀察你的伺服器所支援的字元組，請利用 show 命令來觀察，就像下例這樣：

```
mysql> SHOW CHARACTER SET;
+----------+-----------------------------+----------------------+--------+
| Charset  | Description                 | Default collation    | Maxlen |
+----------+-----------------------------+----------------------+--------+
| armscii8 | ARMSCII-8 Armenian          | armscii8_general_ci  |      1 |
| ascii    | US ASCII                    | ascii_general_ci     |      1 |
| big5     | Big5 Traditional Chinese    | big5_chinese_ci      |      2 |
| binary   | Binary pseudo charset       | binary               |      1 |
| cp1250   | Windows Central European    | cp1250_general_ci    |      1 |
| cp1251   | Windows Cyrillic            | cp1251_general_ci    |      1 |
| cp1256   | Windows Arabic              | cp1256_general_ci    |      1 |
```

```
| cp1257   | Windows Baltic               | cp1257_general_ci   | 1 |
| cp850    | DOS West European            | cp850_general_ci    | 1 |
| cp852    | DOS Central European         | cp852_general_ci    | 1 |
| cp866    | DOS Russian                  | cp866_general_ci    | 1 |
| cp932    | SJIS for Windows Japanese    | cp932_japanese_ci   | 2 |
| dec8     | DEC West European            | dec8_swedish_ci     | 1 |
| eucjpms  | UJIS for Windows Japanese    | eucjpms_japanese_ci | 3 |
| euckr    | EUC-KR Korean                | euckr_korean_ci     | 2 |
| gb18030  | China National Standard GB18030 | gb18030_chinese_ci | 4 |
| gb2312   | GB2312 Simplified Chinese    | gb2312_chinese_ci   | 2 |
| gbk      | GBK Simplified Chinese       | gbk_chinese_ci      | 2 |
| geostd8  | GEOSTD8 Georgian             | geostd8_general_ci  | 1 |
| greek    | ISO 8859-7 Greek             | greek_general_ci    | 1 |
| hebrew   | ISO 8859-8 Hebrew            | hebrew_general_ci   | 1 |
| hp8      | HP West European             | hp8_english_ci      | 1 |
| keybcs2  | DOS Kamenicky Czech-Slovak   | keybcs2_general_ci  | 1 |
| koi8r    | KOI8-R Relcom Russian        | koi8r_general_ci    | 1 |
| koi8u    | KOI8-U Ukrainian             | koi8u_general_ci    | 1 |
| latin1   | cp1252 West European         | latin1_swedish_ci   | 1 |
| latin2   | ISO 8859-2 Central European  | latin2_general_ci   | 1 |
| latin5   | ISO 8859-9 Turkish           | latin5_turkish_ci   | 1 |
| latin7   | ISO 8859-13 Baltic           | latin7_general_ci   | 1 |
| macce    | Mac Central European         | macce_general_ci    | 1 |
| macroman | Mac West European            | macroman_general_ci | 1 |
| sjis     | Shift-JIS Japanese           | sjis_japanese_ci    | 2 |
| swe7     | 7bit Swedish                 | swe7_swedish_ci     | 1 |
| tis620   | TIS620 Thai                  | tis620_thai_ci      | 1 |
| ucs2     | UCS-2 Unicode                | ucs2_general_ci     | 2 |
| uji      | EUC-JP Japanese              | ujis_japanese_ci    | 3 |
| utf16    | UTF-16 Unicode               | utf16_general_ci    | 4 |
| utf16le  | UTF-16LE Unicode             | utf16le_general_ci  | 4 |
| utf32    | UTF-32 Unicode               | utf32_general_ci    | 4 |
| utf8     | UTF-8 Unicode                | utf8_general_ci     | 3 |
| utf8mb4  | UTF-8 Unicode                | utf8mb4_0900_ai_ci  | 4 |
+----------+------------------------------+---------------------+--------+
41 rows in set (0.04 sec)
```

如果以上第四個欄位 maxlen 的值大於 1，就代表那是一個多重位元組字元集。

在舊版的 MySQL server 裡，會自動選擇 latin1 字元集為預設字元集，但是從第 8 版開始，預設字元集便改成 utf8mb4 了。但你還是可以選擇讓資料庫中的每一個字元型別的欄位各自採用不一樣的字元集，甚至可以在同一個資料表中儲存不一樣的字元集。若要選擇與預設字元集不同的字元集來定義欄位，只需在型別定義後面註明系統支援的任一字元集即可：

```
varchar(20) character set latin1
```

在 MySQL 裡，你可以對整個資料庫指定預設字元集：

```
create database european_sales character set latin1;
```

雖說對於一本入門書而言，上述說明已經儘可能地解釋了字元集的用途，但國際化（internationalization）這個題材仍原比此處所述要博大精深得多。如果你打算處理多種字元集、或是對它們仍感到陌生，不妨參閱 Jukka Korpela 所著的《*Unicode Explained: Internationalize Documents, Programs, and Web Sites*》（O'Reilly 出版）一書。

文字資料

如果你要儲存的資料可能超過 varchar 欄位的 64 KB 上限，你也許需要使用文字型別中的一種。

表 2-1 列出了可用的文字型別、以及其最大容量。

表 2-1　MySQL 的文字型別

文字型別	最大位元組數
tinytext	255
text	65,535
mediumtext	16,777,215
longtext	4,294,967,295

在選擇使用其中一種文字型別時，你應該先有以下的認識：

- 如果載入文字欄位的資料超出了該型別的容量上限，多餘的部分便會被截斷。

- 當資料載入欄位時，尾隨的補白字元不會被移除。

- 對 text 欄位進行排序或分組時，只有前 1,024 個位元組會用於排序，但此一限制可以在必要時再提升。

- MySQL 裡的文字型別是彼此互異的。但微軟的 SQL Server 裡只有一種文字型別，專供儲存大量字元資料，而 DB2 與 Oracle 則採用一種名為 clob 的型別來儲存字元大型物件（Character Large Object）。

- 現在 MySQL 可以在 varchar 欄位中儲存多達 65,535 位元組的資料（在第 4 版時還只有 255 位元組），因而使得 tinytext 或 text 已幾無用武之地。

如果你要建立一個用來儲存不限輸入資料格式的欄位，例如某個會儲存客戶與貴公司客服部門互動資料紀錄的 notes 欄位，也許用 varchar 就很合適。但如果你要儲存的是文件，最好還是選擇 mediumtext 或 longtext 等型別較為合適。

 Oracle Database 允許在 char 欄位中儲存多達 2,000 個位元組的資料，如果是 varchar2 欄位更可多達 4,000 個位元組。更大的文件則該改用 clob 型別。微軟的 SQL Server 可以儲存最多 8,000 位元組的資料，不論是 char 還是 varchar 皆然，但如果欄位是定義為 varchar(max)，則上限可達 2GB。

數字資料

雖說只用一種「數字」（numeric）資料型別應該就夠代表所有的數字了，但實際上卻有好幾種數字資料型別，反映出數字的不同使用方式，如下所述：

一個代表客戶訂單是否已經出貨的欄位

　　這種欄位通常採用布林值（*Boolean*），如果其值是 0、就代表布林值為偽、若是 1 則為真。

系統為交易資料表產生的主鍵

　　這類資料通常從 1 開始，而且會以 1 為單位逐次遞增，直到變成相當巨大的數值。

客戶電子購物車裡的品項編號

　　這類欄位的值將會是正整數，從 1 到約莫 200 之譜（對購物狂來說來說這數值很尋常）。

電路板鑽孔機的位置資料

　　高精準度的科學用或製造用資料，通常需要精確到小數點後八位數之譜。

為了處理這些型別（甚至更多種類）的資料，MySQL 準備了數種不同的數字資料型別。最常用的就是儲存整數的數字型別，或稱為 *integers*。指定這類型別時，你也許還得加註資料是否為*無號*（*unsigned*），這會告訴伺服器，儲存在欄位中的所有資料都一定是大於或等於零。表 2-2 顯示了五種用來儲存整數的不同資料型別。

表 2-2　MySQL 的整數型別

型別	有號整數範圍	無號整數範圍
tinyint	-128 到 127	0 到 255
smallint	-32,768 到 32,767	0 到 65,535
mediumint	-8,388,608 到 8,388,607	0 到 16,777,215
int	-2,147,483,648 到 2,147,483,647	0 到 4,294,967,295
bigint	-2^{63} 到 $2^{63} - 1$	0 到 $2^{64} - 1$

當你建立一個採用上述型別之一的整數欄位時，MySQL 會分配適當的空間來儲存該種資料，範圍從 tinyint 的一個位元組、到 bigint 的八個位元組。因此你所選的數字型別，應該要夠大得足以容納你預見該欄位會存放的最大數值，而不至於浪費過度分配的儲存空間。

至於浮點數（如 3.1415927），你可以選擇表 2-3 中的任一種數字型別。

表 2-3　MySQL 的浮點型別

型別	數字範圍
float(*p* , *s*)	-3.402823466E+38 到 -1.175494351E-38 和 1.175494351E-382 到 3.402823466E+38
double(*p* , *s*)	-1.7976931348623157E+308 到 -2.2250738585072014E-308 和 2.2250738585072014E-308 到 1.7976931348623157E+308

使用浮點型別時，你可以指定精度（*precision*，意為小數點左右兩側總共可以容許多少位數字）、以及小數值（*scale*，意為小數點後幾位數字），但兩者其實都可以省略。在表 2-3 中，這兩種數值皆以 *p* 和 *s* 來代表。如果你指定了浮點數欄位的精度和小數值，記住，要是數字的量超過了欄位指定的小數值或精度，則儲存在該欄位中的資料會被四捨五入。舉例來說，欄位若訂為 float(4,2)，就會以小數點前後各兩位數、總共四位數字來儲存數字。因此，若是這類欄位處理的是像 27.44 和 8.19 這類的數字就都沒事，但數字如果是 17.8675，就會被進位成 17.87，而若是你企圖把 178.375 這類的數字儲存到 float(4,2) 欄位裡，就會發生錯誤。

浮點數欄位就跟整數型別一樣，也可以分成有號或無號，但指定無號浮點數只會確保不會有負的數值寫到該欄位裡，但不會影響到儲存在欄位中的有效資料範圍。

時序資料

除了字串和數字，你最常處理的資訊應該就屬日期和時間了。這種資料型別被稱作是時序（*temporal*）資料，而資料庫中常見的時序資料範例有：

- 特定事件預期將發生的未來日期，例如客戶訂單出貨的日期
- 客戶訂單已出貨的日期
- 使用者更改資料表中特定資料列當時的日期與時間
- 員工生日
- 在資料倉儲中對應 yearly_sales 資料表中某一列的年份
- 汽車組裝線上需要完成配線束所需的時間

MySQL 包含了所有處理上述狀況所需的資料型別。表 2-4 顯示了 MySQL 所支援的時序資料型別。

表 2-4　MySQL 時序資料型別

型別	預設格式	許可資料值範圍
date	YYYY-MM-DD	1000-01-01 到 9999-12-31
datetime	YYYY-MM-DD HH:MI:SS	1000-01-01 00:00:00.000000 到 9999-12-31 23:59:59.999999
timestamp	YYYY-MM-DD HH:MI:SS	1970-01-01 00:00:00.000000 到 2038-01-18 22:14:07.999999
year	YYYY	1901 到 2155
time	HHH:MI:SS	-838:59:59.000000 到 838:59:59.000000

雖然資料庫伺服器會以各種方式儲存時序資料，但格式化字串的目的（如表 2-4 中第二欄所示）則是為了顯示我們取得該種資料時會如何呈現，同時也代表我們在寫入或更新時序欄位時，應將資料字串寫成何種格式。因此，如果你想寫入 2020 年 3 月 20 日這個日期、並以預設格式 YYYY-MM-DD 寫入到 date 欄位，你就得把它寫成「2020-03-23」這樣的字串。第 7 章會徹底探討時序資料的組成和顯示方式。

datetime、timestamp 和 time 等型別也可以接受幾分之一秒的寫法，最多到小數點後 6 位數（百萬分之一秒，微秒）。使用這幾種資料型別定義欄位時，你可能得提供從 0 到 6 之間的一個值；舉例來說，指定 datetime(2)，就代表你的時間值會精確到百分之一秒。

每一種資料庫伺服器都有自己的時序欄位資料許可範圍。Oracle
Database 接受從西元前 4712 年到西元 9999 年之間的日期,但微軟
SQL Server 只能處理從西元 1753 年到西元 9999 年之間的日期(除
非你改用 SQL Server 2008 的資料型別 datetime2,它能處理西元元
年到西元 9999 年之間的日期)。MySQL 則處於 Oracle 和 SQL Server
兩者之間,它能處理西元 1000 年到西元 9999 年之間的日期。雖然對
於大部分只會追蹤從現在開始到未來事件的系統來說,這似乎差別不
大,但請記住,如果你需要儲存歷史上的日期,這就大有關係了。

表 2-5 說明了表 2-4 中各種日期格式的不同組成部分。

表 2-5　日期格式的元件

元件	定義	範圍
YYYY	年份,包括所在世紀	1000 到 9999
MM	月份	01(一月)到 12(十二月)
DD	日期	01 到 31
HH	小時	00 到 23
HHH	時數(持續計時)	-838 到 838
MI	分鐘	00 到 59
SS	秒	00 到 59

以下說明各種時序型別如何呈現上述各種資料:

- 用來儲存客戶訂單預訂未來出貨日期、或是員工生日的欄位,就會採用 date
  型別,因為未來的時間並不需要追蹤到秒的程度、生日也不用記錄到出生時
  刻。

- 用來儲存客戶訂單實際出貨時間的欄位,就必須採用 datetime 型別,因為出
  貨時,不僅要記錄日期、時刻也很要緊。

- 要記錄使用者先前更改資料表中特定一筆資料的時刻,就必須採用 timestamp
  型別。timestamp 型別所含的資料其實和 datetime 完全相同(年、月、日、
  時、分、秒),只不過 MySQL 填入 timestamp 欄位的資料,會自動依照資料
  列加入資料表、或資料列被更改當下的日期 / 時刻來決定。

- 只含有年份的欄位,就只需採用 year 型別。

- 凡是儲存完成一個任務所需時間長度的資料欄位，就應採用 **time** 型別。對這類資料而言，無須在意時間中的日期部分，因為你只會在意完成任務所需的小時數 / 分鐘數 / 秒數。這份資訊也可以從兩個 **datetime** 欄位的內容推導出來（一個是任務開始的日期時刻、另一個則是任務完成的日期 / 時刻），只需將兩者相減即可得知，但只用單一欄位來表示自然單純得多。

第 7 章會探討如何處理每一種時序資料型別。

建立資料表

現在你已經掌握了 MySQL 資料庫中會儲存的資料型別，現在該來瞧瞧如何在定義資料表時運用這些型別了。我們先來定義一個儲存個人資訊的資料表。

步驟 1：設計

要開始設計一個資料表，不妨先從腦力激盪開始，看看應該納入哪些資訊。以下是筆者略為思索如何描述一個人所需的資訊類型後，所得出的結論：

- 姓名
- 眼珠顏色
- 生日
- 住址
- 喜好食物

當然這不算是多詳盡的清單，但目前來說也夠用了。下一步便是指定欄位名稱和資料型別。表 2-6 顯示了筆者的初步嘗試。

表 2-6　Person 資料表，第一輪嘗試

欄位	型別	允許資料值
name	varchar(40)	
eye_color	char(2)	BL, BR, GR
birth_date	date	
address	varchar(100)	
favorite_foods	varchar(200)	

name、address 和 favorite_foods 等欄位都屬於 varchar 型別，允許自由輸入資料。eye_color 欄位則允許長度兩個字元的內容，且只能有 BR、BL 或 GR 等選擇。birth_date 欄位則屬於 date 型別，因為這部分資料並不需要用到時刻。

步驟 2：細分

在第 1 章時，各位已經知道了正規化（*normalization*）的概念，這個過程會確保你的資料庫設計中不會出現重複的（外來鍵不算）或是複合式欄位（compound columns）。二度檢視 person 資料表中的欄位之後，發現了以下的問題：

- name 欄位實際上是一個複合物件，由姓氏和人名組合而成。

- 由於很多人可能會同名同姓、甚至眼珠顏色相同、同日出生等等，person 資料表中沒有一個欄位可以保證一筆資料的獨特性。

- address 欄位也是一個複合物件，含有街道、城市、州 / 省、國家及郵遞區號等資訊。

- favorite_foods 欄位可能會含有一個以上互不相關的項目、也可能一無所有。最好是為這類資料另外建立一個資料表，其中含有外來鍵，可以參照到 person 資料表，這樣你就可以得知誰特別喜歡某種食物。

將這些問題納入考量後，表 2-7 便給出了一個經過正規化的 person 資料表版本。

表 2-7　Person 資料表，第二輪嘗試

欄位	型別	允許資料值
person_id	smallint (unsigned)	
first_name	varchar(20)	
last_name	varchar(20)	
eye_color	char(2)	BR, BL, GR
birth_date	date	
street	varchar(30)	
city	varchar(20)	
state	varchar(20)	
country	varchar(20)	
postal_code	varchar(20)	

現在 person 資料表有一個主鍵（person_id）來確保獨特性了，下一步則是建立 favorite_food 資料表，其中含有外來鍵、會串到 person 資料表。表 2-8 顯示設計的結果。

表 2-8　favorite_food 資料表

欄位	型別
person_id	smallint (unsigned)
food	varchar(20)

person_id 和 food 欄位組成了 favorite_food 資料表的主鍵，而 person_id 欄位同時也是通往 person 資料表的外來鍵。

要做到什麼程度才算夠？

將 favorite_foods 欄位移出 person 資料表絕對是個好主意，但這樣就夠了嗎？如果說有人將「pasta」列為最喜歡的食物；但另一個人卻寫成「spaghetti」？它們算是相同的食物嗎？為了預防這種問題，你也許會決定要讓人們從一個選項清單中挑出自己最愛的食物，這時你就應該建立一個 food 清單，裡面有 food_id 和 food_name 等欄位，然後把 favorite_food 清單改成含有通往 food 資料表的外部鍵欄位。雖說這個設計完全正規化，但你也可能決定只把使用者輸入的內容儲存起來，這樣的話，以上資料表就無須再更動了。

步驟 3：建立 SQL 架構敘述

現在我們已經設計出了兩個資料表，分別含有個人和他們最喜愛的食物，下一步便是寫出可以在資料庫中建立資料表的 SQL 敘述了。以下便是建立 person 資料表的敘述：

```
CREATE TABLE person
  (person_id SMALLINT UNSIGNED,
   fname VARCHAR(20),
   lname VARCHAR(20),
   eye_color CHAR(2),
   birth_date DATE,
   street VARCHAR(30),
   city VARCHAR(20),
```

```
  state VARCHAR(20),
  country VARCHAR(20),
  postal_code VARCHAR(20),
  CONSTRAINT pk_person PRIMARY KEY (person_id)
 );
```

以上敘述中的每個部分應該都很容易理解，唯一的例外是最後一行；當你自行定
義資料表時，你必須告訴資料庫伺服器，哪一個（或哪些）欄位會擔任資料表的
主鍵。一個資料表定義裡可以加上好幾種約束條件（constraint）。這裡的約束條件
便是所謂的**主鍵約束條件**（*primary key constraint*）。它是以 `person_id` 欄位為依
據、同時有自己的名稱 `pk_person`。

以約束條件來說，另外一種約束條件也許會對 person 資料表很有用，在表 2-6
裡，筆者加上了第三個欄位，用來指出特定欄位可以容許的值（如 eye_color 欄
位的 'BR' 和 'BL'）。這種約束條件稱為**檢查約束條件**（*check constraint*），它限
制了特定欄位可以容許的值。MySQL 可以在定義欄位時直接加上檢查約束條件，
就像這樣：

```
  eye_color CHAR(2) CHECK (eye_color IN ('BR','BL','GR')),
```

雖然檢查約束條件在大多數的資料庫伺服器上都可以運作，對於 MySQL 伺服器來
說，它會定義約束條件、卻不會強制執行。然而，MySQL 卻提供了另一種字元資
料型別，稱為 enum，它會將檢查約束條件融合到資料型別的定義當中。以下就是
`eye_color` 的定義：

```
  eye_color ENUM('BR','BL','GR'),
```

以下便是 `eye_color` 欄位採用 enum 資料型別後、person 資料表重新定義的外觀：

```
  CREATE TABLE person
   (person_id SMALLINT UNSIGNED,
    fname VARCHAR(20),
    lname VARCHAR(20),
    eye_color ENUM('BR','BL','GR'),
    birth_date DATE,
    street VARCHAR(30),
    city VARCHAR(20),
    state VARCHAR(20),
    country VARCHAR(20),
    postal_code VARCHAR(20),
    CONSTRAINT pk_person PRIMARY KEY (person_id)
   );
```

讀者們會在本章稍後看到，萬一你嘗試對欄位加上的資料違反了約束條件時（或是超出了 MySQL 的枚舉值時），會發生什麼事。

現在你已經可以用命令列工具 mysql 執行建立資料表的敘述了。執行起來就會像這樣：

```
mysql> CREATE TABLE person
    -> (person_id SMALLINT UNSIGNED,
    -> fname VARCHAR(20),
    -> lname VARCHAR(20),
    -> eye_color ENUM('BR','BL','GR'),
    -> birth_date DATE,
    -> street VARCHAR(30),
    -> city VARCHAR(20),
    -> state VARCHAR(20),
    -> country VARCHAR(20),
    -> postal_code VARCHAR(20),
    -> CONSTRAINT pk_person PRIMARY KEY (person_id)
    -> );
Query OK, 0 rows affected (0.37 sec)
```

MySQL 伺服器在處理完 create table 的敘述後，會傳回一筆「Query OK, 0 rows affected」的訊息，它指出該筆敘述沒有語法錯誤。

如果你想確認 person 資料表是否已經存在，可以利用 describe 命令（或是只簡寫成 desc）來觀察資料表的定義：

```
mysql> desc person;
+-------------+-------------------+------+-----+---------+-------+
| Field       | Type              | Null | Key | Default | Extra |
+-------------+-------------------+------+-----+---------+-------+
| person_id   | smallint(5) unsigned | NO   | PRI | NULL    |       |
| fname       | varchar(20)       | YES  |     | NULL    |       |
| lname       | varchar(20)       | YES  |     | NULL    |       |
| eye_color   | enum('BR','BL','GR') | YES  |     | NULL    |       |
| birth_date  | date              | YES  |     | NULL    |       |
| street      | varchar(30)       | YES  |     | NULL    |       |
| city        | varchar(20)       | YES  |     | NULL    |       |
| state       | varchar(20)       | YES  |     | NULL    |       |
| country     | varchar(20)       | YES  |     | NULL    |       |
| postal_code | varchar(20)       | YES  |     | NULL    |       |
+-------------+-------------------+------+-----+---------+-------+
10 rows in set (0.00 sec)
```

describe 輸出的欄位 1 跟 2 都很容易理解。但是欄位 3 代表的卻是該資料表的特定欄位在插入資料時是否可以省略。筆者現在先賣個關子（請參閱以下說明窗中的簡短說明），但我們會在第 4 章詳細探討 Null 這個名詞。第 4 個欄位代表該項資料表欄位是否會構成鍵值（不分主鍵或外來鍵）；在上例中，person_id 欄位被標記為主鍵。第 5 個欄位代表當你插入資料時，若刻意省略不提供欄位資料，該項資料表欄位是否會被自動填入預設值。第 6 個欄位（即「Extra」）代表是否有其他與該欄位相關的額外資訊。

Null 是什麼？

在某些情況下，你無法（或不適合）為資料表的特定欄位提供資料值。譬如當你為客戶的新訂單添加資料時，還無法確知 ship_date 欄位該填上什麼資料，這個欄位就可以說是 *null*（注意，筆者沒說它等於 null），它代表該筆資料此時從缺。Null 常用於各種無法提供資料值的場合，例如：

- 不適用

- 未知

- 空集合

設計資料表時，你可以指定哪些欄位允許為 null（預設）、而哪些欄位不得為 null（在型別定義後面加上關鍵字 not null）。

現在你已經建立了 person 資料表，下一步是建立 favorite_food 資料表：

```
mysql> CREATE TABLE favorite_food
    ->   (person_id SMALLINT UNSIGNED,
    ->    food VARCHAR(20),
    ->    CONSTRAINT pk_favorite_food PRIMARY KEY (person_id, food),
    ->    CONSTRAINT fk_fav_food_person_id FOREIGN KEY (person_id)
    ->    REFERENCES person (person_id)
    ->   );
Query OK, 0 rows affected (0.10 sec)
```

這個動作應該跟先前建立 person 資料表時的 create table 敘述十分類似，除了以下部分：

- 由於一個人可能會有好幾種最喜愛的食物（這也是一開始建立此一資料表的目的），光只有 person_id 欄位無法確保鍵值的獨特性。因此這個資料表以兩個欄位組成主鍵：person_id 和 food。

- favorite_food 資料表還含有另一種約束條件，稱為**外來鍵約束條件**（*foreign key constraint*）。此種條件限制了 favorite_food 資料表中 person_id 欄位的資料值，讓它只能接收 person 資料表中既有的資料值。如果有這個約束條件存在，筆者便無法在 favorite_food 資料表中加上一筆 person_id 27 喜歡披薩這樣的資料，因為 person 資料表中還沒有 person_id 等於 27 這筆資料存在。

 如果你在初次建立資料表時忘記加上外來鍵約束條件，可以事後再利用 alter table 敘述把它加上去。

當你執行完 create table 敘述後，describe 會顯示以下內容：

```
mysql> desc favorite_food;
+-----------+----------------------+------+-----+---------+-------+
| Field     | Type                 | Null | Key | Default | Extra |
+-----------+----------------------+------+-----+---------+-------+
| person_id | smallint(5) unsigned | NO   | PRI | NULL    |       |
| food      | varchar(20)          | NO   | PRI | NULL    |       |
+-----------+----------------------+------+-----+---------+-------+
2 rows in set (0.00 sec)
```

現在資料表都就位了，下一步該來添加一些資料。

為資料表填入資料或更改資料表

有了 person 和 favorite_food 資料表之後，讀者們現在可以開始探索四種基本的 SQL 資料敘述了：insert、update、delete 和 select。

置入資料

由於 person 和 favorite_food 資料表裡還沒有資料存在，於是我們要探索的頭一個 SQL 四大資料敘述之一，就是 insert 敘述。以下是 insert 敘述的三個主要成分：

- 要加入資料的資料表名稱

- 要填入資料的資料表欄位名稱

- 要填入欄位的資料

你無須為資料表的每一個欄位都提供資料（除非所有的資料表欄位都被加上了 **not null** 的屬性）。在某些情況下，那些沒有被納入最初 **insert** 敘述的欄位，可以事後再透過 **update** 敘述取得資料。有些資料列的欄位有時則永遠都不會拿到資料值（像是在出貨前被取消的客戶訂單，因此 **ship_date** 欄位不可能有資料可填）。

產生數字鍵資料

在為 **person** 資料表加入資料前，我們最好先來說明一下數值型態的主鍵是如何生成的。除了憑空隨機挑選以外，還有幾種選項：

- 找出資料表中現有的最大值、再加上 1。

- 讓資料庫伺服器為你提供一個值。

雖然第一個選項似乎可行，但是在一個多使用者的環境中卻會有問題，因為可能會有兩名使用者正同時盯著資料表、結果同時選擇了一個相同的主鍵值。但除此以外，當今市面上所有的資料庫伺服器其實都提供了安全可靠的方式，用來產生數字化的鍵值。而像 Oracle Database 這樣的伺服器，甚至還特別另用一種架構物件（名為 *sequence*）來呈現；但是在 MySQL 上，你只需為主鍵欄位開啟 *auto-increment*（自動遞增）功能就行了。通常你會在建立資料表時就處理掉這件事了，不過各位現在可以學著用另一個 SQL 架構敘述來補做這個動作，就是 **alter table**，它可以更改既有資料表的定義：

```
ALTER TABLE person MODIFY person_id SMALLINT UNSIGNED AUTO_INCREMENT;【譯註】
```

這個敘述基本上重新定義了 **person** 資料表的 **person_id** 欄位。如果你再度用 **describe** 觀察此一資料表，就會看到 **person_id** 的「Extra」欄位裡多了 auto-increment 這個功能：

譯註　如果你在自己的實驗資料庫上執行同樣的敘述，記得先把 favorite_food 資料表的外來鍵約束條件關掉（set foreign_key_checks=0;），等到完成 alter table 敘述後，再重新打開同樣的約束條件（set foreign_key_checks=1;）。這樣便可以避免在對 person 資料表執行 alter table 命令時、被 favorite_food 資料表的約束條件檢查絆住。

```
mysql> DESC person;
+------------+-----------------------+------+-----+---------+----------------+
| Field      | Type                  | Null | Key | Default | Extra          |
+------------+-----------------------+------+-----+---------+----------------+
| person_id  | smallint(5) unsigned  | NO   | PRI | NULL    | auto_increment |
| .          |                       |      |     |         |                |
| .          |                       |      |     |         |                |
| .          |                       |      |     |         |                |
```

當你在 person 資料表中填入資料時，對 person_id 欄位只需提供 null 值即可，
因為 MySQL 會自動用下一個可用的值填入該欄位（按照預設方式，MySQL 會從
1 開始填入自動遞增的欄位）。

insert 敘述

現在所有的零件都齊全，可以來添加一些資料了。以下敘述會在 person 資料表建
立一列 William Turner 的資料：

```
mysql> INSERT INTO person
    -> (person_id, fname, lname, eye_color, birth_date)
    -> VALUES (null, 'William','Turner', 'BR', '1972-05-27');
Query OK, 1 row affected (0.22 sec)
```

執行後的回應（「Query OK, 1 row affected」）會告知你的敘述語法無誤、而且已
有一筆資料加入了資料庫（因為這是 insert 敘述啊）。你可以用 select 敘述立即
觀察剛剛才加入資料表的資料：

```
mysql> SELECT person_id, fname, lname, birth_date
    -> FROM person;
+-----------+---------+--------+------------+
| person_id | fname   | lname  | birth_date |
+-----------+---------+--------+------------+
|         1 | William | Turner | 1972-05-27 |
+-----------+---------+--------+------------+
1 row in set (0.06 sec)
```

如上所見，MySQL 伺服器為主鍵產生了 1 這個值。由於 person 資料表裡目前僅
有一筆資料，筆者無須指定要取出哪一列資料、而是取出表中全部的資料列。然
而，如果資料表中不只一筆資料，筆者就得用 where 子句來指定，只取出 person_
id 欄位值為 1 的那一筆資料：

```
mysql> SELECT person_id, fname, lname, birth_date
    -> FROM person
    -> WHERE person_id = 1;
+-----------+---------+--------+------------+
| person_id | fname   | lname  | birth_date |
+-----------+---------+--------+------------+
|         1 | William | Turner | 1972-05-27 |
+-----------+---------+--------+------------+
1 row in set (0.00 sec)
```

雖說以上查詢指定的是特定的主鍵值，但其實可以用資料表中的任何欄位來搜尋資料列，如下面這道查詢所示，它找出所有 lname 欄位值為 'Turner' 的資料列：

```
mysql> SELECT person_id, fname, lname, birth_date
    -> FROM person
    -> WHERE lname = 'Turner';
+-----------+---------+--------+------------+
| person_id | fname   | lname  | birth_date |
+-----------+---------+--------+------------+
|         1 | William | Turner | 1972-05-27 |
+-----------+---------+--------+------------+
1 row in set (0.00 sec)
```

在我們繼續介紹下去之前，以上的 insert 敘述尚有幾點值得說明一下：

- 我們沒有對任何地址欄位提供資料。這並無關係，因為這些欄位都可以是 null。

- 我們給 birth_date 欄位的值是字串。但只要你的字串格式合乎表 2-4 的規定，MySQL 就會幫你把字串轉換成日期。

- 你提供的欄位名稱和資料值，其數量和型別必須能彼此一一呼應。如果你指定了七個欄位、但只提供了六個資料值，或是你給的資料值無法轉換成相應欄位的正確資料型別，就會收到錯誤訊息。

William Turner 也提供了三種他最喜愛的食物，因此以下是三道儲存他對食物喜好的 insert 敘述：

```
mysql> INSERT INTO favorite_food (person_id, food)
    -> VALUES (1, 'pizza');
Query OK, 1 row affected (0.01 sec)
mysql> INSERT INTO favorite_food (person_id, food)
    -> VALUES (1, 'cookies');
Query OK, 1 row affected (0.00 sec)
```

```
mysql> INSERT INTO favorite_food (person_id, food)
    -> VALUES (1, 'nachos');
Query OK, 1 row affected (0.01 sec)
```

以下則是取得 William 最喜愛食物的查詢語句，並透過 order by 子句依照字母順序排序顯示：

```
mysql> SELECT food
    -> FROM favorite_food
    -> WHERE person_id = 1
    -> ORDER BY food;
+---------+
| food    |
+---------+
| cookies |
| nachos  |
| pizza   |
+---------+
3 rows in set (0.02 sec)
```

order by 子句會告訴伺服器如何排列查詢傳回的資料。如果沒加上 order by 子句，就無法保證從資料表取得的資料會以何種順序顯示。

為了讓 William 不要孤獨一人，你可以再度執行另一道 insert 敘述，把 Susan Smith 也加入到 person 資料表裡：

```
mysql> INSERT INTO person
    -> (person_id, fname, lname, eye_color, birth_date,
    -> street, city, state, country, postal_code)
    -> VALUES (null, 'Susan','Smith', 'BL', '1975-11-02',
    -> '23 Maple St.', 'Arlington', 'VA', 'USA', '20220');
Query OK, 1 row affected (0.01 sec)
```

由於 Susan 很好心地提供了她的住址，跟先前插入 William 的資料相比，我們在此多加上了五個欄位。如果你再度查詢資料表，會發現 Susan 這筆資料列自動分配到 2 這個主鍵值：

```
mysql> SELECT person_id, fname, lname, birth_date
    -> FROM person;
+-----------+---------+-------+------------+
| person_id | fname   | lname | birth_date |
+-----------+---------+-------+------------+
|         1 | William | Turner| 1972-05-27 |
|         2 | Susan   | Smith | 1975-11-02 |
+-----------+---------+-------+------------+
2 rows in set (0.00 sec)
```

更新資料

當 William Turner 的資料初次加入資料表時，insert 敘述中未加上各個地址欄位的資料。下一道敘述會示範如何在事後以 update 敘述補上這些欄位：

```
mysql> UPDATE person
    -> SET street = '1225 Tremont St.',
    ->     city = 'Boston',
    ->     state = 'MA',
    ->     country = 'USA',
    ->     postal_code = '02138'
    -> WHERE person_id = 1;
Query OK, 1 row affected (0.04 sec)
Rows matched: 1 Changed: 1 Warnings: 0
```

伺服器回應了一段兩行的訊息:「Rows matched: 1」這行表示 where 子句中的條件媒合了資料表中的一筆資料,而「Changed: 1」這行則代表資料表中已有一筆資料被更改了。由於 where 子句指定的就是 William 那一筆資料的主鍵值,因此正好是你要修改的目標。

依照 where 子句中的條件,也有辦法可以只用一道敘述修改一筆以上的資料。舉例來說,如果你的 where 子句像下面這樣,會發生什麼事:

```
WHERE person_id < 10
```

由於 William 和 Susan 的 person_id 都小於 10,因此這兩筆資料都會被修改到。如果不加上 where 子句,你的 update 敘述就會修改資料表中的每一筆資料。

刪除資料

William 跟 Susan 似乎處不來,因此其中一人就得離開。由於 William 是先來的,於是 Susan 便成了 delete 敘述的實驗品:

```
mysql> DELETE FROM person
    -> WHERE person_id = 2;
Query OK, 1 row affected (0.01 sec)
```

這裡我們再度利用主鍵來分離出要處理的標的物,因此資料表中只有一筆資料會刪除。就像 update 敘述一樣,也可以依照 where 子句裡的條件,一次刪除一筆以上的資料,如果省略 where 子句,那所有的資料列均會刪除。

不好的敘述寫法

到目前為止,本章展示的所有 SQL 資料敘述都是格式良好、也照規則運作的。然而,依照 person 和 favorite_food 兩個資料表的定義方式,你在插入或修改資料時，有很多會造成錯誤的方式。這個小節會展示若干常見的錯誤、以及 MySQL 伺服器會如何做出回應。

主鍵並非獨特值

由於資料表的定義中也包括了建立主鍵約束條件，MySQL 會確保不會有重複的鍵值進入資料表。下一道敘述會嘗試規避 person_id 欄位的自動遞增功能，並在 person 資料表中建立另一筆 person_id 為 1 的資料列：

```
mysql> INSERT INTO person
    -> (person_id, fname, lname, eye_color, birth_date)
    -> VALUES (1, 'Charles','Fulton', 'GR', '1968-01-15');
ERROR 1062 (23000): Duplicate entry '1' for key 'PRIMARY'
```

沒有任何事物可以阻擋你（至少以目前的架構物件來說是如此）建立兩筆具備相同姓名、地址、生日等內容的資料列，只要它們彼此的 person_id 欄位互異即可。

外來鍵不存在

favorite_food 資料表的定義中包括要對 person_id 欄位建立外來鍵約束條件。這個約束條件會確保所有進入 favorite_food 資料表的 person_id 值，必須已經存在於 person 資料表當中。以下是當你嘗試建立一筆違反此一約束條件時會發生的事：

```
mysql> INSERT INTO favorite_food (person_id, food)
    -> VALUES (999, 'lasagna');
ERROR 1452 (23000): Cannot add or update a child row: a foreign key constraint
fails ('sakila'.'favorite_food', CONSTRAINT 'fk_fav_food_person_id' FOREIGN KEY
('person_id') REFERENCES 'person' ('person_id'))
```

在上例中，favorite_food 資料表被視為是 *child*（子）、而 person 資料表則是 *parent*（親），因為 favorite_food 資料表中的部分資料必須依賴 person 資料表。如果你打算在兩個資料中都輸入資料，就必須先在 parent 中建立資料列、然後才可以在 favorite_food 裡建立資料。

只有當你的資料表是以 InnoDB 儲存引擎建立的，才會實施外來鍵約束條件。我們會在第 12 章時探討 MySQL 的儲存引擎。

不符定義的欄位值

person 資料表的 eye_color 欄位會有限制，只能接受 'BR' 為棕色、'BL' 為藍色、'GR' 為綠色等資料值。如果你不慎嘗試將該欄位資料值設成其他的值，就會收到以下的回應：

```
mysql> UPDATE person
    -> SET eye_color = 'ZZ'
    -> WHERE person_id = 1;
ERROR 1265 (01000): Data truncated for column 'eye_color' at row 1
```

錯誤訊息有點令人丈二金剛摸不著頭腦，不過它大致指出了伺服器對你提供的 eye_color 欄位值不甚滿意。

無效的日期轉換

如果你編寫了一段字串，並用它填入 date 欄位，但是該字串與預期應有的格式不符，就會收到另一種錯誤訊息。以下就是使用了不符合預設 YYYY-MM-DD 格式的日期所導致的例子：

```
mysql> UPDATE person
    -> SET birth_date = 'DEC-21-1980'
    -> WHERE person_id = 1;
ERROR 1292 (22007): Incorrect date value: 'DEC-21-1980' for column 'birth_date'
at row 1
```

一般說來，最好還是明確地指定格式字串、而不是只靠預設格式來偵測。以下是另一個版本的敘述，它利用了 str_to_date 函式來指定要採用何種格式字串：

```
mysql> UPDATE person
    -> SET birth_date = str_to_date('DEC-21-1980' , '%b-%d-%Y')
    -> WHERE person_id = 1;
Query OK, 1 row affected (0.12 sec)
Rows matched: 1 Changed: 1 Warnings: 0
```

這樣一來，不僅是資料庫伺服器無話可說、William 也很滿意（因為我們一下子讓他年輕了八歲，連美容手術都省了！）。

在本章稍早的內容中，筆者曾探討過各種時序資料型別，當時曾介紹過日期格式字串，像是 YYYY-MM-DD。雖說有多種資料庫伺服器採用這種風格的格式，MySQL 卻是採用 %Y 來代表四位數的年份表示法。以下是另外幾種你可以在 MySQL 中把字串轉換成 datetimes 格式工具：

%a 一週當中每日的簡寫，如 Sun、Mon、...
%b 一年當中每個月份的簡寫，如 Jan、Feb、...
%c 代表一年中各月份的數字（0..12）
%d 代表一個月中每一天的數字（0..31）
%f 代表微秒的數字（000000..999999）
%H 代表 24 小時制的一天當中，每個小時的數字（0..23）
%h 代表 12 小時制的一天當中，每個小時的數字（1..12）
%i 代表一小時中每一分鐘的數字（0..59）
%j 代表一年中每一天的數字（001..366）
%M 完整月份名稱（January..December）
%m 以數字呈現的月份
%p 上午（AM）或下午（PM）
%s 代表秒數的數字（0..59）
%W 一週當中每日的完整名稱（Sunday..Saturday）
%w 代表一週當中每一天的完整名稱（0=Sunday..6=Saturday）
%Y 年份的四位數字寫法

Sakila 資料庫

在本書接下來的篇幅裡，大部分的範例都會以 Sakila 這個示範資料庫來呈現，它是由 MySQL 裡的好心人士製作的。該資料庫模擬了一家 DVD 租賃連鎖店，這場景如今看來自然是有點過時了，不過只要略為想像一番，就可以將它重塑成一間線上影音串流業者。其中部分的資料表包括了 customer、film、actor、payment、rental 和 category 等等。當你依照本章開頭的最終步驟載入 MySQL 伺服器、並產生示範資料時，整個架構和示範資料應該就已建立完畢了。至於資料表之間的關係圖以及其欄位，請參閱附錄 A。

表 2-9 展示了 Sakila 架構中用到的若干資料表，以及它們各自的簡短定義。

表 2-9　Sakila 的架構定義

資料表名稱	定義
film	已上映且可供出租的影片
actor	會演出影片的人
customer	觀看影片的人

資料表名稱	定義
category	影片類型
payment	客戶租片紀錄
language	影片演員的語言
film_actor	影片中的演員
inventory	可以出租的影片

請盡情地探索這些資料表，包括自行添加資料表、以便擴展營業功能等等。如果你想讓示範資料恢復原狀，可以隨時棄置該資料庫、再用下載而來的檔案重新建置它。如果你使用的是暫時的會談連線，那麼任何你做過的異動都會在會談結束時煙消雲散，因此你得把自己的異動內容整理成一段命令稿（script），以便下次可以重現所有做過的異動。

如果你想看看資料庫中既有的全部資料表，可以利用 show tables 命令如下：

```
mysql> show tables;
+----------------------------+
| Tables_in_sakila           |
+----------------------------+
| actor                      |
| actor_info                 |
| address                    |
| category                   |
| city                       |
| country                    |
| customer                   |
| customer_list              |
| film                       |
| film_actor                 |
| film_category              |
| film_list                  |
| film_text                  |
| inventory                  |
| language                   |
| nicer_but_slower_film_list |
| payment                    |
| rental                     |
| sales_by_film_category     |
| sales_by_store             |
| staff                      |
| staff_list                 |
| store                      |
+----------------------------+
23 rows in set (0.02 sec)
```

除了 Sakila 架構中的 23 個資料表以外，你看到的資料表可能還包括本章建立的兩個新資料表：person 和 favorite_food。以後的章節不會用到這兩個資料表，因此儘管放心用以下命令棄置它們：

```
mysql> DROP TABLE favorite_food;
Query OK, 0 rows affected (0.56 sec)
mysql> DROP TABLE person;
Query OK, 0 rows affected (0.05 sec)
```

如果你想觀察資料表中的欄位，可以利用 describe 命令。以下是以 describe 命令輸出 customer 資料表的示範：

```
mysql> desc customer;
+-------------+-------------+------+-----+------------+---------------------+
| Field       | Type        | Null | Key | Default    | Extra               |
+-------------+-------------+------+-----+------------+---------------------+
| customer_id | smallint(5) | NO   | PRI | NULL       | auto_increment      |
|             | unsigned    |      |     |            |                     |
| store_id    | tinyint(3)  | NO   | MUL | NULL       |                     |
|             | unsigned    |      |     |            |                     |
| first_name  | varchar(45) | NO   |     | NULL       |                     |
| last_name   | varchar(45) | NO   | MUL | NULL       |                     |
| email       | varchar(50) | YES  |     | NULL       |                     |
| address_id  | smallint(5) | NO   | MUL | NULL       |                     |
|             | unsigned    |      |     |            |                     |
| active      | tinyint(1)  | NO   |     | 1          |                     |
| create_date | datetime    | NO   |     | NULL       |                     |
| last_update | timestamp   | YES  |     | CURRENT_   | DEFAULT_GENERATED on|
|             |             |      |     | TIMESTAMP  | update CURRENT_     |
|             |             |      |     |            | TIMESTAMP           |
+-------------+-------------+------+-----+------------+---------------------+
```

一旦你對範例資料庫更加熟悉，就越容易理解範例的精髓，繼而掌握後續章節中的概念。

第三章

基礎查詢

到目前為止，讀者們已經在前兩章見識過幾道資料庫查詢示範（像是 select 敘述之類）。現在是時候來仔細研究看看 select 敘述的不同組成部位、以及它們彼此如何互動的。讀完本章之後，讀者們應該就會有基本的認識，知道如何檢索、結合、篩選、分組和排列資料；第 4 章到第 10 章還會再詳盡介紹這些題材。

查詢的機制

在剖析 select 敘述之前，先來看看 MySQL 伺服器（或者說是任何資料庫伺服器）如何執行查詢，應該很有意思。如果你是使用 mysql 命令列工具（假設如此），那麼你應該已經用自己的帳號密碼登入到 MySQL 伺服器（如果是從另一台機器遠端登入、也許還要加上主機名稱）。一旦伺服器驗證過你的使用者名稱和密碼無誤，就會建立一個資料庫連線供你使用。這個連線由發起的應用程式所持有（以本例來說，就是 mysql 工具本身），直到應用程式釋出連線（例如在你鍵入 quit 之後）、或是伺服器關閉連線（如伺服器關閉）為止。每個通往 MySQL 伺服器的連線都會分配到一個識別碼，這會在你初次登入時顯示：

```
Welcome to the MySQL monitor. Commands end with ; or \g.
Your MySQL connection id is 11
Server version: 8.0.15 MySQL Community Server - GPL

Copyright (c) 2000, 2019, Oracle and/or its affiliates. All rights reserved.
Oracle is a registered trademark of Oracle Corporation and/or its
affiliates. Other names may be trademarks of their respective
```

```
owners.
Type 'help;' or '\h' for help. Type '\c' to clear the buffer.
```

在上例中，我的連線識別碼是 **11**。如果發生問題，例如有問題的查詢一跑就幾個小時，你就需要記下這項資訊，它對資料庫管理員會很有用。

一旦伺服器驗證過你的使用者名稱和密碼，並允許建立連線，你就可以執行查詢了（還有其他的 SQL 敘述）。每當查詢提交給伺服器，伺服器在執行它之前，會檢查以下事物：

- 你是否有權執行該敘述？
- 你是否有權取用目標的資料？
- 你的敘述語法正確嗎？

如果敘述通過了以上三項檢測，你的查詢就會被轉交給查詢最佳化工具（*query optimizer*），其任務就是要決定執行你的查詢所需的最有效率方式。最佳化工具會檢查很多東西，像是你的 **from** 子句中提及的資料表結合順序、以及是否有索引可以參照等等，然後它會選出一個執行計畫（*execution plan*），伺服器便會據以執行你的查詢。

 了解你的資料庫伺服器會如何決定執行計畫、並介入影響其選擇，是一件很有意思的事，很多讀者都會想要一探究竟。對於 MySQL 的使用者，你可以參閱 Baron Schwartz 等人合著的 *High Performance MySQL*（O'Reilly 出版）。此外，你還會學到如何產生索引、分析執行計畫、透過 query hints 去影響最佳化工具、以及調校伺服器的啟動參數等等。如果你使用的是 Oracle Database 或微軟的 SQL Server，更是有成打的參考書可以用。

一旦伺服器執行完了你的查詢，就會把結果集合（*result set*）傳回給呼叫執行查詢的應用程式（還是你的 **mysql** 工具）。正如筆者在第 1 章時提過的，結果集合其實不過是另一個資料表，其中包含的也是欄位和資料列。如果你的查詢無法產生任何結果，**mysql** 工具就會告訴你類似以下範例結尾看到的訊息：

```
mysql> SELECT first_name, last_name
    -> FROM customer
    -> WHERE last_name = 'ZIEGLER';
Empty set (0.02 sec)
```

如果查詢傳回一筆或多筆資料列，`mysql` 工具就會將結果格式化處理，加上欄位標頭、並在欄位四周用 -、| 和 + 等符號加上外框，如下例所示：

```
mysql> SELECT *
    -> FROM category;
+-------------+-------------+---------------------+
| category_id | name        | last_update         |
+-------------+-------------+---------------------+
|           1 | Action      | 2006-02-15 04:46:27 |
|           2 | Animation   | 2006-02-15 04:46:27 |
|           3 | Children    | 2006-02-15 04:46:27 |
|           4 | Classics    | 2006-02-15 04:46:27 |
|           5 | Comedy      | 2006-02-15 04:46:27 |
|           6 | Documentary | 2006-02-15 04:46:27 |
|           7 | Drama       | 2006-02-15 04:46:27 |
|           8 | Family      | 2006-02-15 04:46:27 |
|           9 | Foreign     | 2006-02-15 04:46:27 |
|          10 | Games       | 2006-02-15 04:46:27 |
|          11 | Horror      | 2006-02-15 04:46:27 |
|          12 | Music       | 2006-02-15 04:46:27 |
|          13 | New         | 2006-02-15 04:46:27 |
|          14 | Sci-Fi      | 2006-02-15 04:46:27 |
|          15 | Sports      | 2006-02-15 04:46:27 |
|          16 | Travel      | 2006-02-15 04:46:27 |
+-------------+-------------+---------------------+
16 rows in set (0.02 sec)
```

以上查詢傳回的是 category 資料表中所有資料列的全部三個欄位。顯示完最後一行資料後，`mysql` 工具便會顯示訊息，告訴你傳回了多少筆資料，而以上例來說，就是 16 筆。

查詢的子句

select 敘述由好幾個組件（或子句，*clauses*）組成。雖說在使用 MySQL 時，這些組件只有一個是必要的（就是 *select* 子句），但是在全部六個可用的子句當中，通常至少要引用二到三個。表 3-1 便列出了這六個不同的子句、以及其用途。

表 3-1　查詢用的子句

子句名稱	目的
select	用來決定查詢的結果集合中要包含哪些欄位
from	標明要從中取出資料的資料表、以及決定如何結合資料表
where	過濾掉不想要的資料

子句名稱	目的
group by	用來按照共通的欄位值將資料列分組
having	過濾掉不想要的群組
order by	按照一或多個欄位來替最終結果集合中的資料列排序

表 3-1 所列的所有子句，在 ANSI 規格中都榜上有名。以下各小節會深入說明這六種主要查詢用子句的用法。

select 子句

即使 select 子句是撰寫 select 敘述時的第一個子句，它卻是資料庫伺服器最後才加以評估的幾個子句之一。理由是，在你決定要在最終結果集合中納入哪些欄位之前，總得先知道有哪些欄位有可能成最終結果集合的成員吧？因此為了徹底了解 select 子句的角色，你必須先了解一點 from 子句。先從以下這個查詢開始：

```
mysql> SELECT *
    -> FROM language;
+-------------+----------+---------------------+
| language_id | name     | last_update         |
+-------------+----------+---------------------+
|           1 | English  | 2006-02-15 05:02:19 |
|           2 | Italian  | 2006-02-15 05:02:19 |
|           3 | Japanese | 2006-02-15 05:02:19 |
|           4 | Mandarin | 2006-02-15 05:02:19 |
|           5 | French   | 2006-02-15 05:02:19 |
|           6 | German   | 2006-02-15 05:02:19 |
+-------------+----------+---------------------+
6 rows in set (0.03 sec)
```

在這個查詢裡，from 子句只包含列出了單一資料表（language），而 select 子句則指出要把 language 資料表中全部的欄位（以 * 指定）都納入結果集合。這道查詢如果用文字來描述，就像這樣：

把 language 資料表所有資料列的全部欄位都顯現出來。

除了用星號字元指定所有的欄位以外，你也可以明確地指名目標欄位，就像這樣：

```
mysql> SELECT language_id, name, last_update
    -> FROM language;
+-------------+----------+---------------------+
| language_id | name     | last_update         |
+-------------+----------+---------------------+
```

```
|            1 | English  | 2006-02-15 05:02:19 |
|            2 | Italian  | 2006-02-15 05:02:19 |
|            3 | Japanese | 2006-02-15 05:02:19 |
|            4 | Mandarin | 2006-02-15 05:02:19 |
|            5 | French   | 2006-02-15 05:02:19 |
|            6 | German   | 2006-02-15 05:02:19 |
+--------------+----------+---------------------+
6 rows in set (0.00 sec)
```

結果跟先前的查詢並無二致，因為 select 子句一一指明的正好是 language 資料表的全部欄位（亦即 language_id、name 和 last_update）。你也可以只挑出 language 的部分欄位：

```
mysql> SELECT name
    -> FROM language;
+----------+
| name     |
+----------+
| English  |
| Italian  |
| Japanese |
| Mandarin |
| French   |
| German   |
+----------+
6 rows in set (0.00 sec)
```

因此 select 子句的任務可以這樣解釋：

select 子句可以決定哪些候選欄位可以納入查詢的結果集合當中。

如果 select 的動作受限只能從 from 子句中列名的資料表納入其欄位，就太沒意思了。但是你其實可以在 select 子句中放入以下內容：

- 字面值，如數值或字串

- 表示式，如 transaction.amount * -1

- 內建的函式呼叫，如 ROUND(transaction.amount, 2)

- 使用者自訂的函式呼叫

下一個查詢則展示了，在對於 language 資料表的單一查詢中，如何同時引用資料表欄位、一個字面值、一個表示式、和一個內建函式呼叫：

```
mysql> SELECT language_id,
    -> 'COMMON' language_usage,
    -> language_id * 3.1415927 lang_pi_value,
    -> upper(name) language_name
    -> FROM language;
+-------------+----------------+---------------+---------------+
| language_id | language_usage | lang_pi_value | language_name |
+-------------+----------------+---------------+---------------+
|           1 | COMMON         |     3.1415927 | ENGLISH       |
|           2 | COMMON         |     6.2831854 | ITALIAN       |
|           3 | COMMON         |     9.4247781 | JAPANESE      |
|           4 | COMMON         |    12.5663708 | MANDARIN      |
|           5 | COMMON         |    15.7079635 | FRENCH        |
|           6 | COMMON         |    18.8495562 | GERMAN        |
+-------------+----------------+---------------+---------------+
6 rows in set (0.04 sec)
```

我們稍後會再探討表示式和內建函式，但筆者此意不過是要讓讀者們淺嘗一下，
select 子句裡可以變出多少花樣。如果你只是想執行內建函式、或是展開一個簡
單的表示式，可以直接省略 from 子句。就像這樣：

```
mysql> SELECT version(),
    -> user(),
    -> database();
+-----------+----------------+------------+
| version() | user()         | database() |
+-----------+----------------+------------+
| 8.0.15    | root@localhost | sakila     |
+-----------+----------------+------------+
1 row in set (0.00 sec)
```

由於以上查詢只是單純地呼叫了三種內建函式，並未從任何資料表取得資料，因此
沒有使用 from 子句的必要。

欄位的別名

雖然 mysql 工具會替你的查詢傳回的欄位加上標籤，但是其實你可以自訂標籤名
稱。雖說你有可能想替源於資料表的欄位名稱加上新標籤（如果原本的名稱取得
太爛或是語意不清），不過當結果集合的內容是來自表示式或內建函式呼叫時，幾
乎就一定得為含有這些內容的欄位指派你自訂的標籤。做法是在 select 子句中為
每個元素加上欄位別名（*column alias*）。以下仍是先前對於 language 資料表的查
詢，不過這次我們把三個欄位別名用粗體字特別標出來：

```
mysql> SELECT language_id,
    -> 'COMMON' language_usage,
    -> language_id * 3.1415927 lang_pi_value,
    -> upper(name) language_name
    -> FROM language;
+-------------+----------------+---------------+---------------+
| language_id | language_usage | lang_pi_value | language_name |
+-------------+----------------+---------------+---------------+
|           1 | COMMON         |     3.1415927 | ENGLISH       |
|           2 | COMMON         |     6.2831854 | ITALIAN       |
|           3 | COMMON         |     9.4247781 | JAPANESE      |
|           4 | COMMON         |    12.5663708 | MANDARIN      |
|           5 | COMMON         |    15.7079635 | FRENCH        |
|           6 | COMMON         |    18.8495562 | GERMAN        |
+-------------+----------------+---------------+---------------+
6 rows in set (0.04 sec)
```

如果你觀察以上的 select 子句，應該可以看出 language_usage、lang_pi_value
和 language_name 等欄位別名是怎麼附加在第二、第三和第四個欄位上的。欄位
別名會讓輸出看起來簡明易懂得多，筆者很肯定各位會有同感，如果你是從 Java
或 Python 等程式語言發出查詢、而不是從 mysql 工具以互動方式進行，對於程式
來說，處理起來會簡單得多。為了更容易看出你加上了欄位別名，你可以在別名前
面加上關鍵字 as，就像這樣：

```
mysql> SELECT language_id,
    -> 'COMMON' AS language_usage,
    -> language_id * 3.1415927 AS lang_pi_value,
    -> upper(name) AS language_name
    -> FROM language;
```

很多人都公認加上選用的關鍵字 as 有助於提升可讀性，不過筆者在本書的範例中
選擇不使用它。

消除重複的內容

在某些情況下，查詢可能會傳回重複的資料列。舉例來說，如果你要取得電影中所
有曾出場的演員識別碼，就會看到：

```
mysql> SELECT actor_id FROM film_actor ORDER BY actor_id;
+----------+
| actor_id |
+----------+
|        1 |
```

```
|         1 |
|         1 |
|         1 |
|         1 |
|         1 |
|         1 |
|         1 |
|         1 |
|         1 |
...
|       200 |
|       200 |
|       200 |
|       200 |
|       200 |
|       200 |
|       200 |
|       200 |
|       200 |
+-----------+
5462 rows in set (0.01 sec)
```

由於部分演員曾出演過不只一部電影，因此你會一再地看到同樣的演員識別碼出現。你在上例中也許只是想看到曾有哪些個別的（*distinct*）演員，而不是每一部電影出現過的每位演員識別碼都重複一再地出現。這時只需在 select 關鍵字後面直接加上關鍵字 distinct，就像下面這樣：

```
mysql> SELECT DISTINCT actor_id FROM film_actor ORDER BY actor_id;
+-----------+
| actor_id  |
+-----------+
|         1 |
|         2 |
|         3 |
|         4 |
|         5 |
|         6 |
|         7 |
|         8 |
|         9 |
|        10 |
...
|       192 |
|       193 |
|       194 |
|       195 |
```

```
|       196 |
|       197 |
|       198 |
|       199 |
|       200 |
+-----------+
200 rows in set (0.01 sec)
```

現在結果集合只會包括 200 筆資料了,每筆代表個別一位演員,而不像先前那樣同一位演員在每部片出場都算一筆,結果弄出 5,462 筆資料。

> 如果你單純只是要列出全部的演員,應該查詢 actor 資料表、而不是迂迴地查詢 film_actor 的每一筆資料、還大費周章地要移除重複的部分。

如果你不想讓伺服器移除重複的資料、或是你很肯定結果集合中不會有重複的資料,就可以加上關鍵字 all、而不是 distinct。不過,關鍵字 all 原本就是預設會用的,無須特地指名,因此大部分的程式設計師都不會在查詢中加上 all 的字樣。

> 記住,要產生一組獨特的結果,得先將資料排序,如果資料量很大,這會相當耗時。不要只是為了確認沒有重複的資料而落入運用 distinct 的陷阱;相反地,你應該花時間了解你要處理的資料,以便得知是否有重複的可能性。

from 子句

到目前為止,讀者們已經看過查詢中含有單一資料表的 from 子句。雖然大部分的 SQL 教科書都只把 from 子句定義為一或多個資料表的清單來源,筆者卻覺得應該將定義範圍擴大:

> from 子句定義了查詢會用到的資料表、以及如何將資料表連結在一起的方式。

以上定義包含兩個彼此互異卻又相關的部分,我們在接下來的小節裡會一一探討。

資料表

通常提到資料表一詞時，人們想到的往往是資料表中所儲存的一組彼此相關的資料列。這的確代表了其中一種型態的資料表，但筆者想要用更一般化的字眼來描述資料表，也就是不去管資料儲存的方式，而是著重在「一組彼此相關的資料表」這碼事上。這樣一來，就有四種不同型態的資料表符合以上定義：

- 永久性資料表（例如以 create table 敘述建立的資料表）
- 導出的資料表（例如從子查詢傳回並儲存在記憶體裡的資料列）
- 臨時資料表（例如記憶體中的非持續（volatile）性資料）
- 虛擬資料表（例如以 create view 敘述建立的檢視表）

上述每一種類型的資料表，都可以放在查詢中的 from 子句後面。現在你應該已經習慣在 from 子句裡看到永久性資料表了，因此筆者會簡單地說明 from 子句可以參照的其他型態資料表。

導出的（從子查詢產生）的資料表

所謂子查詢，意指一筆包含在其他查詢中的查詢語句。子查詢會用小括弧框起來，而且可以 select 敘述中的不同部位使用；然而在 from 子句裡，子查詢的角色就像是產生一個導出的資料表，可以供其他查詢子句參照，也可以與 from 子句中提及的其他資料表互動。以下便是一個簡單的例子：

```
mysql> SELECT concat(cust.last_name, ', ', cust.first_name) full_name
    -> FROM
    -> (SELECT first_name, last_name, email
    ->  FROM customer
    ->  WHERE first_name = 'JESSIE'
    -> ) cust;
+---------------+
| full_name     |
+---------------+
| BANKS, JESSIE |
| MILAM, JESSIE |
+---------------+
2 rows in set (0.00 sec)
```

在上例中，對 customer 資料表進行的子查詢傳回了三個欄位，而外圍的查詢（*containing query*）則是引用了這三個欄位中的兩個。外圍查詢是以別名來引用子查詢的，也就是 cust。cust 裡的資料是存放在記憶體中的，僅限於查詢期間有

效，隨後便會被棄置。這是一個在 from 子句中使用子查詢的簡單但不見得實用的例子；讀者們會在第 9 章再讀到子查詢的詳細介紹。

臨時資料表

雖然每一種關聯式資料庫實作的方式各有千秋，卻都允許定義非持續性的（說得白話一點就是臨時的）資料表。這類資料表看起來與永久性資料表無異，但位於其中的資料都會在某個時刻（通常都是在交易結束、或資料庫會談連線關閉時）消失無蹤。以下便是一個簡單的例子，展示如何將姓氏首字母為 J 的演員暫時放進一個臨時資料表：

```
mysql> CREATE TEMPORARY TABLE actors_j
    ->  (actor_id smallint(5),
    ->   first_name varchar(45),
    ->   last_name varchar(45)
    ->  );
Query OK, 0 rows affected (0.00 sec)

mysql> INSERT INTO actors_j
    -> SELECT actor_id, first_name, last_name
    -> FROM actor
    -> WHERE last_name LIKE 'J%';
Query OK, 7 rows affected (0.03 sec)
Records: 7 Duplicates: 0 Warnings: 0

mysql> SELECT * FROM actors_j;
+----------+------------+-----------+
| actor_id | first_name | last_name |
+----------+------------+-----------+
|      119 | WARREN     | JACKMAN   |
|      131 | JANE       | JACKMAN   |
|        8 | MATTHEW    | JOHANSSON |
|       64 | RAY        | JOHANSSON |
|      146 | ALBERT     | JOHANSSON |
|       82 | WOODY      | JOLIE     |
|       43 | KIRK       | JOVOVICH  |
+----------+------------+-----------+
7 rows in set (0.00 sec)
```

這七筆資料會暫時存放在記憶體中，直到會談關閉。

 大部分的資料庫伺服器也會在會談結束時將臨時資料連同臨時資料表一併棄置。唯一的例外是 Oracle Database，它會留著臨時資料表的定義內容，以供未來的會談沿用。

檢視表

檢視表其實是一個儲存在資料字典（data dictionary）裡的查詢。其外觀與行為都跟資料表很像，但檢視表裡沒有相關的資料（所以筆者才稱其為**虛擬資料表**）。當你對檢視表發出查詢時，你的查詢會與檢視表的定義整合在一塊，進而產生需要執行的最終查詢語句。

為了說明起見，以下是一個檢視表定義，它會查詢 employee 資料表、並借用其中四個欄位：

```
mysql> CREATE VIEW cust_vw AS
    -> SELECT customer_id, first_name, last_name, active
    -> FROM customer;
Query OK, 0 rows affected (0.12 sec)
```

一旦檢視表成立，也不會有額外的資料產生會需要儲存：伺服器僅會將 select 敘述儲存起來備用。現在檢視表已經存在，你可以對它進行查詢，就像這樣：

```
mysql> SELECT first_name, last_name
    -> FROM cust_vw
    -> WHERE active = 0;
+------------+-----------+
| first_name | last_name |
+------------+-----------+
| SANDRA     | MARTIN    |
| JUDITH     | COX       |
| SHEILA     | WELLS     |
| ERICA      | MATTHEWS  |
| HEIDI      | LARSON    |
| PENNY      | NEAL      |
| KENNETH    | GOODEN    |
| HARRY      | ARCE      |
| NATHAN     | RUNYON    |
| THEODORE   | CULP      |
| MAURICE    | CRAWLEY   |
| BEN        | EASTER    |
| CHRISTIAN  | JUNG      |
| JIMMIE     | EGGLESTON |
| TERRANCE   | ROUSH     |
+------------+-----------+
15 rows in set (0.00 sec)
```

檢視表的建立自有其緣由，像是要對使用者隱藏部分的欄位、以及簡化複雜的資料表設計等等。

資料表的連結

與簡易的 from 子句定義相比,第二種變異形式就是當 from 子句中出現多個資料表的時候,還得加上用來連接資料表的條件。這不只是 MySQL 或任何其他資料庫伺服器的需求,而是 ANSI 核可的制式多重資料表結合方式,也是跨越多種資料庫伺服器最通用的作法。我們會在第 5 和第 10 章再深入探討如何結合多重資料表,不過這裡還是提出一個簡單的例子,先滿足一下讀者們的好奇心:

```
mysql> SELECT customer.first_name, customer.last_name,
    ->     time(rental.rental_date) rental_time
    -> FROM customer
    ->     INNER JOIN rental
    ->     ON customer.customer_id = rental.customer_id
    -> WHERE date(rental.rental_date) = '2005-06-14';
+------------+-----------+-------------+
| first_name | last_name | rental_time |
+------------+-----------+-------------+
| JEFFERY    | PINSON    | 22:53:33    |
| ELMER      | NOE       | 22:55:13    |
| MINNIE     | ROMERO    | 23:00:34    |
| MIRIAM     | MCKINNEY  | 23:07:08    |
| DANIEL     | CABRAL    | 23:09:38    |
| TERRANCE   | ROUSH     | 23:12:46    |
| JOYCE      | EDWARDS   | 23:16:26    |
| GWENDOLYN  | MAY       | 23:16:27    |
| CATHERINE  | CAMPBELL  | 23:17:03    |
| MATTHEW    | MAHAN     | 23:25:58    |
| HERMAN     | DEVORE    | 23:35:09    |
| AMBER      | DIXON     | 23:42:56    |
| TERRENCE   | GUNDERSON | 23:47:35    |
| SONIA      | GREGORY   | 23:50:11    |
| CHARLES    | KOWALSKI  | 23:54:34    |
| JEANETTE   | GREENE    | 23:54:46    |
+------------+-----------+-------------+
16 rows in set (0.01 sec)
```

以上查詢會同時顯示來自 customer 資料表(first_name、last_name 兩個欄位)和 rental 資料表(rental_date 欄位)的資料,因此兩個資料表都得包含在 from 子句之內。用來連結兩個資料表的機制(亦即所謂的結合(*join*))就是在 customer 和 rental 資料表中都具備的客戶識別碼(customer ID 欄位)。因此資料庫伺服器就會得知,要用 customer 資料表中 customer_id 欄位的值來找出 rental 資料表中符合的客戶租賃紀錄。兩個資料表的結合條件,就位在 from 子句的次子句 on 後面;以上例而來說,結合條件就是 ON customer.customer_id =

rental.customer_id。where 子句則並非結合動作的一部分,而只是為了要縮小結果集合的範圍,因為 rental 資料表中有多達 16,000 筆資料。再次強調,對於結合多重資料表的詳盡說明,請參閱第 5 章。

定義資料表的別名

當你在單一查詢中結合多個資料表時,由於你要在 select、where、group by、having 和 order by 等子句當中參照來自不同資料表的欄位,因此你得有辦法辨識某欄位來自哪一個資料表。要在 from 子句以外的部位參照資料表,有兩種做法:

- 使用完整的資料表名稱,例如 employee.emp_id。
- 為資料表加上別名(*alias*),然後在該查詢中一律沿用別名。

以上述查詢為例,筆者在 select 和 on 子句中都採用了完整資料表名稱。以下是用資料表別名改寫後,同一道查詢的外觀:

```
SELECT c.first_name, c.last_name,
  time(r.rental_date) rental_time
FROM customer c
  INNER JOIN rental r
  ON c.customer_id = r.customer_id
WHERE date(r.rental_date) = '2005-06-14';
```

如果仔細觀察 from 子句,你會發現 customer 資料表被加上了別名 c、而 rental 資料表的別名則是 r。然後我們在利用 on 子句定義結合條件時便引用了別名,在 select 子句中指定結果集合中應包含的欄位時,同樣也引用了別名。筆者希望大家都會認同,別名會讓敘述變得更簡潔,而且不易造成混淆(只要你選擇的別名也是言簡意賅即可)。此外,你也可以在資料表別名前面加上關鍵字 as,就像先前展示的欄位別名一樣:

```
SELECT c.first_name, c.last_name,
time(r.rental_date) rental_time
FROM customer AS c
INNER JOIN rental AS r
ON c.customer_id = r.customer_id
WHERE date(r.rental_date) = '2005-06-14';
```

筆者注意到,在筆者曾共事過的資料庫開發人員中,約莫有半數會利用 as 關鍵字來定義欄位和資料表別名,另一半則不屑為之。

where 子句

在某些情況下，你會需要取出資料表的全部資料列，不過僅限於像是 language 這樣的小型資料表。然而通常你不會想要取出每一行資料，而是只想用某種方式過濾掉你不需要看到的資料列。這就是 where 子句登場的時候。

　　where 子句是一種可以將你沒興趣看的資料列從結果集合中剔除的手段。

舉例來說，也許你想租片來看，但你只想租闔家皆宜的普級片（rated G）、而且至少要可以租一個禮拜。以下便是運用了 where 子句的查詢，調出只符合以上條件的片子：

```
mysql> SELECT title
    -> FROM film
    -> WHERE rating = 'G' AND rental_duration >= 7;
+------------------------+
| title                  |
+------------------------+
| BLANKET BEVERLY        |
| BORROWERS BEDAZZLED    |
| BRIDE INTRIGUE         |
| CATCH AMISTAD          |
| CITIZEN SHREK          |
| COLDBLOODED DARLING    |
| CONTROL ANTHEM         |
| CRUELTY UNFORGIVEN     |
| DARN FORRESTER         |
| DESPERATE TRAINSPOTTING |
| DIARY PANIC            |
| DRACULA CRYSTAL        |
| EMPIRE MALKOVICH       |
| FIREHOUSE VIETNAM      |
| GILBERT PELICAN        |
| GRADUATE LORD          |
| GREASE YOUTH           |
| GUN BONNIE             |
| HOOK CHARIOTS          |
| MARRIED GO             |
| MENAGERIE RUSHMORE     |
| MUSCLE BRIGHT          |
| OPERATION OPERATION    |
| PRIMARY GLASS          |
| REBEL AIRPORT          |
| SPIKING ELEMENT        |
| TRUMAN CRAZY           |
```

```
| WAKE JAWS                |
| WAR NOTTING              |
+--------------------------+
29 rows in set (0.00 sec)
```

在上例中，where 子句從 film 資料表中把 1000 筆資料過濾掉了 971 筆。這個 where 子句包括兩個篩選條件（*filter conditions*），但你要加上多少個條件都可以；個別條件必須以 and、or 和 not 等運算子區隔開來（關於 where 子句和篩選條件的完整討論，請參閱第 4 章）。

來瞧瞧如果把分隔篩選條件的運算子從 and 換成 or，會發生什麼事：

```
mysql> SELECT title
    -> FROM film
    -> WHERE rating = 'G' OR rental_duration >= 7;
+--------------------------+
| title                    |
+--------------------------+
| ACE GOLDFINGER           |
| ADAPTATION HOLES         |
| AFFAIR PREJUDICE         |
| AFRICAN EGG              |
| ALAMO VIDEOTAPE          |
| AMISTAD MIDSUMMER        |
| ANGELS LIFE              |
| ANNIE IDENTITY           |
|...                       |
| WATERSHIP FRONTIER       |
| WEREWOLF LOLA            |
| WEST LION                |
| WESTWARD SEABISCUIT      |
| WOLVES DESIRE            |
| WON DARES                |
| WORKER TARZAN            |
| YOUNG LANGUAGE           |
+--------------------------+
340 rows in set (0.00 sec)
```

當你用 and 運算子來區隔篩選條件時，只有**全部**的條件評估結果都為真（true）的資料，才可以納入結果集合；如果改成 or，那資料列就只需符合其中一種條件，即可被納入結果，這說明了何以你的實驗結果會從 29 筆一下子邊增到 340 筆。

那麼，如果你需要在 where 子句中同時用到 and 和 or 運算子的時候，該怎麼辦呢？問得好。你必須用小括號把篩選條件包起來。以下的查詢便指定，結果集合中只須包括普級且可租 7 天以上、或是只能租 3 日以內的 PG-13 級（相當於台灣的輔導級）影片：

```
mysql> SELECT title, rating, rental_duration
    -> FROM film
    -> WHERE (rating = 'G' AND rental_duration >= 7)
    ->   OR (rating = 'PG-13' AND rental_duration < 4);
+-------------------------+--------+-----------------+
| title                   | rating | rental_duration |
+-------------------------+--------+-----------------+
| ALABAMA DEVIL           | PG-13  |               3 |
| BACKLASH UNDEFEATED     | PG-13  |               3 |
| BILKO ANONYMOUS         | PG-13  |               3 |
| BLANKET BEVERLY         | G      |               7 |
| BORROWERS BEDAZZLED     | G      |               7 |
| BRIDE INTRIGUE          | G      |               7 |
| CASPER DRAGONFLY        | PG-13  |               3 |
| CATCH AMISTAD           | G      |               7 |
| CITIZEN SHREK           | G      |               7 |
| COLDBLOODED DARLING     | G      |               7 |
|...                      |        |                 |
| TREASURE COMMAND        | PG-13  |               3 |
| TRUMAN CRAZY            | G      |               7 |
| WAIT CIDER              | PG-13  |               3 |
| WAKE JAWS               | G      |               7 |
| WAR NOTTING             | G      |               7 |
| WORLD LEATHERNECKS      | PG-13  |               3 |
+-------------------------+--------+-----------------+
68 rows in set (0.00 sec)
```

在混合使用運算子時，務必加上小括號把篩選條件區隔清楚，這樣一來，不論是你自己、還是資料庫伺服器、抑或是日後接手修改你程式的人，都可得到同樣的結論。

group by 和 having 子句

到目前為止，所有的查詢所取出的原始資料，都是未經任何額外操作的。不過有的時候，你會想找出資料中是否暗藏其他趨勢，因此會需要讓資料庫伺服器對結果集合多動一點手腳，再顯示出來。機制之一便是 group by 子句，其用途在於根據欄位值將資料分組。舉例來說，假設你想找出所有曾租過 40 部片以上的客戶。你不需要遍覽 rental 資料表中的 16,044 筆資料，而是寫一道查詢，告訴伺服器根據個別客戶將所有租賃紀錄分組，然後計算每個客戶的租賃次數，最後只列出次數至少

40 次以上的客戶。當你以 group by 子句產生分組資料列時，還可以加上 having 子句，以便進一步篩選分組過的資料內容，就像先前利用 where 子句篩選原始資料那樣。

以下是查詢的外觀：

```
mysql> SELECT c.first_name, c.last_name, count(*)
    -> FROM customer c
    ->   INNER JOIN rental r
    ->   ON c.customer_id = r.customer_id
    -> GROUP BY c.first_name, c.last_name
    -> HAVING count(*) >= 40;
+------------+-----------+----------+
| first_name | last_name | count(*) |
+------------+-----------+----------+
| TAMMY      | SANDERS   |       41 |
| CLARA      | SHAW      |       42 |
| ELEANOR    | HUNT      |       46 |
| SUE        | PETERS    |       40 |
| MARCIA     | DEAN      |       42 |
| WESLEY     | BULL      |       40 |
| KARL       | SEAL      |       45 |
+------------+-----------+----------+
7 rows in set (0.03 sec)
```

筆者之所以要在此略提一下以上這兩個子句，是不想讓大家稍後感到不知所措，但它們其實要比另外四種子句要再進階一點。因此希望讀者們先捺住性子，等讀到第 8 章時，筆者便會完整說明如何使用 group by 和 having、以及其使用時機。

order by 子句

一般來說，在查詢傳回的結果集合中，資料列不會有特定的排列順序。但如果你想要讓結果集合以有序方式呈現，就必須指示伺服器用 order by 子句為結果排序：

order by 子句是一種可以讓結果集合排序的機制，排序的根據可以是欄位原始資料本身、或是以欄位資料處理的表示式（expressions）。

舉例來說，以下是先前同一道查詢的另一種外貌，它會傳回所有曾在 2005 年 6 月 14 當天租片的客戶資料：

```
mysql> SELECT c.first_name, c.last_name,
    ->   time(r.rental_date) rental_time
    -> FROM customer c
```

```
    ->    INNER JOIN rental r
    ->    ON c.customer_id = r.customer_id
    -> WHERE date(r.rental_date) = '2005-06-14';
+------------+-----------+-------------+
| first_name | last_name | rental_time |
+------------+-----------+-------------+
| JEFFERY    | PINSON    | 22:53:33    |
| ELMER      | NOE       | 22:55:13    |
| MINNIE     | ROMERO    | 23:00:34    |
| MIRIAM     | MCKINNEY  | 23:07:08    |
| DANIEL     | CABRAL    | 23:09:38    |
| TERRANCE   | ROUSH     | 23:12:46    |
| JOYCE      | EDWARDS   | 23:16:26    |
| GWENDOLYN  | MAY       | 23:16:27    |
| CATHERINE  | CAMPBELL  | 23:17:03    |
| MATTHEW    | MAHAN     | 23:25:58    |
| HERMAN     | DEVORE    | 23:35:09    |
| AMBER      | DIXON     | 23:42:56    |
| TERRENCE   | GUNDERSON | 23:47:35    |
| SONIA      | GREGORY   | 23:50:11    |
| CHARLES    | KOWALSKI  | 23:54:34    |
| JEANETTE   | GREENE    | 23:54:46    |
+------------+-----------+-------------+
16 rows in set (0.01 sec)
```

如果你希望結果能依客戶姓氏字母順序排列，可以在 order by 子句後面加上 last_name 欄位：

```
mysql> SELECT c.first_name, c.last_name,
    ->    time(r.rental_date) rental_time
    -> FROM customer c
    ->    INNER JOIN rental r
    ->    ON c.customer_id = r.customer_id
    -> WHERE date(r.rental_date) = '2005-06-14'
    -> ORDER BY c.last_name;
+------------+-----------+-------------+
| first_name | last_name | rental_time |
+------------+-----------+-------------+
| DANIEL     | CABRAL    | 23:09:38    |
| CATHERINE  | CAMPBELL  | 23:17:03    |
| HERMAN     | DEVORE    | 23:35:09    |
| AMBER      | DIXON     | 23:42:56    |
| JOYCE      | EDWARDS   | 23:16:26    |
| JEANETTE   | GREENE    | 23:54:46    |
| SONIA      | GREGORY   | 23:50:11    |
| TERRENCE   | GUNDERSON | 23:47:35    |
| CHARLES    | KOWALSKI  | 23:54:34    |
```

```
| MATTHEW    | MAHAN     | 23:25:58    |
| GWENDOLYN  | MAY       | 23:16:27    |
| MIRIAM     | MCKINNEY  | 23:07:08    |
| ELMER      | NOE       | 22:55:13    |
| JEFFERY    | PINSON    | 22:53:33    |
| MINNIE     | ROMERO    | 23:00:34    |
| TERRANCE   | ROUSH     | 23:12:46    |
+------------+-----------+-------------+
16 rows in set (0.01 sec)
```

雖說本例不見得如此，不過在一個大型的客戶名單中，常會有很多同姓的人出現，
這時就必須再把排序的條件擴大，把人名的字母順序也納入考慮。

要做到這一點，可以在 order by 子句的 last_name 欄位後面再加上 first_name
欄位：

```
mysql> SELECT c.first_name, c.last_name,
    ->   time(r.rental_date) rental_time
    -> FROM customer c
    ->   INNER JOIN rental r
    ->   ON c.customer_id = r.customer_id
    -> WHERE date(r.rental_date) = '2005-06-14'
    -> ORDER BY c.last_name, c.first_name;
+------------+-----------+-------------+
| first_name | last_name | rental_time |
+------------+-----------+-------------+
| DANIEL     | CABRAL    | 23:09:38    |
| CATHERINE  | CAMPBELL  | 23:17:03    |
| HERMAN     | DEVORE    | 23:35:09    |
| AMBER      | DIXON     | 23:42:56    |
| JOYCE      | EDWARDS   | 23:16:26    |
| JEANETTE   | GREENE    | 23:54:46    |
| SONIA      | GREGORY   | 23:50:11    |
| TERRENCE   | GUNDERSON | 23:47:35    |
| CHARLES    | KOWALSKI  | 23:54:34    |
| MATTHEW    | MAHAN     | 23:25:58    |
| GWENDOLYN  | MAY       | 23:16:27    |
| MIRIAM     | MCKINNEY  | 23:07:08    |
| ELMER      | NOE       | 22:55:13    |
| JEFFERY    | PINSON    | 22:53:33    |
| MINNIE     | ROMERO    | 23:00:34    |
| TERRANCE   | ROUSH     | 23:12:46    |
+------------+-----------+-------------+
16 rows in set (0.01 sec)
```

當你在 order by 子句中加上多個欄位作為排序條件時，欄位的順序會造成不同的排序結果。如果你把上例 order by 子句中的排序優先程度對調，結果集合中第一個出現的人名就會變成 Amber Dixon。

降冪與升冪的排序

在排序時，你可以分別透過關鍵字 asc 和 desc 來決定排序方式是升冪（*ascending*）還是降冪（*descending*）。預設的排序方式是升冪，因此只有當你想改用降冪排序時，才需要特地加上關鍵字 desc。舉例來說，以下查詢同樣會顯示所有曾在 2005年 6 月 14 日租片的客戶，但改以時間的降冪排序（亦即越晚的越前面）：

```
mysql> SELECT c.first_name, c.last_name,
    ->   time(r.rental_date) rental_time
    -> FROM customer c
    ->   INNER JOIN rental r
    ->   ON c.customer_id = r.customer_id
    -> WHERE date(r.rental_date) = '2005-06-14'
    -> ORDER BY time(r.rental_date) desc;
+------------+-----------+-------------+
| first_name | last_name | rental_time |
+------------+-----------+-------------+
| JEANETTE   | GREENE    | 23:54:46    |
| CHARLES    | KOWALSKI  | 23:54:34    |
| SONIA      | GREGORY   | 23:50:11    |
| TERRENCE   | GUNDERSON | 23:47:35    |
| AMBER      | DIXON     | 23:42:56    |
| HERMAN     | DEVORE    | 23:35:09    |
| MATTHEW    | MAHAN     | 23:25:58    |
| CATHERINE  | CAMPBELL  | 23:17:03    |
| GWENDOLYN  | MAY       | 23:16:27    |
| JOYCE      | EDWARDS   | 23:16:26    |
| TERRANCE   | ROUSH     | 23:12:46    |
| DANIEL     | CABRAL    | 23:09:38    |
| MIRIAM     | MCKINNEY  | 23:07:08    |
| MINNIE     | ROMERO    | 23:00:34    |
| ELMER      | NOE       | 22:55:13    |
| JEFFERY    | PINSON    | 22:53:33    |
+------------+-----------+-------------+
16 rows in set (0.01 sec)
```

降冪排序常用在與排行相關的查詢上，譬如「請顯示帳戶餘額的前五名」。MySQL還包括一個 limit 子句，可以在資料排序的同時、還只顯示前 *X* 筆的資料。

以欄位的數字定位來指定排序

如果你是根據 select 子句中指定的欄位來排序，還有另一個可以指定排序用欄位的選項，就是按照欄位在 select 子句中的位置來指定，無須再引用欄位名稱。如果是像上例那樣按照表示式的運算結果來排序，這種寫法會更方便。下例便是以這種方式重寫上面的例子，在 order by 子句後面指定以降冪排序，但排序的依據是 select 子句中指定的第三個元素

```
mysql> SELECT c.first_name, c.last_name,
    ->    time(r.rental_date) rental_time
    -> FROM customer c
    ->   INNER JOIN rental r
    ->   ON c.customer_id = r.customer_id
    -> WHERE date(r.rental_date) = '2005-06-14'
    -> ORDER BY 3 desc;
+------------+-----------+-------------+
| first_name | last_name | rental_time |
+------------+-----------+-------------+
| JEANETTE   | GREENE    | 23:54:46    |
| CHARLES    | KOWALSKI  | 23:54:34    |
| SONIA      | GREGORY   | 23:50:11    |
| TERRENCE   | GUNDERSON | 23:47:35    |
| AMBER      | DIXON     | 23:42:56    |
| HERMAN     | DEVORE    | 23:35:09    |
| MATTHEW    | MAHAN     | 23:25:58    |
| CATHERINE  | CAMPBELL  | 23:17:03    |
| GWENDOLYN  | MAY       | 23:16:27    |
| JOYCE      | EDWARDS   | 23:16:26    |
| TERRANCE   | ROUSH     | 23:12:46    |
| DANIEL     | CABRAL    | 23:09:38    |
| MIRIAM     | MCKINNEY  | 23:07:08    |
| MINNIE     | ROMERO    | 23:00:34    |
| ELMER      | NOE       | 22:55:13    |
| JEFFERY    | PINSON    | 22:53:33    |
+------------+-----------+-------------+
16 rows in set (0.01 sec)
```

使用此一功能時，理應謹慎小心，因為你可能在 select 子句中插入了別的欄位，卻忘記隨之更改 order by 子句參照的欄位位置數字，於是造成意料外的後果。筆者私心以為，我只有在撰寫臨時的查詢時才會採用參照欄位位置的方式，但正式撰寫程式碼時，仍會乖乖地引用欄位名稱。

測試你剛學到的

以下練習是設計用來強化你對 select 敘述及其相關子句的了解程度。答案可參閱附錄 B。

練習 3-1

取得所有演員的識別碼（actor ID）和姓名。並先按照姓氏、再按照人名排序。

練習 3-2

取得所有姓氏為 **'WILLIAMS'** 或 **'DAVIS'** 的演員識別碼和姓名。

練習 3-3

為 rental 資料表寫出一筆查詢，取得只有在 2005 年 7 月 5 日那天租片的客戶識別碼（請利用 rental.rental_date 欄位，並以 date() 函式去掉時間部分的資料）。每一個個別的客戶識別碼都應以一筆資料呈現。

練習 3-4

請替以下這道多重資料表查詢填空（以 `<#>` 標註的部位），以便取得像以下顯示的結果：

```
mysql> SELECT c.email, r.return_date
    -> FROM customer c
    ->   INNER JOIN rental <1>
    ->   ON c.customer_id = <2>
    -> WHERE date(r.rental_date) = '2005-06-14'
    -> ORDER BY <3> <4>;
+--------------------------------------+---------------------+
| email                                | return_date         |
+--------------------------------------+---------------------+
| DANIEL.CABRAL@sakilacustomer.org     | 2005-06-23 22:00:38 |
| TERRANCE.ROUSH@sakilacustomer.org    | 2005-06-23 21:53:46 |
| MIRIAM.MCKINNEY@sakilacustomer.org   | 2005-06-21 17:12:08 |
| GWENDOLYN.MAY@sakilacustomer.org     | 2005-06-20 02:40:27 |
| JEANETTE.GREENE@sakilacustomer.org   | 2005-06-19 23:26:46 |
| HERMAN.DEVORE@sakilacustomer.org     | 2005-06-19 03:20:09 |
| JEFFERY.PINSON@sakilacustomer.org    | 2005-06-18 21:37:33 |
| MATTHEW.MAHAN@sakilacustomer.org     | 2005-06-18 05:18:58 |
| MINNIE.ROMERO@sakilacustomer.org     | 2005-06-18 01:58:34 |
```

```
| SONIA.GREGORY@sakilacustomer.org      | 2005-06-17 21:44:11 |
| TERRENCE.GUNDERSON@sakilacustomer.org | 2005-06-17 05:28:35 |
| ELMER.NOE@sakilacustomer.org          | 2005-06-17 02:11:13 |
| JOYCE.EDWARDS@sakilacustomer.org      | 2005-06-16 21:00:26 |
| AMBER.DIXON@sakilacustomer.org        | 2005-06-16 04:02:56 |
| CHARLES.KOWALSKI@sakilacustomer.org   | 2005-06-16 02:26:34 |
| CATHERINE.CAMPBELL@sakilacustomer.org | 2005-06-15 20:43:03 |
+---------------------------------------+---------------------+
16 rows in set (0.03 sec)
```

第四章

篩選

有的時候你會需要處理資料表中的每一筆資料,像是:

- 從資料表中清空所有來自新資料倉儲餵送的資料
- 在新增資料表欄位後修改所有的資料列
- 從訊息佇列資料表取出全部的資料列

這這些情況下,你的 SQL 敘述不需用到 where 子句,因為完全不需考慮排除任何資料列。然而大多數其他的時候,你還是得縮小範圍、只專注在資料表內容的一部分子集合上。故而所有的 SQL 資料敘述(唯一例外是 insert 敘述)都會包含選用的 where 子句、再搭配一個或更多的篩選條件(*filter conditions*),藉以限制 SQL 敘述操作的資料筆數。此外,select 敘述還包括了 having 子句,其中的篩選條件還可以進一步過濾已經分組過的資料。本章將會探討各種篩選條件,以便運用在 select、update 和 delete 等敘述的 where 子句當中;等到第 8 章時,筆者會再向各位展示如何運用 select 敘述中 having 子句的篩選條件。

條件評估

where 子句可以包含一個以上的條件(*conditions*),彼此再以 and 和 or 等運算子區隔。如果條件之間只以 and 區隔,那麼只有當某一筆資料被所有的條件都評估為真(true)時,該筆資料才能列入結果集合。請參照以下的 where 子句:

```
WHERE first_name = 'STEVEN' AND create_date > '2006-01-01'
```

一旦加上這兩種條件，就只有名字是 Steven、而且建檔時間晚於 2006 年 1 月 1 日的資料才能被納入結果集合。雖然上例只引用了兩個條件，但事實上不論 where 子句後面有多少個條件，只要它們都以 and 運算子區隔，任何資料列都必須先滿足所有的條件，才能納入結果集合。

然而要是 where 子句裡的條件均以 or 運算子區隔呢？那就只需其中之一的條件評估為真，該筆資料就可以納入結果集合。考慮以下兩種條件：

```
WHERE first_name = 'STEVEN' OR create_date > '2006-01-01'
```

於是一筆資料就可能會因符合以下狀況而被納入結果集合：

- 名字是 Steven，而且建檔日期晚於 2006 年 1 月 1 日。

- 名字是 Steven，但建檔日期在 2006 年 1 月 1 日之前。

- 名字可能是 Steven 以外的任何人，但建檔日期晚於 2006 年 1 月 1 日。

表 4-1 展示的就是當 where 子句含有兩個以 or 運算子區隔的條件時，可能會有的結果。

表 4-1　以 or 評估的二重條件

中間結果	最終結果
WHERE true OR true	true
WHERE true OR false	true
WHERE false OR true	true
WHERE false OR false	false

在上例中，若要判斷某一筆資料是否該從結果集合中剔除，只需人名既不是 Steven、或是建檔日期又在 2006 年 1 月 1 日之前（含當日），就符合剔除條件。

小括號的運用

如果你的 where 子句含有三個以上的條件，又同時使用 and 跟 or 運算子來區隔，就應該加上小括號明確地標示評估優先順序，這樣不僅對資料庫伺服器有益、對任何要閱讀程式碼的人也都方便得多。以下是上例改寫過後的新例子，其中的 where 子句擴大了上例的條件範圍，要找出名字為 Steven、或是姓氏為 Young、同時還要是 2006 年 1 月 1 日後建檔的資料：

```
WHERE (first_name = 'STEVEN' OR last_name = 'YOUNG')
  AND create_date > '2006-01-01'
```

現在有三種條件在內了；如果某一筆資料要合乎條件，則第一或第二個條件必得評估為真（兩者皆為真亦無不可），再加上第三個條件必須也評估為真。表 4-2 列出了這個 where 子句可能有的結果。

表 4-2　混合使用 and 跟 or 評估三種條件的結果

中間結果	最終結果
WHERE (true OR true) AND true	true
WHERE (true OR false) AND true	true
WHERE (false OR true) AND true	true
WHERE (false OR false) AND true	false
WHERE (true OR true) AND false	false
WHERE (true OR false) AND false	false
WHERE (false OR true) AND false	false
WHERE (false OR false) AND false	false

如上所示，在 where 子句中加入的條件越多，伺服器要評估的組合也越複雜。在上例的八種排列組合中，只有三種的最終結果會為真。

not 運算子的使用

希望以上的三重條件範例還算容易理解。然而請考量以下修改後的樣貌：

```
WHERE NOT (first_name = 'STEVEN' OR last_name = 'YOUNG')
  AND create_date > '2006-01-01'
```

讀者諸君看出來上例被如何改寫了嗎？筆者在第一組條件前面加上了 not 運算子。現在變成我們不是要找 2006 年 1 月 1 日後建檔、而且名字為 Steven 或姓氏為 Young 的人了，變成要找 2006 年 1 月 1 日後建檔、而且名字不是 Steven 或姓氏不是 Young 的人了。表 4-3 列出了此例可能有的結果。

表 4-3　使用 and、or、再加上 not 以進行三重條件評估

Intermediate result	Final result
WHERE NOT (true OR true) AND true	false
WHERE NOT (true OR false) AND true	false
WHERE NOT (false OR true) AND true	false
WHERE NOT (false OR false) AND true	true
WHERE NOT (true OR true) AND false	false

Intermediate result	Final result
WHERE NOT (true OR false) AND false	false
WHERE NOT (false OR true) AND false	false
WHERE NOT (false OR false) AND false	false

雖然資料庫伺服器可以輕易地處理這種組合，但如果要讓人自行評估含有 not 運算子的 where 子句所形成的結果，則有一定的難度，這也是何以你不常看到這種寫法的緣故。在上例中，你可以這樣重寫 where 子句達到一樣的目的，但避免用到 not 運算子：

```
WHERE first_name <> 'STEVEN' AND last_name <> 'YOUNG'
   AND create_date > '2006-01-01'
```

雖然伺服器並不會偏好哪一種寫法，但我很肯定改寫後的內容會讓你讀起來自在一點。

建構條件

現在你已經見識過伺服器如何評估多重條件了，且讓我們回顧一下，單一條件是如何組成的。一個條件係由一項或多項表示式（*expressions*）、加上一項或多項運算子（*operators*）合組而成。表示式可以是以下任何一種內容：

- 一個數值

- 資料表或檢視表裡的一個欄位

- 實質字串，例如 'Maple Street'

- 一個內建函式，例如 concat('Learning', ' ', 'SQL')

- 一道子查詢

- 一連串的表示式，例如 ('Boston', 'New York', 'Chicago')

而條件中的運算子則包括：

- 比較運算子，如 =、!=、<、>、<>、like、in 和 between 等等

- 四則算數運算子，像是 +、-、* 和 / 等等

以下小節會一一說明如何組合表示式和運算子，以便建構各式各樣的條件。

條件的類型

要把不需要的資料過濾掉，方法有很多種。你可以尋找特定的資料值、一群資料值的集合、抑或是要包含或排除的資料值範圍，在處理字串資料時，你也可以用各種樣式搜尋的技巧來尋找部分符合的內容。以下四個小節會一一詳盡探討這些類型的條件。

等式條件

在你撰寫的或者會讀到的篩選條件中，絕大部分都會寫成 *'column = expression'* 的形式，例如：

```
title = 'RIVER OUTLAW'
fed_id = '111-11-1111'
amount = 375.25
film_id = (SELECT film_id FROM film WHERE title = 'RIVER OUTLAW')
```

像這樣的條件通常稱為等式條件（*equality conditions*），因為它們都會由兩個彼此相等的表示式組成。上例的前三行都是讓欄位等於一個實值資料值（兩個字串、一個數值），第四行則是讓欄位等於一道子查詢的回傳值。以下查詢則使用了兩個等式條件，一個位在 on 子句裡（結合的條件）、另一個則位在 where 子句裡（篩選的條件）：

```
mysql> SELECT c.email
    -> FROM customer c
    ->   INNER JOIN rental r
    ->   ON c.customer_id = r.customer_id
    -> WHERE date(r.rental_date) = '2005-06-14';
+---------------------------------------+
| email                                 |
+---------------------------------------+
| CATHERINE.CAMPBELL@sakilacustomer.org |
| JOYCE.EDWARDS@sakilacustomer.org      |
| AMBER.DIXON@sakilacustomer.org        |
| JEANETTE.GREENE@sakilacustomer.org    |
| MINNIE.ROMERO@sakilacustomer.org      |
| GWENDOLYN.MAY@sakilacustomer.org      |
| SONIA.GREGORY@sakilacustomer.org      |
| MIRIAM.MCKINNEY@sakilacustomer.org    |
| CHARLES.KOWALSKI@sakilacustomer.org   |
| DANIEL.CABRAL@sakilacustomer.org      |
| MATTHEW.MAHAN@sakilacustomer.org      |
| JEFFERY.PINSON@sakilacustomer.org     |
```

```
| HERMAN.DEVORE@sakilacustomer.org      |
| ELMER.NOE@sakilacustomer.org          |
| TERRANCE.ROUSH@sakilacustomer.org     |
| TERRENCE.GUNDERSON@sakilacustomer.org |
+---------------------------------------+
16 rows in set (0.03 sec)
```

以上查詢會調出所有曾在 2005 年 6 月 14 日當天租片客戶的電子郵件地址。

不等式條件

另一種相當常見的條件類型，就是不等式條件（*inequality condition*），它會斷定兩個表示式不相等。以下便是將位於上例查詢的 where 子句中的篩選條件改成不等式的結果：

```
mysql> SELECT c.email
    -> FROM customer c
    ->   INNER JOIN rental r
    ->   ON c.customer_id = r.customer_id
    -> WHERE date(r.rental_date) <> '2005-06-14';

+-----------------------------------+
| email                             |
+-----------------------------------+
| MARY.SMITH@sakilacustomer.org     |
| MARY.SMITH@sakilacustomer.org     |
| MARY.SMITH@sakilacustomer.org     |
| MARY.SMITH@sakilacustomer.org     |
| MARY.SMITH@sakilacustomer.org     |
| MARY.SMITH@sakilacustomer.org     |
| MARY.SMITH@sakilacustomer.org     |
| MARY.SMITH@sakilacustomer.org     |
| MARY.SMITH@sakilacustomer.org     |
| MARY.SMITH@sakilacustomer.org     |
...
| AUSTIN.CINTRON@sakilacustomer.org |
| AUSTIN.CINTRON@sakilacustomer.org |
| AUSTIN.CINTRON@sakilacustomer.org |
| AUSTIN.CINTRON@sakilacustomer.org |
| AUSTIN.CINTRON@sakilacustomer.org |
| AUSTIN.CINTRON@sakilacustomer.org |
| AUSTIN.CINTRON@sakilacustomer.org |
| AUSTIN.CINTRON@sakilacustomer.org |
+-----------------------------------+
16028 rows in set (0.03 sec)
```

這道查詢傳回了所有曾在 2005 年 6 月 14 日以外日期租片的客戶電郵地址。建構不等式的時候，可以選擇使用 != 或是 <> 運算子。

利用等式條件來修改資料

等式 / 不等式條件常被用來修改資料。舉例來說，假設電影租賃公司有個新政策，要每年把舊的租賃資料列清除一次。你的任務就是從 rental 資料表中把租賃日期屬於 2004 年度的資料列移除。以下是作法之一：

```
DELETE FROM rental
WHERE year(rental_date) = 2004;
```

敘述中包含了單一等式條件；下例則是改以兩個不等式條件來移除任何租賃年份既非 2005、也不是 2006 的資料列：

```
DELETE FROM rental
WHERE year(rental_date) <> 2005 AND year(rental_date) <> 2006;
```

在建構 delete 和 update 敘述的範例時，筆者都會試著寫出不會真的更改到任何資料列的敘述，因此當你試著執行它們時，示範用的資料仍然會保持不變，故而你稍後在其他實驗中的 select 敘述輸出就一定會跟書中所示範的保持一致。

由於 MySQL 的會談都會預設為自動提交模式（auto-commit mode，參閱第 12 章），一旦你透過筆者的任一道修改資料敘述更改了示範用的資料，就不會有辦法再倒退回去（還原，undo）。當然你要怎麼擺弄示範用的資料都無所謂（畢竟它們就只供示範），甚至將其完全移除亦無妨，反正只需再執行一次建置命令稿，就可以把資料表重新建立起來，不過筆者仍然會試著讓資料紋風不動。

以範圍構成的條件

除了檢查表示式是否等於（或不等於）另一個表示式，你也可以建立另一種條件，並在其中檢查表示式是否落在定範圍之內。這類條件常用於處理數值或時序資料。請考量以下查詢：

```
mysql> SELECT customer_id, rental_date
    -> FROM rental
    -> WHERE rental_date < '2005-05-25';
```

```
+-------------+---------------------+
| customer_id | rental_date         |
+-------------+---------------------+
|         130 | 2005-05-24 22:53:30 |
|         459 | 2005-05-24 22:54:33 |
|         408 | 2005-05-24 23:03:39 |
|         333 | 2005-05-24 23:04:41 |
|         222 | 2005-05-24 23:05:21 |
|         549 | 2005-05-24 23:08:07 |
|         269 | 2005-05-24 23:11:53 |
|         239 | 2005-05-24 23:31:46 |
+-------------+---------------------+
8 rows in set (0.00 sec)
```

以上查詢會找出所有 2005 年 5 月 25 日之前出租的紀錄，除了指定最晚出租日期（上限）以外，你還可以指定最早日期（下限）：

```
mysql> SELECT customer_id, rental_date
    -> FROM rental
    -> WHERE rental_date <= '2005-06-16'
    ->   AND rental_date >= '2005-06-14';
+-------------+---------------------+
| customer_id | rental_date         |
+-------------+---------------------+
|         416 | 2005-06-14 22:53:33 |
|         516 | 2005-06-14 22:55:13 |
|         239 | 2005-06-14 23:00:34 |
|         285 | 2005-06-14 23:07:08 |
|         310 | 2005-06-14 23:09:38 |
|         592 | 2005-06-14 23:12:46 |
...
|         148 | 2005-06-15 23:20:26 |
|         237 | 2005-06-15 23:36:37 |
|         155 | 2005-06-15 23:55:27 |
|         341 | 2005-06-15 23:57:20 |
|         149 | 2005-06-15 23:58:53 |
+-------------+---------------------+
364 rows in set (0.00 sec)
```

這一版的查詢會取得曾於 2005 年 6 月 14 或 15 兩天出租影片的所有紀錄。

between 運算子

當你為範圍同時指定上下限時，也可以考慮用單一條件來改寫，亦即 between 運算子，這樣就不必動用兩個個別的條件，就像這樣：

```
mysql> SELECT customer_id, rental_date
    -> FROM rental
    -> WHERE rental_date BETWEEN '2005-06-14' AND '2005-06-16';
+-------------+---------------------+
| customer_id | rental_date         |
+-------------+---------------------+
|         416 | 2005-06-14 22:53:33 |
|         516 | 2005-06-14 22:55:13 |
|         239 | 2005-06-14 23:00:34 |
|         285 | 2005-06-14 23:07:08 |
|         310 | 2005-06-14 23:09:38 |
|         592 | 2005-06-14 23:12:46 |
...
|         148 | 2005-06-15 23:20:26 |
|         237 | 2005-06-15 23:36:37 |
|         155 | 2005-06-15 23:55:27 |
|         341 | 2005-06-15 23:57:20 |
|         149 | 2005-06-15 23:58:53 |
+-------------+---------------------+
364 rows in set (0.00 sec)
```

使用 between 運算子時，有幾件事要特別注意。你必須把較早的時間（下限）寫在範圍的前半部（亦即緊跟在 between 的後面）、然後把較晚的時間（上限）寫在後半部（亦即 and 之後）。如果你把兩者弄反了，就會變成這樣：

```
mysql> SELECT customer_id, rental_date
    -> FROM rental
    -> WHERE rental_date BETWEEN '2005-06-16' AND '2005-06-14';
Empty set (0.00 sec)
```

瞧，根本取不出資料。這是因為伺服器其實會按照你的單一條件、以 <= 和 >= 運算子再產生兩個分離的條件，就像這樣：

```
SELECT customer_id, rental_date
    -> FROM rental
    -> WHERE rental_date >= '2005-06-16'
    ->   AND rental_date <= '2005-06-14';
Empty set (0.00 sec)
```

由於你不可能找到一個既晚於 2005 年 6 月 16 日、又早於 2005 年 6 月 14 日的日期，因此查詢自然就只會傳回一個空集合。這就援引出了使用 between 時的另一個陷阱，就是你的上下限日期都包含在範圍之內，亦即你所提供的資料值也是篩選範圍包含的一部分。在上例中，筆者想要取得 6 月 14 或 15 日出租影片的紀錄，因此筆者指定了 2005-06-14 作為範圍下限、而 2005-06-16 則是上限。由於筆者沒有指出日期資料中的時間部分，因此時間便預設會以午夜為界，於是有效的範圍便會介於 2005-06-14 00:00:00 到 2005-06-16 00:00:00 之間，等同於涵蓋了 6 月 14 或 15 兩日的租賃紀錄。

除了日期以外，你也可以建構以數值為範圍的條件。數值範圍很容易理解，如下所示：

```
mysql> SELECT customer_id, payment_date, amount
    -> FROM payment
    -> WHERE amount BETWEEN 10.0 AND 11.99;
+-------------+---------------------+--------+
| customer_id | payment_date        | amount |
+-------------+---------------------+--------+
|           2 | 2005-07-30 13:47:43 |  10.99 |
|           3 | 2005-07-27 20:23:12 |  10.99 |
|          12 | 2005-08-01 06:50:26 |  10.99 |
|          13 | 2005-07-29 22:37:41 |  11.99 |
|          21 | 2005-06-21 01:04:35 |  10.99 |
|          29 | 2005-07-09 21:55:19 |  10.99 |
...
|         571 | 2005-06-20 08:15:27 |  10.99 |
|         572 | 2005-06-17 04:05:12 |  10.99 |
|         573 | 2005-07-31 12:14:19 |  10.99 |
|         591 | 2005-07-07 20:45:51 |  11.99 |
|         592 | 2005-07-06 22:58:31 |  11.99 |
|         595 | 2005-07-31 11:51:46 |  10.99 |
+-------------+---------------------+--------+
114 rows in set (0.01 sec)
```

於是所有介於 $10 到 $11.99 之間的租金資料都會傳回。同樣地，你應該先指定較低的下限值。

字串的範圍

雖說日期和數字的範圍很容易理解，但其實你也可以建立以字串範圍構成的搜尋條件，只不過這概念比較難以視覺化就是。舉例來說，你要搜尋特定範圍內的客戶姓氏。以下查詢會查出姓氏介於 FA 和 FR 之間的客戶：

```
mysql> SELECT last_name, first_name
    -> FROM customer
    -> WHERE last_name BETWEEN 'FA' AND 'FR';
+------------+------------+
| last_name  | first_name |
+------------+------------+
| FARNSWORTH | JOHN       |
```

```
| FENNELL    | ALEXANDER  |
| FERGUSON   | BERTHA     |
| FERNANDEZ  | MELINDA    |
| FIELDS     | VICKI      |
| FISHER     | CINDY      |
| FLEMING    | MYRTLE     |
| FLETCHER   | MAE        |
| FLORES     | JULIA      |
| FORD       | CRYSTAL    |
| FORMAN     | MICHEAL    |
| FORSYTHE   | ENRIQUE    |
| FORTIER    | RAUL       |
| FORTNER    | HOWARD     |
| FOSTER     | PHYLLIS    |
| FOUST      | JACK       |
| FOWLER     | JO         |
| FOX        | HOLLY      |
+------------+------------+
18 rows in set (0.00 sec)
```

但是有五個客戶的姓氏是以 FR 開頭的，卻未被包含在結果當中，這是因為像 FRANKLIN 這個字是位在範圍之外的。不過你卻可以把範圍略為擴大一點改成 FRB，這樣就可以把五個姓氏開頭為 FR 的客戶其中四個納入【譯註】：

```
mysql> SELECT last_name, first_name
    -> FROM customer
    -> WHERE last_name BETWEEN 'FA' AND 'FRB';
+------------+------------+
| last_name  | first_name |
+------------+------------+
| FARNSWORTH | JOHN       |
| FENNELL    | ALEXANDER  |
| FERGUSON   | BERTHA     |
| FERNANDEZ  | MELINDA    |
| FIELDS     | VICKI      |
| FISHER     | CINDY      |
| FLEMING    | MYRTLE     |
| FLETCHER   | MAE        |
| FLORES     | JULIA      |
| FORD       | CRYSTAL    |
| FORMAN     | MICHEAL    |
| FORSYTHE   | ENRIQUE    |
```

譯註　這是因為上限只到 FR 這個字串，可是不可能剛好有姓氏只包括 FR 這兩個字母。於是若要包含 FRANKLIN 這個姓氏，就得把上限字串搜尋範圍擴大到 FRB。

```
| FORTIER      | RAUL       |
| FORTNER      | HOWARD     |
| FOSTER       | PHYLLIS    |
| FOUST        | JACK       |
| FOWLER       | JO         |
| FOX          | HOLLY      |
| FRALEY       | JUAN       |
| FRANCISCO    | JOEL       |
| FRANKLIN     | BETH       |
| FRAZIER      | GLENDA     |
+--------------+------------+
22 rows in set (0.00 sec)
```

要處理字串構成的範圍,你必須清楚地理解字元集中的字元順序(字元集中的字元順序,是依所謂的*定序*(*collation*)來排序的)。

依成員構成的條件

某些情況下,你不會將表示式侷限在單一資料值、或是一連串的資料值範圍,而是限制在一個元素數量有限的資料值集合之內。舉例來說,你也許想找出所有分級為 'G' 或 'PG' 的影片:

```
mysql> SELECT title, rating
    -> FROM film
    -> WHERE rating = 'G' OR rating = 'PG';
+---------------------------+--------+
| title                     | rating |
+---------------------------+--------+
| ACADEMY DINOSAUR          | PG     |
| ACE GOLDFINGER            | G      |
| AFFAIR PREJUDICE          | G      |
| AFRICAN EGG               | G      |
| AGENT TRUMAN              | PG     |
| ALAMO VIDEOTAPE           | G      |
| ALASKA PHANTOM            | PG     |
| ALI FOREVER               | PG     |
| AMADEUS HOLY              | PG     |
| ...                       |        |
| WEDDING APOLLO            | PG     |
| WEREWOLF LOLA             | G      |
| WEST LION                 | G      |
| WIZARD COLDBLOODED        | PG     |
| WON DARES                 | PG     |
| WONDERLAND CHRISTMAS      | PG     |
| WORDS HUNTER              | PG     |
```

```
| WORST BANGER                | PG     |
| YOUNG LANGUAGE              | G      |
+----------------------------+--------+
372 rows in set (0.00 sec)
```

雖說這個 where 子句（用 or 結合兩個條件）並不難寫，但請設想，若是表示式的集合中含有 10 或 20 個成員呢？這時你改用 in 運算子，寫起來就會省字得多：

```
SELECT title, rating
FROM film
WHERE rating IN ('G','PG');
```

透過 in 運算子，你用單一條件就可以寫出來、無須在條件裡逐一引用集合中的成員。

子查詢的使用

除了自行撰寫表示式的集合（如 ('G','PG')）以外，你也可以靠子查詢來即時產生一個集合。舉例來說，如果你假設凡是片名中含有 'PET' 字樣的，就一定適合闔家觀賞，你就可以先對 film 資料表執行一道子查詢，取得這類片名所屬的分級內容，再按照這些內容取得符合分級的片名：

```
mysql> SELECT title, rating
    -> FROM film
    -> WHERE rating IN (SELECT rating FROM film WHERE title LIKE '%PET%');
+----------------------------+--------+
| title                      | rating |
+----------------------------+--------+
| ACADEMY DINOSAUR           | PG     |
| ACE GOLDFINGER             | G      |
| AFFAIR PREJUDICE           | G      |
| AFRICAN EGG                | G      |
| AGENT TRUMAN               | PG     |
| ALAMO VIDEOTAPE            | G      |
| ALASKA PHANTOM             | PG     |
| ALI FOREVER                | PG     |
| AMADEUS HOLY               | PG     |
...
| WEDDING APOLLO             | PG     |
| WEREWOLF LOLA              | G      |
| WEST LION                  | G      |
| WIZARD COLDBLOODED         | PG     |
| WON DARES                  | PG     |
| WONDERLAND CHRISTMAS       | PG     |
| WORDS HUNTER               | PG     |
```

```
| WORST  BANGER                    | PG     |
| YOUNG  LANGUAGE                  | G      |
+---------------------------------+--------+
372 rows in set (0.00 sec)
```

子查詢會先傳回 'G' 和 'PG' 構成的集合，然後主查詢會檢查這個由子查詢傳回的集合，並根據其內容再去尋找 rating 欄位中是否有符合集合成員的資料值。

not in 的使用

有時候你會想檢查某個特定表示式是否存在另一個由其他表示式構成的集合當中，但有時候你會想反其道而行，看它是否不存在集合當中。這時只要改用 not in 運算子即可：

```
SELECT title, rating
FROM film
WHERE rating NOT IN ('PG-13','R', 'NC-17');
```

以上查詢會找出所有分級並非 'PG-13'、'R' 或 'NC-17' 的片名，這會傳回 372 筆資料，跟前例的結果完全一致。

比對符合條件

截至目前為止，我們向讀者介紹的條件內容，都是像識別精確字串、字串的範圍、或是字串的集合等類型；最後要介紹的條件類型則是用於處理部分符合的字串。舉例來說，你可以找出所有姓氏開頭字母為 Q 的客戶。當然你可以先用內建函式把 last_name 欄位的首字母抽出來，就像這樣：

```
mysql> SELECT last_name, first_name
    -> FROM customer
    -> WHERE left(last_name, 1) = 'Q';
+-------------+------------+
| last_name   | first_name |
+-------------+------------+
| QUALLS      | STEPHEN    |
| QUINTANILLA | ROGER      |
| QUIGLEY     | TROY       |
+-------------+------------+
3 rows in set (0.00 sec)
```

雖說內建函式 left() 完成了工作，其彈性卻欠佳。相反地，你可以利用萬用字元來建構搜尋表示式，如下一小節所述。

利用萬用字元

在搜尋部分符合的字串時，你的目的也許是：

- 以特定字元開頭 / 結尾的字串

- 以部分字串開頭 / 結尾的字串

- 在其中任何位置含有特定字元的字串

- 在其中任何位置含有部分字串的字串

- 有特定格式的字串，與個別字元無關

利用表 4-4 所列的萬用字元，你就能建立搜尋表示式，藉以辨識上述各種部分符合的字串。

表 4-4　萬用字元

萬用字元	符合
_	單一精確字元
%	任意數量的字元（完全沒有的 0 也包括在內）

底線字元代表單一字元所在的位置，而百分比字元則代表任意數量的字元。在建置會用到搜尋表示式的條件時，你可以利用 like 運算子，就像這樣：

```
mysql> SELECT last_name, first_name
    -> FROM customer
    -> WHERE last_name LIKE '_A_T%S';
+-----------+------------+
| last_name | first_name |
+-----------+------------+
| MATTHEWS  | ERICA      |
| WALTERS   | CASSANDRA  |
| WATTS     | SHELLY     |
+-----------+------------+
3 rows in set (0.00 sec)
```

上例中的搜尋表示式指定的是第二個字元為 *A*、而且第四個字元為 *T*，此外直到結尾字元的 *S* 中間可以有任意數量的其他字元。表 4-5 則列出更多搜尋表示式及其含義。

表 4-5　搜尋表示式範例

搜尋表示式	含義
F%	開頭為 F 的字串
%t	結尾為 t 的字串
%bas%	含有部分字串 'bas' 的字串
_ _t_	總長四個字元的字串，第三個字元必須是 t
_ _ _-_ -_ _ _	總長 11 個字元的字串，第四和第七個字元必須是短橫線

在建置簡易的搜尋表示式時，萬用字元的效果甚佳；但如果你需要更複雜一點的內容，可以利用多重搜尋條件，就像這樣：

```
mysql> SELECT last_name, first_name
    -> FROM customer
    -> WHERE last_name LIKE 'Q%' OR last_name LIKE 'Y%';
+--------------+------------+
| last_name    | first_name |
+--------------+------------+
| QUALLS       | STEPHEN    |
| QUIGLEY      | TROY       |
| QUINTANILLA  | ROGER      |
| YANEZ        | LUIS       |
| YEE          | MARVIN     |
| YOUNG        | CYNTHIA    |
+--------------+------------+
6 rows in set (0.00 sec)
```

以上查詢會找出所有姓氏首字母為 Q 或 Y 的客戶。

利用正規表示式

如果你覺得萬用字元的彈性仍有不足，可以改用正規表示式（regular expressions）來建構搜尋條件。正規表示式在本質上就像是打了類固醇的搜尋表示式。如果你是 SQL 的新手，但已經有開發程式的經驗，那麼你也許早已對正規表示式耳熟能詳。但如果你從未使用過它，也許需要參閱一下 Jeffrey E. F. Friedl 所著的《精通正規表達式》（O'Reilly 出版），因為這個題材超出了本書的範疇。

以下是先前的查詢（找出姓氏首字母為 Q 或 Y 的客戶）再以 MySQL 實作的正規表示式重寫後的樣貌：

```
mysql> SELECT last_name, first_name
    -> FROM customer
    -> WHERE last_name REGEXP '^[QY]';
```

```
+-------------+------------+
| last_name   | first_name |
+-------------+------------+
| YOUNG       | CYNTHIA    |
| QUALLS      | STEPHEN    |
| QUINTANILLA | ROGER      |
| YANEZ       | LUIS       |
| YEE         | MARVIN     |
| QUIGLEY     | TROY       |
+-------------+------------+
6 rows in set (0.16 sec)
```

regexp 運算子會接收後面緊跟的正規表示式（即上例中的 '^[QY]'），並將其套用在條件式左邊的表示式上（就是欄位 last_name。查詢中現在含有只用一個正規表示式寫成的單一條件，無須再引用兩個以萬用字元撰寫的條件。

Oracle Database 和微軟的 SQL Server 都支援正規表示式。在 Oracle Database 裡，你可以使用 regexp_like 函式，而非像上例那樣的 regexp 運算子，而 SQL Server 甚至還允許你直接搭配 like 運算子來使用正規表示式。

Null：那個四個字的咒語

筆者可是憋足了勁才把這個題材壓到現在，但現在也該是時候拿出來講了，就是那個綜合了畏懼、不確定性和恐怖的玩意：null 值。null 代表資料值從缺；舉例來說，在員工離職前，她在 employee 資料表中的 end_date 欄位就必須是 null。因為在這種情況下，無法合理地將任何資料值放進 end_date 欄位。不過 null 是個很滑頭的玩意，因為它有多種面貌：

不適用

像是自動提款機交易裡的員工識別碼欄位（場合不適）

資料值還未知

像是客戶資料列建檔時，還無從得知其身分證字號

資料值未定義

像是為還未加入資料庫的產品建立帳戶時

 有些理論派人士認為，以上這些狀況（甚至還更多）應該各自以不同的表達方式來呈現，但務實派人士則堅持，涵義各自不同的 null 值只會讓人更糊塗。

操作 null 時，請記住：

- 表示式可以是 null 的，但不能等於 null。

- 兩個 null 值不可能彼此相等。

要測試某個表示式是否為 null 的，需要利用 is null 運算子，如下所示：

```
mysql> SELECT rental_id, customer_id
    -> FROM rental
    -> WHERE return_date IS NULL;
+-----------+-------------+
| rental_id | customer_id |
+-----------+-------------+
|     11496 |         155 |
|     11541 |         335 |
|     11563 |          83 |
|     11577 |         219 |
|     11593 |          99 |
...
|     15867 |         505 |
|     15875 |          41 |
|     15894 |         168 |
|     15966 |         374 |
+-----------+-------------+
183 rows in set (0.01 sec)
```

以上查詢會找出尚未歸還的片子。以下則是寫成 = null 而非 is null 的後果：

```
mysql> SELECT rental_id, customer_id
    -> FROM rental
    -> WHERE return_date = NULL;
Empty set (0.01 sec)
```

如上所示，查詢會剖析並執行，但無法取得任何資料列。這是菜鳥 SQL 程式設計師常犯的錯誤，而資料庫伺服器也不會對這種錯誤發出警示，因此你在建構測試 null 的條件時，務必小心謹慎。

如果你想看看某欄位是否已指派資料值，可以利用 is not null 運算子，就像這樣：

```
mysql> SELECT rental_id, customer_id, return_date
    -> FROM rental
    -> WHERE return_date IS NOT NULL;
+-----------+-------------+---------------------+
| rental_id | customer_id | return_date         |
```

```
+-----------+-------------+---------------------+
|         1 |         130 | 2005-05-26 22:04:30 |
|         2 |         459 | 2005-05-28 19:40:33 |
|         3 |         408 | 2005-06-01 22:12:39 |
|         4 |         333 | 2005-06-03 01:43:41 |
|         5 |         222 | 2005-06-02 04:33:21 |
|         6 |         549 | 2005-05-27 01:32:07 |
|         7 |         269 | 2005-05-29 20:34:53 |
...
|     16043 |         526 | 2005-08-31 03:09:03 |
|     16044 |         468 | 2005-08-25 04:08:39 |
|     16045 |          14 | 2005-08-25 23:54:26 |
|     16046 |          74 | 2005-08-27 18:02:47 |
|     16047 |         114 | 2005-08-25 02:48:48 |
|     16048 |         103 | 2005-08-31 21:33:07 |
|     16049 |         393 | 2005-08-30 01:01:12 |
+-----------+-------------+---------------------+
15861 rows in set (0.02 sec)
```

這道查詢傳回了所有影片已歸還的紀錄,幾乎佔了資料表的絕大部分(16,044 當中的 15,861 筆)。

在我們暫時將 null 這個題材擱置之前,還是要先研究一下其中另一個陷阱。假設你受命要找出所有 2005 年 5 到 8 月間尚未歸還的片子,你第一個直覺應該會這樣做:

```
mysql> SELECT rental_id, customer_id, return_date
    -> FROM rental
    -> WHERE return_date NOT BETWEEN '2005-05-01' AND '2005-09-01';
+-----------+-------------+---------------------+
| rental_id | customer_id | return_date         |
+-----------+-------------+---------------------+
|     15365 |         327 | 2005-09-01 03:14:17 |
|     15388 |          50 | 2005-09-01 03:50:23 |
|     15392 |         410 | 2005-09-01 01:14:15 |
|     15401 |         103 | 2005-09-01 03:44:10 |
|     15415 |         204 | 2005-09-01 02:05:56 |
...
|     15977 |         550 | 2005-09-01 22:12:10 |
|     15982 |         370 | 2005-09-01 21:51:31 |
|     16005 |         466 | 2005-09-02 02:35:22 |
|     16020 |         311 | 2005-09-01 18:17:33 |
|     16033 |         226 | 2005-09-01 02:36:15 |
|     16037 |          45 | 2005-09-01 02:48:04 |
|     16040 |         195 | 2005-09-02 02:19:33 |
+-----------+-------------+---------------------+
62 rows in set (0.01 sec)
```

雖說這 62 筆租賃紀錄確實不在 5 到 8 月間歸還,但如果你仔細觀察一下,就會發現這時傳回的資料,其歸還日期並不是 null。可是另外 183 件尚未歸還的紀錄又該怎麼說?也許有人會質疑說,這 183 筆資料不也算是 5 到 8 月間尚未歸還的嗎?所以它們應該也列入我們要的結果集合。因此若要正確地回答問題,你應該把那些這類資料的 return_date 欄位可能為 null 的可能性也一併納入考量:

```
mysql> SELECT rental_id, customer_id, return_date
    -> FROM rental
    -> WHERE return_date IS NULL
    ->   OR return_date NOT BETWEEN '2005-05-01' AND '2005-09-01';
+-----------+-------------+---------------------+
| rental_id | customer_id | return_date         |
+-----------+-------------+---------------------+
|     11496 |         155 | NULL                |
|     11541 |         335 | NULL                |
|     11563 |          83 | NULL                |
|     11577 |         219 | NULL                |
|     11593 |          99 | NULL                |
...
|     15939 |         382 | 2005-09-01 17:25:21 |
|     15942 |         210 | 2005-09-01 18:39:40 |
|     15966 |         374 | NULL                |
|     15971 |         187 | 2005-09-02 01:28:33 |
|     15973 |         343 | 2005-09-01 20:08:41 |
|     15977 |         550 | 2005-09-01 22:12:10 |
|     15982 |         370 | 2005-09-01 21:51:31 |
|     16005 |         466 | 2005-09-02 02:35:22 |
|     16020 |         311 | 2005-09-01 18:17:33 |
|     16033 |         226 | 2005-09-01 02:36:15 |
|     16037 |          45 | 2005-09-01 02:48:04 |
|     16040 |         195 | 2005-09-02 02:19:33 |
+-----------+-------------+---------------------+
245 rows in set (0.01 sec)
```

現在結果集合中同時含有不在 5 到 8 月間歸還的 62 筆租賃資料、再加上 183 筆尚未歸還的紀錄,因此一共 245 筆紀錄。面對你不熟悉的資料庫時,最好先找出資料表中有哪些允許為 null 的欄位,這樣才能用篩選條件做出正確的評估,免得產生漏網之魚。

測試你剛學到的

以下練習會測試你對篩選條件的了解程度。答案可參閱附錄 B。

前兩個練習必須參閱以下的資料列子集合，它來自 payment 資料表：

```
+------------+-------------+--------+--------------------+
| payment_id | customer_id | amount | date(payment_date) |
+------------+-------------+--------+--------------------+
|        101 |           4 |   8.99 | 2005-08-18         |
|        102 |           4 |   1.99 | 2005-08-19         |
|        103 |           4 |   2.99 | 2005-08-20         |
|        104 |           4 |   6.99 | 2005-08-20         |
|        105 |           4 |   4.99 | 2005-08-21         |
|        106 |           4 |   2.99 | 2005-08-22         |
|        107 |           4 |   1.99 | 2005-08-23         |
|        108 |           5 |   0.99 | 2005-05-29         |
|        109 |           5 |   6.99 | 2005-05-31         |
|        110 |           5 |   1.99 | 2005-05-31         |
|        111 |           5 |   3.99 | 2005-06-15         |
|        112 |           5 |   2.99 | 2005-06-16         |
|        113 |           5 |   4.99 | 2005-06-17         |
|        114 |           5 |   2.99 | 2005-06-19         |
|        115 |           5 |   4.99 | 2005-06-20         |
|        116 |           5 |   4.99 | 2005-07-06         |
|        117 |           5 |   2.99 | 2005-07-08         |
|        118 |           5 |   4.99 | 2005-07-09         |
|        119 |           5 |   5.99 | 2005-07-09         |
|        120 |           5 |   1.99 | 2005-07-09         |
+------------+-------------+--------+--------------------+
```

練習 4-1

以下篩選條件會取得哪些付款紀錄識別碼？

```
customer_id <> 5 AND (amount > 8 OR date(payment_date) = '2005-08-23')
```

練習 4-2

以下篩選條件會傳回哪些付款紀錄識別碼？

```
customer_id = 5 AND NOT (amount > 6 OR date(payment_date) = '2005-06-19')
```

練習 4-3

寫一道查詢，從 payment 資料表取出金額為 1.98、7.98 或 9.98 的資料。

練習 4-4

寫一道查詢，找出姓氏第二個字母為 A、而隨後任何位置有字母 W 的客戶。

第五章

查詢多個資料表

回顧第 2 章，筆者曾展示過，如何透過名為正規化的過程，將相關的概念分解成彼此分離的部件。該項過程的結果就是兩個資料表：person 和 favorite_food。然而，如果你想在一份報表中顯示某人的姓名、住址、還有最喜歡的食物，你就需要一種機制，從這兩個資料表把資料再組合回來；此一機制就是結合（*join*），本章的主題就是最簡單、也最常見的結合方式，即 *inner join*。第 10 章會說明所有其他類型的結合方式。

什麼是結合？

查詢單一資料表當然很常見，但你也會注意到，大部分的查詢都會需要涉及兩個、三個、甚至更多個資料表。為說明起見，我們來看一下 customer 和 address 兩個資料表的定義，然後寫出一道查詢，從兩個資料表取出資料：

```
mysql> desc customer;
+-------------+----------------------+------+-----+-------------------+
| Field       | Type                 | Null | Key | Default           |
+-------------+----------------------+------+-----+-------------------+
| customer_id | smallint(5) unsigned | NO   | PRI | NULL              |
| store_id    | tinyint(3) unsigned  | NO   | MUL | NULL              |
| first_name  | varchar(45)          | NO   |     | NULL              |
| last_name   | varchar(45)          | NO   | MUL | NULL              |
| email       | varchar(50)          | YES  |     | NULL              |
| address_id  | smallint(5) unsigned | NO   | MUL | NULL              |
| active      | tinyint(1)           | NO   |     | 1                 |
| create_date | datetime             | NO   |     | NULL              |
```

```
| last_update | timestamp           | YES |     | CURRENT_TIMESTAMP |
+-------------+---------------------+-----+-----+-------------------+

mysql> desc address;
+-------------+---------------------+-----+-----+-------------------+
| Field       | Type                | Null| Key | Default           |
+-------------+---------------------+-----+-----+-------------------+
| address_id  | smallint(5) unsigned | NO  | PRI | NULL              |
| address     | varchar(50)         | NO  |     | NULL              |
| address2    | varchar(50)         | YES |     | NULL              |
| district    | varchar(20)         | NO  |     | NULL              |
| city_id     | smallint(5) unsigned | NO  | MUL | NULL              |
| postal_code | varchar(10)         | YES |     | NULL              |
| phone       | varchar(20)         | NO  |     | NULL              |
| location    | geometry            | NO  | MUL | NULL              |
| last_update | timestamp           | NO  |     | CURRENT_TIMESTAMP |
+-------------+---------------------+-----+-----+-------------------+
```

就說你是想取得每個客戶的姓名、加上他們的街道地址好了。因此你的查詢必須取出 customer.first_name、customer.last_name 和 address.address 等欄位。但你如何在一道查詢中同時從兩個資料表取得資料？答案便在於 customer.address_id 這個欄位，因為它包含的是 address 資料表中的客戶紀錄識別碼（說得精確一點，customer.address_id 欄位是一個用來參照 address 資料表的外來鍵）。而各位很快就會看到，查詢語句如何指示伺服器，以 customer.address_id 欄位作為 customer 和 address 資料表之間的橋樑，故而可以讓來自兩個資料表的欄位同時進入該查詢的結果集合。這類操作便是所謂的結合。

我們可以選擇性地建立外來鍵約束條件，再藉此驗證其中一個資料表中的資料，是否也存在另一個資料表當中。以上例來說，我們可以在 customer 資料表中建立外來鍵約束條件，確保進入 customer. address_id 欄位的資料值，一定也可以在 address.address_id 欄位中找到。不過請注意，並不一定要有外來鍵約束條件存在，才能結合兩個資料表。

笛卡兒乘積

想驗證以上假設，最簡單的辦法就是試著把 customer 和 address 資料表放到查詢的 from 子句裡，看看會發生什麼事。以下就是這樣的一道查詢，它會在 from 子句裡指名兩個資料表、並以關鍵字 join 區隔二者，藉此取得客戶的姓名及地址：

```
mysql> SELECT c.first_name, c.last_name, a.address
    -> FROM customer c JOIN address a;
+------------+------------+----------------------+
| first_name | last_name  | address              |
+------------+------------+----------------------+
| MARY       | SMITH      | 47 MySakila Drive    |
| PATRICIA   | JOHNSON    | 47 MySakila Drive    |
| LINDA      | WILLIAMS   | 47 MySakila Drive    |
| BARBARA    | JONES      | 47 MySakila Drive    |
| ELIZABETH  | BROWN      | 47 MySakila Drive    |
| JENNIFER   | DAVIS      | 47 MySakila Drive    |
| MARIA      | MILLER     | 47 MySakila Drive    |
| SUSAN      | WILSON     | 47 MySakila Drive    |
...
| SETH       | HANNON     | 1325 Fukuyama Street |
| KENT       | ARSENAULT  | 1325 Fukuyama Street |
| TERRANCE   | ROUSH      | 1325 Fukuyama Street |
| RENE       | MCALISTER  | 1325 Fukuyama Street |
| EDUARDO    | HIATT      | 1325 Fukuyama Street |
| TERRENCE   | GUNDERSON  | 1325 Fukuyama Street |
| ENRIQUE    | FORSYTHE   | 1325 Fukuyama Street |
| FREDDIE    | DUGGAN     | 1325 Fukuyama Street |
| WADE       | DELVALLE   | 1325 Fukuyama Street |
| AUSTIN     | CINTRON    | 1325 Fukuyama Street |
+------------+------------+----------------------+
361197 rows in set (0.03 sec)
```

嗯，哪裡怪怪的⋯總共就只有 599 位客戶、address 資料表裡也只有 603 筆資料，怎麼會弄出 361,197 筆資料呢？再仔細觀察一下結果，各位應該會發現，結果中似乎有許多客戶都是同一個地址。這是因為查詢語句並未指定兩個資料表該如何結合，於是資料庫伺服器就逕自產生了所謂的*笛卡兒乘積*（*Cartesian product*），它會把來自兩個資料表的*每一種*排列組合都做出來（亦即 599 筆客戶 × 603 筆地址 = 361,197 種組合）。這種組合又稱為 *cross join*，平常很少用到（至少實務上如此）。Cross join 也是結合的一種，我們會在第 10 章說明。

Inner Joins

若要把上述的查詢修改成只會為每一名客戶秀出一筆地址，你必須說明兩個資料表彼此的關聯。先前筆者說過，customer.address_id 欄位是這兩個資料表之間的橋樑，因此你必須用 on 這個次子句，把以上資訊加到 from 子句裡：

```
mysql> SELECT c.first_name, c.last_name, a.address
    -> FROM customer c JOIN address a
    ->   ON c.address_id = a.address_id;
+-------------+-------------+-------------------------------------+
| first_name  | last_name   | address                             |
+-------------+-------------+-------------------------------------+
| MARY        | SMITH       | 1913 Hanoi Way                      |
| PATRICIA    | JOHNSON     | 1121 Loja Avenue                    |
| LINDA       | WILLIAMS    | 692 Joliet Street                   |
| BARBARA     | JONES       | 1566 Inegl Manor                    |
| ELIZABETH   | BROWN       | 53 Idfu Parkway                     |
| JENNIFER    | DAVIS       | 1795 Santiago de Compostela Way     |
| MARIA       | MILLER      | 900 Santiago de Compostela Parkway  |
| SUSAN       | WILSON      | 478 Joliet Way                      |
| MARGARET    | MOORE       | 613 Korolev Drive                   |
...
| TERRANCE    | ROUSH       | 42 Fontana Avenue                   |
| RENE        | MCALISTER   | 1895 Zhezqazghan Drive              |
| EDUARDO     | HIATT       | 1837 Kaduna Parkway                 |
| TERRENCE    | GUNDERSON   | 844 Bucuresti Place                 |
| ENRIQUE     | FORSYTHE    | 1101 Bucuresti Boulevard            |
| FREDDIE     | DUGGAN      | 1103 Quilmes Boulevard              |
| WADE        | DELVALLE    | 1331 Usak Boulevard                 |
| AUSTIN      | CINTRON     | 1325 Fukuyama Street                |
+-------------+-------------+-------------------------------------+
599 rows in set (0.00 sec)
```

於是這下你得到預期中的 599 筆資料、而不再是荒唐的 361,197 筆，因為你已加上了次子句 on，它告訴伺服器，在結合 customer 和 address 兩個資料表時，要按照 address_id 欄位來進行。舉例來說，在 customer 資料表裡，Mary Smith 的 address_id 欄位資料值為 5（範例中未顯示此筆資料）。因此伺服器必須用這個值到 address 資料表裡去比對，直到找出 address_id 欄位資料值同樣是 5 的地址紀錄，進而從中取出 '1913 Hanoi Way' 這個地址。

萬一其中一個資料表的 address_id 欄位值，在另一個資料表裡找不到，那麼該欄位值所屬資料列的結合企圖就會失敗，於是該資料列也就不會被納入結果集合當中。這種結合方式便是為人熟知的 *inner join*，也是最常用到的結合類型。為證明起見，假設 customer 資料表裡有一筆資料的 address_id 欄位值是 999，但是你在 address 資料表裡卻找不到任何一筆地址的 address_id 欄位值是 999，那麼 customer 的這筆資料就不會被納入結果集合。如果你想無視媒合條件存在與否、都要把某個資料表的資料列硬性納入結合的結果，就必須採用 *outer join* 的方式，不過這要等到第 10 章時再來說明。

在上例中，筆者並未在 from 子句中明訂採用何種結合類型。但當你希望以 inner join 結合兩個資料表時，最好還是明白地在 from 子句裡說清楚；以下便是加上結合類型改寫同一個範例的結果（注意關鍵字 inner）：

```
SELECT c.first_name, c.last_name, a.address
FROM customer c INNER JOIN address a
  ON c.address_id = a.address_id;
```

就算你沒有指定結合的類型，伺服器預設也會執行 inner join。但各位稍後會學到，結合的種類甚眾，因此你最好還是養成習慣，明確地指出你需要的結合類型，尤其是要考慮到日後可能由他人使用或維護這段查詢的情況。

如果兩個資料表中用來結合的欄位名稱一致，就像上例那樣的話，甚至可以用次子句 using 改寫成下面這樣，不必用到次子句 on：

```
SELECT c.first_name, c.last_name, a.address
FROM customer c INNER JOIN address a
  USING (address_id);
```

由於 using 算是在特殊情況下才能使用的簡寫方式，筆者仍偏好採用次子句 on 的寫法，以避免混淆。

ANSI 的 Join 語法

本書一貫沿用的資料表結合寫法，均來自 ANSI SQL 標準的 SQL92 版本。所有主流的資料庫（Oracle Database、微軟的 SQL Server、MySQL、IBM 的 DB2 Universal Database、以及 Sybase Adaptive Server）均採用 SQL92 的結合語法。由於大部分的伺服器早在 SQL92 規格釋出之前便已面世，它們也仍保留著較早期的結合語法。舉例來說，所有伺服器都仍能理解以下的查詢變體語法：

```
mysql> SELECT c.first_name, c.last_name, a.address
    -> FROM customer c, address a
    -> WHERE c.address_id = a.address_id;
+------------+-----------+------------------------------------+
| first_name | last_name | address                            |
+------------+-----------+------------------------------------+
| MARY       | SMITH     | 1913 Hanoi Way                     |
| PATRICIA   | JOHNSON   | 1121 Loja Avenue                   |
| LINDA      | WILLIAMS  | 692 Joliet Street                  |
| BARBARA    | JONES     | 1566 Inegl Manor                   |
| ELIZABETH  | BROWN     | 53 Idfu Parkway                    |
| JENNIFER   | DAVIS     | 1795 Santiago de Compostela Way    |
```

```
| MARIA      | MILLER    | 900 Santiago de Compostela Parkway |
| SUSAN      | WILSON    | 478 Joliet Way                     |
| MARGARET   | MOORE     | 613 Korolev Drive                  |
...
| TERRANCE   | ROUSH     | 42 Fontana Avenue                  |
| RENE       | MCALISTER | 1895 Zhezqazghan Drive             |
| EDUARDO    | HIATT     | 1837 Kaduna Parkway                |
| TERRENCE   | GUNDERSON | 844 Bucuresti Place                |
| ENRIQUE    | FORSYTHE  | 1101 Bucuresti Boulevard           |
| FREDDIE    | DUGGAN    | 1103 Quilmes Boulevard             |
| WADE       | DELVALLE  | 1331 Usak Boulevard                |
| AUSTIN     | CINTRON   | 1325 Fukuyama Street               |
+------------+-----------+------------------------------------+
599 rows in set (0.00 sec)
```

這種老舊的結合指定方式並未包含 on 子句;相反地,資料表會一一註記在 from
子句之後、並以逗點區隔,結合用的條件則放在 where 子句裡。儘管你可以忽略
SQL92 語法,並繼續沿用較老舊的結合語法,ANSI 的結合語法仍有以下優點:

- 結合的條件和篩選的條件可以分開放在各自的子句裡(亦即 on 子句和 where
  子句),這樣查詢語句會比較容易閱讀。

- 每一對資料表的結合條件都放在自己專屬的 on 子句裡,這樣比較不會因粗心
  而忽略它。

- 採用 SQL92 結合語法的查詢可以在各家資料庫伺服器之間通行,但老式的語
  法則各家都會略有差異。

SQL92 結合語法的優點,在於當你的查詢中混有結合和篩選用的條件時,新語法
比較容易理解。請考慮以下只傳回客戶郵遞區號為 52137 時的查詢寫法:

```
mysql> SELECT c.first_name, c.last_name, a.address
    -> FROM customer c, address a
    -> WHERE c.address_id = a.address_id
    ->   AND a.postal_code = 52137;
+------------+-----------+------------------------+
| first_name | last_name | address                |
+------------+-----------+------------------------+
| JAMES      | GANNON    | 1635 Kuwana Boulevard  |
| FREDDIE    | DUGGAN    | 1103 Quilmes Boulevard |
+------------+-----------+------------------------+
2 rows in set (0.01 sec)
```

乍看之下，你可能不太容易分辨哪一個 where 子句的條件是用來結合、哪一個又是用來篩選的。而且你也不容易分辨出他是哪一種結合方式（要分辨結合的類型，你必須仔細觀察 where 子句中的結合條件，看看其中是否涉及任何特殊字元），再者，你也很難看出是否有任何結合條件不慎遺漏。以下是同一道查詢以 SQL92 結合語法重寫的結果：

```
mysql> SELECT c.first_name, c.last_name, a.address
    -> FROM customer c INNER JOIN address a
    ->   ON c.address_id = a.address_id
    -> WHERE a.postal_code = 52137;
+------------+-----------+------------------------+
| first_name | last_name | address                |
+------------+-----------+------------------------+
| JAMES      | GANNON    | 1635 Kuwana Boulevard  |
| FREDDIE    | DUGGAN    | 1103 Quilmes Boulevard |
+------------+-----------+------------------------+
2 rows in set (0.00 sec)
```

這個版本很明白地指出，哪個條件是用來作為結合的、哪個又是用於篩選的。希望大家都會認同，採用 SQL92 結合語法的版本才是容易理解的版本。

結合三個以上的資料表

結合三個資料表的作法，與結合兩個資料表時的做法相去不遠，但還是略有差異。結合兩個資料表時，在 from 子句中只會有兩個資料表、加上一個結合的類型，還有一個用來定義結合方式的 on 次子句。但三方結合時，from 子句裡就會有三個資料表、兩個結合類型，再加上兩個次子句 on。

為說明起見，我們把先前的查詢改成傳回客戶所在的城市、而非其街道地址。然而城市的名稱卻並不是存放在 address 資料表中，而是必須透過外來鍵，從 city 資料表才能取得。以下是資料表的定義：

```
mysql> desc address;
+-------------+----------------------+------+-----+---------+
| Field       | Type                 | Null | Key | Default |
+-------------+----------------------+------+-----+---------+
| address_id  | smallint(5) unsigned | NO   | PRI | NULL    |
| address     | varchar(50)          | NO   |     | NULL    |
| address2    | varchar(50)          | YES  |     | NULL    |
| district    | varchar(20)          | NO   |     | NULL    |
| city_id     | smallint(5) unsigned | NO   | MUL | NULL    |
| postal_code | varchar(10)          | YES  |     | NULL    |
```

```
| phone       | varchar(20)          | NO  |     | NULL              |
| location    | geometry             | NO  | MUL | NULL              |
| last_update | timestamp            | NO  |     | CURRENT_TIMESTAMP |
+-------------+----------------------+-----+-----+-------------------+

mysql> desc city;
+-------------+----------------------+------+-----+-------------------+
| Field       | Type                 | Null | Key | Default           |
+-------------+----------------------+------+-----+-------------------+
| city_id     | smallint(5) unsigned | NO   | PRI | NULL              |
| city        | varchar(50)          | NO   |     | NULL              |
| country_id  | smallint(5) unsigned | NO   | MUL | NULL              |
| last_update | timestamp            | NO   |     | CURRENT_TIMESTAMP |
+-------------+----------------------+------+-----+-------------------+
```

為了顯示客戶所在的城市，你必須先藉著 address_id 欄位，從 customer 資料表
查到 address 資料表，再用 city_id 欄位從 address 資料表查到 city 資料表。查
詢看起來會像下面這樣：

```
mysql> SELECT c.first_name, c.last_name, ct.city
    -> FROM customer c
    ->   INNER JOIN address a
    ->   ON c.address_id = a.address_id
    ->   INNER JOIN city ct
    ->   ON a.city_id = ct.city_id
    ->   ORDER BY ct.city;
+-------------+--------------+----------------------------+
| first_name  | last_name    | city                       |
+-------------+--------------+----------------------------+
| JULIE       | SANCHEZ      | A Corua (La Corua)         |
| PEGGY       | MYERS        | Abha                       |
| TOM         | MILNER       | Abu Dhabi                  |
| GLEN        | TALBERT      | Acua                       |
| LARRY       | THRASHER     | Adana                      |
| SEAN        | DOUGLASS     | Addis Abeba                |
...
| MICHELE     | GRANT        | Yuncheng                   |
| GARY        | COY          | Yuzhou                     |
| PHYLLIS     | FOSTER       | Zalantun                   |
| CHARLENE    | ALVAREZ      | Zanzibar                   |
| FRANKLIN    | TROUTMAN     | Zaoyang                    |
| FLOYD       | GANDY        | Zapopan                    |
| CONSTANCE   | REID         | Zaria                      |
| JACK        | FOUST        | Zeleznogorsk               |
| BYRON       | BOX          | Zhezqazghan                |
| GUY         | BROWNLEE     | Zhoushan                   |
```

```
| RONNIE      | RICKETTS      | Ziguinchor                 |
+-------------+---------------+----------------------------+
599 rows in set (0.03 sec)
```

從以上查詢來看，總共有三個資料表、兩個結合類型、以及兩個 on 次子句，因此動作變得較複雜。資料表在 from 子句中的位置，乍看之下似乎頗為關鍵，但如果把順序調換一下，結果還是完全一樣。以下三個變種排序都會有一樣的結果：

```
SELECT c.first_name, c.last_name, ct.city
FROM customer c
  INNER JOIN address a
  ON c.address_id = a.address_id
  INNER JOIN city ct
  ON a.city_id = ct.city_id;

SELECT c.first_name, c.last_name, ct.city
FROM city ct
  INNER JOIN address a
  ON a.city_id = ct.city_id
  INNER JOIN customer c
  ON c.address_id = a.address_id;

SELECT c.first_name, c.last_name, ct.city
FROM address a
  INNER JOIN city ct
  ON a.city_id = ct.city_id
  INNER JOIN customer c
  ON c.address_id = a.address_id;
```

三者唯一的差異，或許只是傳回的資料列順序而已，因為其中都未加上可以排列結果的 order by 子句。

結合的順序重要嗎？

如果你還是鬧不清，何以上述三個版本的 customer/address/city 查詢會得出一樣的結果，請記住一點，就是 SQL 是一種非程序式的語言，意即你描述了你想取得的內容、還有涉及哪些資料庫物件，但查詢的最佳執行方式，卻要讓資料庫伺服器自己來決定。伺服器會依照從資料庫物件蒐集的統計數字，從三個資料表中選出一個作為起點（被選中的資料表因此也被稱作是驅動資料表（*driving table*）），然後決定以何種順序結合其他的資料表。因此你要如何在 from 子句中安排資料表，似乎就無關緊要了。

然而，如果你認定查詢中的資料表一定要以特定的順序來結合，在 MySQL 上你可以先加上關鍵字 straight_join、再依己意排列結合資料表即可，如果是在微軟 SQL Server 上，就要求 force order 選項，如果是在 Oracle Database 上，就採用 ordered 或 leading 等最佳化提示。舉例來說，如果要叫 MySQL 伺服器以 city 資料表作為驅動資料表，再結合 address 和 customer 資料表，就要這樣做：

```
SELECT STRAIGHT_JOIN c.first_name, c.last_name, ct.city
FROM city ct
  INNER JOIN address a
  ON a.city_id = ct.city_id
  INNER JOIN customer c
  ON c.address_id = a.address_id
```

將子查詢當成資料表來使用

讀者們已經見識過了幾種含有多重資料表的查詢範例，但還有一種變體值得一提：如果有一部分的資料集合是源於子查詢呢？第 9 章才會以子查詢為重點，但筆者已經在前一章說明 from 子句時介紹過子查詢的概念了。以下查詢會把 customer 資料表和針對 address 與 city 資料表的子查詢結果結合起來：

```
mysql> SELECT c.first_name, c.last_name, addr.address, addr.city
    -> FROM customer c
    ->   INNER JOIN
    ->   (SELECT a.address_id, a.address, ct.city
    ->    FROM address a
    ->      INNER JOIN city ct
    ->      ON a.city_id = ct.city_id
    ->    WHERE a.district = 'California'
    ->   ) addr
    ->   ON c.address_id = addr.address_id;
+------------+-----------+------------------------+----------------+
| first_name | last_name | address                | city           |
+------------+-----------+------------------------+----------------+
| PATRICIA   | JOHNSON   | 1121 Loja Avenue       | San Bernardino |
| BETTY      | WHITE     | 770 Bydgoszcz Avenue   | Citrus Heights |
| ALICE      | STEWART   | 1135 Izumisano Parkway | Fontana        |
| ROSA       | REYNOLDS  | 793 Cam Ranh Avenue    | Lancaster      |
| RENEE      | LANE      | 533 al-Ayn Boulevard   | Compton        |
| KRISTIN    | JOHNSTON  | 226 Brest Manor        | Sunnyvale      |
| CASSANDRA  | WALTERS   | 920 Kumbakonam Loop    | Salinas        |
| JACOB      | LANCE     | 1866 al-Qatif Avenue   | El Monte       |
```

```
|  RENE        |  MCALISTER  | 1895 Zhezqazghan Drive | Garden Grove    |
+------------+-----------+------------------------+-----------------+
9 rows in set (0.00 sec)
```

子查詢的部分始於第四行，而其輸出會被賦予 **addr** 的資料表別名，其用意在於找出位於加州（California）的所有地址。外層的查詢會把子查詢的結果和 **customer** 資料表再結合，以便得出所有住在加州客戶的姓名、街道地址和所在城市。雖然這個查詢也可以寫成直接結合三個資料表、無須動用子查詢，不過有時從效能或程式可讀性的角度出發，使用一兩個子查詢也無傷大雅。

若要親眼目睹其中奧妙，不妨直接執行子查詢本身，看看其結果為何。以下便是單獨執行上例的子查詢所得的結果：

```
mysql> SELECT a.address_id, a.address, ct.city
    -> FROM address a
    ->   INNER JOIN city ct
    ->   ON a.city_id = ct.city_id
    -> WHERE a.district = 'California';
+------------+------------------------+-----------------+
| address_id | address                | city            |
+------------+------------------------+-----------------+
|          6 | 1121 Loja Avenue       | San Bernardino  |
|         18 | 770 Bydgoszcz Avenue   | Citrus Heights  |
|         55 | 1135 Izumisano Parkway | Fontana         |
|        116 | 793 Cam Ranh Avenue    | Lancaster       |
|        186 | 533 al-Ayn Boulevard   | Compton         |
|        218 | 226 Brest Manor        | Sunnyvale       |
|        274 | 920 Kumbakonam Loop    | Salinas         |
|        425 | 1866 al-Qatif Avenue   | El Monte        |
|        599 | 1895 Zhezqazghan Drive | Garden Grove    |
+------------+------------------------+-----------------+
9 rows in set (0.00 sec)
```

結果集合中含有全部九筆位於加州的地址。一旦再透過 **address_id** 欄位與 **customer** 資料表結合，你的結果集合裡就會含有該地址的客戶資訊了。

重複使用同一個資料表

如果你要結合多個資料表，可能會發覺自己得數度結合同一個資料表。以示範資料庫為例，其中演員與演出影片的關係，會以 **film_actor** 資料表來顯示。如果你想找出某兩位演員曾演出的所有影片，可以寫出以下這道查詢，把 **film** 資料表與 **film_actor** 資料表及 **actor** 資料表結合：

```
mysql> SELECT f.title
    -> FROM film f
    ->    INNER JOIN film_actor fa
    ->    ON f.film_id = fa.film_id
    ->    INNER JOIN actor a
    ->    ON fa.actor_id = a.actor_id
    -> WHERE ((a.first_name = 'CATE' AND a.last_name = 'MCQUEEN')
    ->       OR (a.first_name = 'CUBA' AND a.last_name = 'BIRCH'));
+----------------------+
| title                |
+----------------------+
| ATLANTIS CAUSE       |
| BLOOD ARGONAUTS      |
| COMMANDMENTS EXPRESS |
| DYNAMITE TARZAN      |
| EDGE KISSING         |
...
| TOWERS HURRICANE     |
| TROJAN TOMORROW      |
| VIRGIN DAISY         |
| VOLCANO TEXAS        |
| WATERSHIP FRONTIER   |
+----------------------+
54 rows in set (0.00 sec)
```

這道查詢會列出所有曾有 Cate McQueen 或 Cuba Birch 演出的影片。但是如果你只想查出兩人曾一起演出的電影呢？要做到這一點，你必須從 film 資料表中找出所有能呼應 film_actor 資料表中兩位演員資料的資料列，其中一位是 Cate McQueen、另一位當然是 Cuba Birch。因此你必須把 film_actor 和 actor 資料表結合兩次【譯註】，並分別使用不一樣的資料表別名，這樣伺服器才知道如何分辨不同子句中參照的對象：

```
mysql> SELECT f.title
    ->    FROM film f
    ->    INNER JOIN film_actor fa1
    ->    ON f.film_id = fa1.film_id
    ->    INNER JOIN actor a1
    ->    ON fa1.actor_id = a1.actor_id
    ->    INNER JOIN film_actor fa2
```

譯註　你也許有衝動覺得想把前例的 OR 直接改成 AND 不就好了？那樣的後果是，你不可能在結合的過程集合中以 where 子句找出演員姓名既是 Cate McQueen 又是 Cuba Birch 的影片。這樣一來，當然你就得設法在結合過程中產生一個結果集合，其中有兩欄包含 Cate McQueen 的姓名、另兩欄包含 Cuba Birch 的姓名，最後再以 where 子句篩選出同時有兩位演員演出的電影。

```
    ->     ON f.film_id = fa2.film_id
    ->     INNER JOIN actor a2
    ->     ON fa2.actor_id = a2.actor_id
    -> WHERE (a1.first_name = 'CATE' AND a1.last_name = 'MCQUEEN')
    ->   AND (a2.first_name = 'CUBA' AND a2.last_name = 'BIRCH');
+------------------+
| title            |
+------------------+
| BLOOD ARGONAUTS  |
| TOWERS HURRICANE |
+------------------+
2 rows in set (0.00 sec)
```

以前例而言，兩位演員都曾演出（包含合演和各自演出）的影片一共 54 部，但其中只有兩部是兩人合演的。這就是典型需要用到資料表別名的案例，因為相同的資料表會被引用不只一次。

自我結合

除了可以在同一道查詢中一再參照同一個資料表以外，你甚至還可以讓資料表做自我結合（join a table to itself）。一開始看起來也許有點奇怪，但會這樣做自然有其緣故。有些資料表中會包含**自我參照的外來鍵**（*self-referencing foreign key*），亦即其中會有欄位指向同一資料表中的主鍵。雖說示範用的資料庫中並沒有資料表擁有這樣的特徵，我們還是可以假想一份 `film` 資料表，其中含有一個會指向前作的 `prequel_film_id` 欄位（譬如 *Fiddler Lost II* 就會用到這個欄位，指向前作 *Fiddler Lost*，代表它是續集）。如果我們真的加上這個欄位，資料表看起來就會像這樣：

```
mysql> desc film;
+----------------------+----------------------+------+-----+---------+----------+
| Field                | Type                 | Null | Key | Default |          |
+----------------------+----------------------+------+-----+---------+----------+
| film_id              | smallint(5) unsigned  | NO   | PRI | NULL    |          |
| title                | varchar(255)         | NO   | MUL | NULL    |          |
| description          | text                 | YES  |     | NULL    |          |
| release_year         | year(4)              | YES  |     | NULL    |          |
| language_id          | tinyint(3) unsigned  | NO   | MUL | NULL    |          |
| original_language_id | tinyint(3) unsigned  | YES  | MUL | NULL    |          |
| rental_duration      | tinyint(3) unsigned  | NO   |     | 3       |          |
| rental_rate          | decimal(4,2)         | NO   |     | 4.99    |          |
| length               | smallint(5) unsigned  | YES  |     | NULL    |          |
| replacement_cost     | decimal(5,2)         | NO   |     | 19.99   |          |
```

```
| rating           | enum('G','PG','PG-13',
|                  |   'R','NC-17')          | YES  |     | G                  |
| special_features | set('Trailers',...,
|                  |   'Behind the Scenes')| YES  |     | NULL               |
| last_update      | timestamp             | NO   |     | CURRENT_
|                  |                       |      |     |       TIMESTAMP    |
| prequel_film_id  | smallint(5) unsigned  | YES  | MUL | NULL               |
+--------------------+----------------------+------+-----+--------------------+
```

如果使用了自我結合（*self-join*），就可以寫出這樣的查詢，以便列出有前作的影片，再加上前作的片名：

```
mysql> SELECT f.title, f_prnt.title prequel
    -> FROM film f
    ->   INNER JOIN film f_prnt
    ->   ON f_prnt.film_id = f.prequel_film_id
    -> WHERE f.prequel_film_id IS NOT NULL;
+-----------------+--------------+
| title           | prequel      |
+-----------------+--------------+
| FIDDLER LOST II | FIDDLER LOST |
+-----------------+--------------+
1 row in set (0.00 sec)
```

以上查詢結合了 `film` 資料表與它自己，結合的依據則是自我參照外來鍵 `prequel_film_id`，資料表別名則分別採用 `f` 和 `f_prnt`，藉以分辨其各自的用途。

測試你剛學到的

以下練習會測試你對 inner join 的了解程度。練習的答案可參閱附錄 B。

練習 5-1

請替以下這道查詢填空（以 <#> 標註的部位），以便取得等同於以下顯示的結果：

```
mysql> SELECT c.first_name, c.last_name, a.address, ct.city
    -> FROM customer c
    ->   INNER JOIN address <1>
    ->   ON c.address_id = a.address_id
    ->   INNER JOIN city ct
    ->   ON a.city_id = <2>
    -> WHERE a.district = 'California';
```

```
+------------+-----------+------------------------+----------------+
| first_name | last_name | address                | city           |
+------------+-----------+------------------------+----------------+
| PATRICIA   | JOHNSON   | 1121 Loja Avenue       | San Bernardino |
| BETTY      | WHITE     | 770 Bydgoszcz Avenue   | Citrus Heights |
| ALICE      | STEWART   | 1135 Izumisano Parkway | Fontana        |
| ROSA       | REYNOLDS  | 793 Cam Ranh Avenue    | Lancaster      |
| RENEE      | LANE      | 533 al-Ayn Boulevard   | Compton        |
| KRISTIN    | JOHNSTON  | 226 Brest Manor        | Sunnyvale      |
| CASSANDRA  | WALTERS   | 920 Kumbakonam Loop    | Salinas        |
| JACOB      | LANCE     | 1866 al-Qatif Avenue   | El Monte       |
| RENE       | MCALISTER | 1895 Zhezqazghan Drive | Garden Grove   |
+------------+-----------+------------------------+----------------+
9 rows in set (0.00 sec)
```

練習 5-2

撰寫一道查詢,傳回所有劇中有演員名為 JOHN 的片名。

練習 5-3

寫一道查詢,傳回同一個城市中所有的地址。你必須結合 address 資料表和它自己,結果中的每一筆資料必須含有兩個不同的地址。

第六章

集合的運用

雖說你可以透過一次一筆資料的方式與資料庫中的資料互動,但關聯式資料庫其實也會以集合的方式看待資料。本章會探討如何透過各種集合運算子來組合多個結果集合。在短暫地複習集合理論後,筆者就會說明如何使用 union、intersect 和 except 等級和運算子,將多個結果集合混合在一起。

集合的理論基礎

現實生活中,在小學生的數學課程中就會提到基本集合理論。也許你還記得曾看過像是圖 6-1 這樣的圖例。

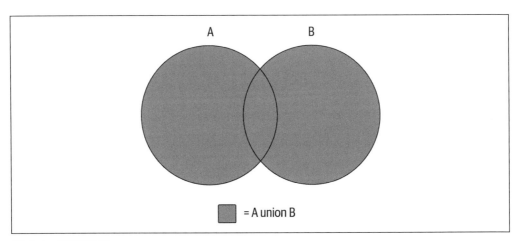

圖 6-1　聯集運算

圖 6-1 中的陰影部分，代表集合 A 與 B 的聯集（*union*），亦即把兩個集合合組起來（但重疊的部分視為只計算一次存在）。看起來是不是很面熟？如果你覺得似曾相識，代表你總算有機會可以把這套知識派上用場了；就算你已經忘得一乾二淨也不用煩惱，因為只要幾張簡圖，就可以視覺化呈現相關概念。

以圓圈代表兩個資料集合（A 與 B），設想有一部分的子集合是同時屬於兩個集合的；這個共同部分的資料就可以用圖 6-1 中重疊的區域來代表。由於集合理論在資料集合毫無交集的情況下便毫無趣味可言，筆者會以同一張圖來說明每一種集合運算。還有另一種只注重兩個資料集合重疊部分的集合運算；就是所謂的交集（*intersection*），如圖 6-2 所示。

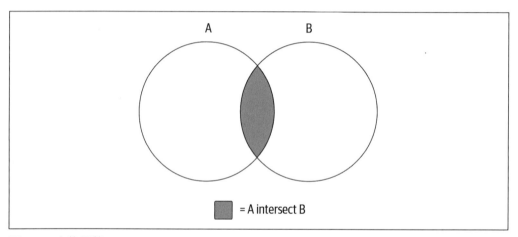

圖 6-2　交集運算

由集合 A 與 B 的交集所產生的資料集合，就是兩個集合彼此重疊的區域。如果兩個集合毫無重疊部位，那麼交集運算就會得出一個空集合。

第三種也是最後一種集合運算，就是圖 6-3 所示，稱為差集（*except*）運算。

圖 6-3 顯示的就是 A except B 的結果，亦即整個集合 A 再減去與集合 B 重疊的部分。如果兩個集合沒有重疊，那麼 A except B 便會得出完整的集合 A。

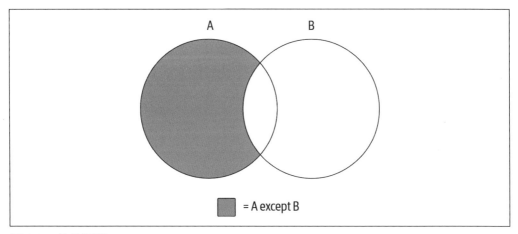

圖 6-3　差集運算

利用以上三種運算，或是將它們加以組合，就能產生出你所需要的任何結果。舉例來說，假設你想建立一個如圖 6-4 所呈現的集合。

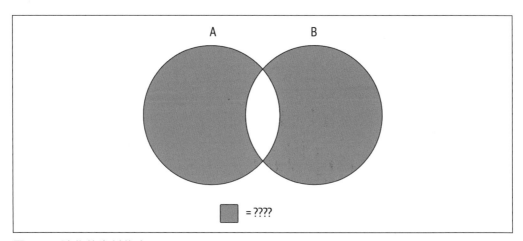

圖 6-4　神秘的資料集合

你所建立的資料集合包括了所有集合 A 與 B 的內容，但卻排除了重疊的區域。先前所介紹的任何運算子都無法獨力產生這樣的結果；相反地，你必須先建立一個含有全部集合 A 與 B 內容的集合，再利用第二個運算將重疊的部分移除。如果組合的動作是以 A union B 來描述，則重疊的部分就該以 A intersect B 來描述，然後產生圖 6-4 所需資料集合的運算就該寫成以下這樣：

```
(A union B) except (A intersect B)
```

當然了，同樣的結果並不只有一種方式可以達成；以下的運算也可以得出類似的
輸出：

```
(A except B) union (B except A)
```

這些觀念用圖片呈現時都很容易理解，但下一小節我們要進一步說明如何透過
SQL 的集合運算子，將相同的觀念套用在關聯式資料庫上。

現實中的集合理論

前一小節中用來呈現資料集合的各種圓圈圖例，還無法呈現資料集合中真正包含的
資料組成內容。在處理現實生活中的資料時，你還必須說明資料集合是如何組成
的，然後才能用集合的方式去組合它們。設想，如果你試著產生一個 customer 資
料表和 city 資料表的聯集，會發生什麼事？兩個資料表的各自定義如下：

```
mysql> desc customer;
+--------------+----------------------+------+-----+-------------------+
| Field        | Type                 | Null | Key | Default           |
+--------------+----------------------+------+-----+-------------------+
| customer_id  | smallint(5) unsigned  | NO   | PRI | NULL              |
| store_id     | tinyint(3) unsigned   | NO   | MUL | NULL              |
| first_name   | varchar(45)          | NO   |     | NULL              |
| last_name    | varchar(45)          | NO   | MUL | NULL              |
| email        | varchar(50)          | YES  |     | NULL              |
| address_id   | smallint(5) unsigned  | NO   | MUL | NULL              |
| active       | tinyint(1)           | NO   |     | 1                 |
| create_date  | datetime             | NO   |     | NULL              |
| last_update  | timestamp            | YES  |     | CURRENT_TIMESTAMP |
+--------------+----------------------+------+-----+-------------------+

mysql> desc city;
+--------------+----------------------+------+-----+-------------------+
| Field        | Type                 | Null | Key | Default           |
+--------------+----------------------+------+-----+-------------------+
| city_id      | smallint(5) unsigned  | NO   | PRI | NULL              |
| city         | varchar(50)          | NO   |     | NULL              |
| country_id   | smallint(5) unsigned  | NO   | MUL | NULL              |
| last_update  | timestamp            | NO   |     | CURRENT_TIMESTAMP |
+--------------+----------------------+------+-----+-------------------+
```

組合之後，結果集合的第一組欄位會同時包含 customer.customer_id 和 city.city_id 兩個欄位，第二組欄位則會是 customer.store_id 和 city.city 兩個欄位的組合，依此類推。雖說有些成對欄位很容易組合（例如第一組的兩個數值欄位），但其他的就很難想像該如何組成，例如數值欄位和字串欄位、或是字串欄位和日期欄位。此外，組合資料表的第五到第九組欄位，只會包含來自 customer 資料表的第五到第九個欄位裡的資料，因為 city 資料表只有四個欄位。顯然在你想組合的兩組資料集合之間，必須要有某些共通性才行。

因此，在兩個資料集合之間進行集合運算時，必須適用以下準則：

- 兩組資料集合必須擁有相同數量的欄位。

- 兩組資料集合的每一對欄位資料型別都必須彼此一致（或者伺服器必須有辦法將其中一種轉換成另一種）。

有了這些規則以後，我們就比較容易去想像「重複的資料」在現實中的模樣；因為來自兩組資料集合的每一對欄位都必定包含相同型別的字串、數值或日期，這樣一來才能把兩個資料表的每筆資料都一視同仁。

要執行集合運算，必須把集合運算子放在兩個 select 敘述之間，就像這樣：

```
mysql> SELECT 1 num, 'abc' str
    -> UNION
    -> SELECT 9 num, 'xyz' str;
+-----+-----+
| num | str |
+-----+-----+
|   1 | abc |
|   9 | xyz |
+-----+-----+
2 rows in set (0.02 sec)
```

每一道個別的查詢都會產生一個由一筆資料構成的資料集合，而該筆資料由一個數值欄位和一個字串欄位所組成。而上例中的集合運算子則是 union，它會告訴資料庫伺服器，把來自兩個集合的所有資料列組合在一起。於是最終的集合便會包含兩筆由兩個欄位構成的資料。這樣的查詢又被稱作組合式查詢（*compound query*），因為它是以兩個彼此獨立的查詢合組而成。稍後各位會看到，如果你需要以更多集合運算子來得出最終結果，那麼組合式查詢甚至可以包含更多個查詢，而不只是兩個。

集合運算子

SQL 語言含有三種集合運算子，可以讓你用來進行稍早介紹過的任何一種集合運算。此外，每一種集合運算子還分成兩種口味，其一會包含重複的部分、另一種則會排除重複的部分（但不一定是全部重複的部分）。以下小節會一一定義每一種運算子，並展示如何使用它們。

union 運算子

union 和 union all 運算子可以將多個資料集合組合在一起。兩者的差異在於前者會將組合得出的集合加以排序、並去除重複的部分，但後者則完全不會這樣做。使用 union all 時，最終資料集合裡的資料筆數，一定會等於兩個被組合的集合各自資料筆數的總和。這是最簡單的集合運算（從伺服器的角度來看是如此），因為伺服器根本不必檢查重複的資料。下例會展示如何以 union all 運算子從多個資料表產生姓名的集合：

```
mysql> SELECT 'CUST' typ, c.first_name, c.last_name
    -> FROM customer c
    -> UNION ALL
    -> SELECT 'ACTR' typ, a.first_name, a.last_name
    -> FROM actor a;
+------+------------+------------+
| typ  | first_name | last_name  |
+------+------------+------------+
| CUST | MARY       | SMITH      |
| CUST | PATRICIA   | JOHNSON    |
| CUST | LINDA      | WILLIAMS   |
| CUST | BARBARA    | JONES      |
| CUST | ELIZABETH  | BROWN      |
| CUST | JENNIFER   | DAVIS      |
| CUST | MARIA      | MILLER     |
| CUST | SUSAN      | WILSON     |
| CUST | MARGARET   | MOORE      |
| CUST | DOROTHY    | TAYLOR     |
| CUST | LISA       | ANDERSON   |
| CUST | NANCY      | THOMAS     |
| CUST | KAREN      | JACKSON    |
...
| ACTR | BURT       | TEMPLE     |
| ACTR | MERYL      | ALLEN      |
| ACTR | JAYNE      | SILVERSTONE|
| ACTR | BELA       | WALKEN     |
| ACTR | REESE      | WEST       |
```

```
| ACTR | MARY       | KEITEL      |
| ACTR | JULIA      | FAWCETT     |
| ACTR | THORA      | TEMPLE      |
+------+------------+-------------+
799 rows in set (0.00 sec)
```

查詢一共傳回了 799 個姓名,其中 599 筆來自 customer 資料表、另外 200 筆則來
自 actor 資料表。第一個欄位的別名是 typ,但並非必要,我們加上它只不過是為
了要凸顯查詢所得每一筆姓名的資料來源。

為了證明 union all 運算子真的不會移除重複部分,以下是上例重寫後的另一個
版本,但這次我們是用相同的查詢去組合同一個 actor 資料表:

```
mysql> SELECT 'ACTR' typ, a.first_name, a.last_name
    -> FROM actor a
    -> UNION ALL
    -> SELECT 'ACTR' typ, a.first_name, a.last_name
    -> FROM actor a;
+------+------------+---------------+
| typ  | first_name | last_name     |
+------+------------+---------------+
| ACTR | PENELOPE   | GUINESS       |
| ACTR | NICK       | WAHLBERG      |
| ACTR | ED         | CHASE         |
| ACTR | JENNIFER   | DAVIS         |
| ACTR | JOHNNY     | LOLLOBRIGIDA  |
| ACTR | BETTE      | NICHOLSON     |
| ACTR | GRACE      | MOSTEL        |
...
| ACTR | BURT       | TEMPLE        |
| ACTR | MERYL      | ALLEN         |
| ACTR | JAYNE      | SILVERSTONE   |
| ACTR | BELA       | WALKEN        |
| ACTR | REESE      | WEST          |
| ACTR | MARY       | KEITEL        |
| ACTR | JULIA      | FAWCETT       |
| ACTR | THORA      | TEMPLE        |
+------+------------+---------------+
400 rows in set (0.00 sec)
```

如上例所示,actor 資料表的 200 筆資料被納入了兩次,因此總共會有 400 筆資
料。

雖說你不太可能在一道組合式查詢中重複相同的查詢內容,這裡還是要再舉一個會
傳回重複資料的組合式查詢範例:

```
mysql> SELECT c.first_name, c.last_name
    -> FROM customer c
    -> WHERE c.first_name LIKE 'J%' AND c.last_name LIKE 'D%'
    -> UNION ALL
    -> SELECT a.first_name, a.last_name
    -> FROM actor a
    -> WHERE a.first_name LIKE 'J%' AND a.last_name LIKE 'D%';
+------------+------------+
| first_name | last_name  |
+------------+------------+
| JENNIFER   | DAVIS      |
| JENNIFER   | DAVIS      |
| JUDY       | DEAN       |
| JODIE      | DEGENERES  |
| JULIANNE   | DENCH      |
+------------+------------+
5 rows in set (0.00 sec)
```

兩個查詢都會傳回姓名簡寫為 JD 的人名資料。在結果集合的五筆資料中,其中兩筆是重複的(Jennifer Davis)。如果你希望自己組合的資料表會排除重複的資料,就必須改用 union 運算子,而非 union all:

```
mysql> SELECT c.first_name, c.last_name
    -> FROM customer c
    -> WHERE c.first_name LIKE 'J%' AND c.last_name LIKE 'D%'
    -> UNION
    -> SELECT a.first_name, a.last_name
    -> FROM actor a
    -> WHERE a.first_name LIKE 'J%' AND a.last_name LIKE 'D%';
+------------+------------+
| first_name | last_name  |
+------------+------------+
| JENNIFER   | DAVIS      |
| JUDY       | DEAN       |
| JODIE      | DEGENERES  |
| JULIANNE   | DENCH      |
+------------+------------+
4 rows in set (0.00 sec)
```

這一版查詢的結果,終於只會傳回四筆彼此互異的姓名,而不是 union all 傳回的五筆。

intersect 運算子

ANSI SQL 的規格中包括了 intersect 運算子，可以用來進行交集運算。但不幸的是，MySQL 的 8.0 版並未實作出 intersect 運算子。如果你使用的是 Oracle 或是 SQL Server 2008，就會有 intersect 可以使用；但由於筆者是以 MySQL 來演練本書所有範例，這一小節中查詢範例的結果集合都是經過變造的，在目前任何版本的 MySQL 上都無法演示，包括 8.0 版。筆者也避免在範例中顯示 MySQL 的提示字樣（mysql>），因為示範中的敘述都不是以 MySQL 伺服器執行的【譯註】。

如果組合式查詢中的兩道查詢各自傳回的資料集合均毫無交集，則交集運算所得出的就只會是一個空集合。請考慮以下查詢：

```
SELECT c.first_name, c.last_name
FROM customer c
WHERE c.first_name LIKE 'D%' AND c.last_name LIKE 'T%'
INTERSECT
SELECT a.first_name, a.last_name
FROM actor a
WHERE a.first_name LIKE 'D%' AND a.last_name LIKE 'T%';
Empty set (0.04 sec)
```

儘管 actors 和 customers 裡都有縮寫為 DT 的人名，兩者卻毫無交集，因而兩個集合的交集結果會產生一個空集合。但如果我們把姓名縮寫組合改成 JD，交集便會產生一筆資料：

```
SELECT c.first_name, c.last_name
FROM customer c
WHERE c.first_name LIKE 'J%' AND c.last_name LIKE 'D%'
INTERSECT
SELECT a.first_name, a.last_name
FROM actor a
WHERE a.first_name LIKE 'J%' AND a.last_name LIKE 'D%';
+------------+-----------+
| first_name | last_name |
+------------+-----------+
| JENNIFER   | DAVIS     |
+------------+-----------+
1 row in set (0.00 sec)
```

譯註　譯者以 MariaDB 10.5.15 演練，可以支援 intersect 運算子；事實上 MariaDB 從 10.3.0 版起便支援 intersect 運算子了。

這兩道查詢的交集會是 Jennifer Davis，也是唯一在兩個查詢的結果集合中都會發現的名字。

除了會將重疊部分裡任何重複的資料列加以移除的 intersect 運算子以外，ANSI SQL 規格還有一個 intersect all 運算子，它不會移除重複的部分。但目前唯一實作了 intersect all 運算子的資料庫伺服器，是 IBM 的 DB2 Universal Server【譯註】。

except 運算子

ANSI SQL 規格也包括了 except 運算子，用來進行差集運算。同樣地，MySQL 的 8.0 版也未曾實作 except 運算子，因此本小節的範例也跟上一節一樣是以其他平台變造出來的。

 如果你使用的是 Oracle Database，就必須改用非 ANSI 標準名稱的 minus 來擔任差集運算子。

except 運算子會傳回從第一個結果集合中減去與第二個結果集合中重複部分後的結果。以下範例與前一小節雷同，只不過把 intersect 換成了 except，而且查詢順序也反過來：

```
SELECT a.first_name, a.last_name
FROM actor a
WHERE a.first_name LIKE 'J%' AND a.last_name LIKE 'D%'
EXCEPT
SELECT c.first_name, c.last_name
FROM customer c
WHERE c.first_name LIKE 'J%' AND c.last_name LIKE 'D%';
+------------+-----------+
| first_name | last_name |
+------------+-----------+
| JUDY       | DEAN      |
| JODIE      | DEGENERES |
| JULIANNE   | DENCH     |
+------------+-----------+
3 rows in set (0.00 sec)
```

譯註　根據 MariaDB 官網說明，他們從 10.5.0 版起便支援 intersect all 了。

在這個版本的查詢中，結果集合包含了來自第一道查詢所得的三筆資料，但已去掉了 Jennifer Davis，因為後者是兩道查詢的結果集合中共有的部分。ANSI SQL 規格裡也定義了 except all 這個運算子，但一樣還是只有 IBM 的 DB2 Universal Server 曾經加以實作【譯註】。

except all 運算子用起來有點棘手，以下是一個如何處理重複資料的例子。假設有兩個資料集合如下：

Set A

```
+----------+
| actor_id |
+----------+
|       10 |
|       11 |
|       12 |
|       10 |
|       10 |
+----------+
```

Set B

```
+----------+
| actor_id |
+----------+
|       10 |
|       10 |
+----------+
```

因此 A except B 運算會有以下結果：

```
+----------+
| actor_id |
+----------+
|       11 |
|       12 |
+----------+
```

但如果改為 A except all B 運算，結果就變成：

```
+----------+
| actor_id |
+----------+
```

譯註　一樣，MariaDB 也是從 10.5.0 版起便支援 except all 了。

```
|        10 |
|        11 |
|        12 |
+----------+
```

因此這兩種運算的差別在於，except 會先從集合 A 將所有重複的資料移除，但 except all 只會把集合 B 中出現過的重複資料從集合 A 當中也移除一次。

集合運算子的規則

以下各小節將列舉若干處理組合式查詢時必須遵循的規則。

將組合式查詢的結果排序

如果你希望組合式查詢的結果會依序排列，可以在查詢的最後加上 order by 子句。當你在 order by 子句中指定欄位名稱時，必須以組合式查詢中第一道查詢的欄位名稱為準。通常複合式查詢中各個查詢的欄位名稱都會是一致的，但並不一定總是如此，如下例所示：

```
mysql> SELECT a.first_name fname, a.last_name lname
    -> FROM actor a
    -> WHERE a.first_name LIKE 'J%' AND a.last_name LIKE 'D%'
    -> UNION ALL
    -> SELECT c.first_name, c.last_name
    -> FROM customer c
    -> WHERE c.first_name LIKE 'J%' AND c.last_name LIKE 'D%'
    -> ORDER BY lname, fname;
+----------+-----------+
| fname    | lname     |
+----------+-----------+
| JENNIFER | DAVIS     |
| JENNIFER | DAVIS     |
| JUDY     | DEAN      |
| JODIE    | DEGENERES |
| JULIANNE | DENCH     |
+----------+-----------+
5 rows in set (0.00 sec)
```

在上例中，兩道查詢所指定的欄位名稱並不一致。如果你在 order by 子句中引用的欄位名稱來自第二道查詢，就會看到以下錯誤：

```
mysql> SELECT a.first_name fname, a.last_name lname
    -> FROM actor a
```

```
    -> WHERE a.first_name LIKE 'J%' AND a.last_name LIKE 'D%'
    -> UNION ALL
    -> SELECT c.first_name, c.last_name
    -> FROM customer c
    -> WHERE c.first_name LIKE 'J%' AND c.last_name LIKE 'D%'
    -> ORDER BY last_name, first_name;
ERROR 1054 (42S22): Unknown column 'last_name' in 'order clause'
```

筆者建議你在兩道查詢中都賦予相同的欄位別名，以避免混淆。

集合運算子的優先性

如果你組合的查詢中含有兩道以上的查詢、而且各自使用不同的集合運算子，就必須考量到組合敘述中查詢語句的順序，要如何才能達到想要的結果。考慮以下三道查詢組成的敘述：

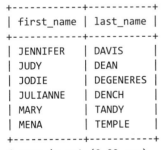

```
mysql> SELECT a.first_name, a.last_name
    -> FROM actor a
    -> WHERE a.first_name LIKE 'J%' AND a.last_name LIKE 'D%'
    -> UNION ALL
    -> SELECT a.first_name, a.last_name
    -> FROM actor a
    -> WHERE a.first_name LIKE 'M%' AND a.last_name LIKE 'T%'
    -> UNION
    -> SELECT c.first_name, c.last_name
    -> FROM customer c
    -> WHERE c.first_name LIKE 'J%' AND c.last_name LIKE 'D%';
+------------+-----------+
| first_name | last_name |
+------------+-----------+
| JENNIFER   | DAVIS     |
| JUDY       | DEAN      |
| JODIE      | DEGENERES |
| JULIANNE   | DENCH     |
| MARY       | TANDY     |
| MENA       | TEMPLE    |
+------------+-----------+
6 rows in set (0.00 sec)
```

以上的組合式查詢含有三道查詢，會傳回一組名稱並非唯一的集合；第一和第二道查詢之間是以 union all 運算子所區隔，而第二和第三道查詢之間則是以 union 運算子所區隔。雖說 union 和 union all 運算子位於何處看起來似乎無甚差異，但實際上確實有所不同。以下是同一個組合式查詢，只不過把集合運算子交換了位置：

```
mysql> SELECT a.first_name, a.last_name
    -> FROM actor a
    -> WHERE a.first_name LIKE 'J%' AND a.last_name LIKE 'D%'
    -> UNION
    -> SELECT a.first_name, a.last_name
    -> FROM actor a
    -> WHERE a.first_name LIKE 'M%' AND a.last_name LIKE 'T%'
    -> UNION ALL
    -> SELECT c.first_name, c.last_name
    -> FROM customer c
    -> WHERE c.first_name LIKE 'J%' AND c.last_name LIKE 'D%';
+------------+-----------+
| first_name | last_name |
+------------+-----------+
| JENNIFER   | DAVIS     |
| JUDY       | DEAN      |
| JODIE      | DEGENERES |
| JULIANNE   | DENCH     |
| MARY       | TANDY     |
| MENA       | TEMPLE    |
| JENNIFER   | DAVIS     |
+------------+-----------+
7 rows in set (0.00 sec)
```

觀察其結果，很顯然在組合式查詢調換組合運算子之後，結果確實是不一樣的。一般來說，組合式查詢若含有三道以上的查詢，就會從上到下依序執行，但要注意以下兩點：

- 相較於於其他集合運算子，ANSI SQL 的規格會優先執行 intersect 運算子。

- 你可以把多筆查詢用小括弧包起來，藉此強行改變查詢的組合優先順序。

MySQL 還無法在組合式查詢中使用小括弧，但如果你使用不同的資料庫伺服器，就可以任意用小括弧重組查詢順序，以便蓋過組合式查詢預設的從上到下處理順序【譯註】，就像這樣：

```
SELECT a.first_name, a.last_name
FROM actor a
WHERE a.first_name LIKE 'J%' AND a.last_name LIKE 'D%'
UNION
```

譯註　MariaDB 從 10.4.0 版起便已支援小括弧區分執行優先程度，只不過在上例的寫法中，另一半的查詢也要用小括弧包起來——亦即需要優先的一對查詢要用小括弧包住，但另一道單獨的查詢也要用小括弧包住才可以。

```
(SELECT a.first_name, a.last_name
 FROM actor a
 WHERE a.first_name LIKE 'M%' AND a.last_name LIKE 'T%'
 UNION ALL
 SELECT c.first_name, c.last_name
 FROM customer c
 WHERE c.first_name LIKE 'J%' AND c.last_name LIKE 'D%'
 )
```

對於以上的組合式查詢來說，第二和第三道查詢會先以 union all 運算子組合，然後會再用 union 運算子將其結果與第一道查詢組合。

測試你剛學到的

以下練習會測試你對集合運算的了解程度。練習的答案可參閱附錄 B。

練習 6-1

如果集合 A = {L M N O P}、集合 B = {P Q R S T}，以下運算會產生什麼樣的集合？

- A union B

- A union all B

- A intersect B

- A except B

練習 6-2

寫一道組合式查詢，找出 actors 和 customers 資料表中所有姓氏首字母為 L 的姓名。

練習 6-3

把練習 6-2 的結果依照 last_name 欄位排序。

第七章

資料的產生、操作與轉換

正如筆者在序言時便已開宗明義提過，本書的目的是要教授可以適用於多種資料庫伺服器的一般化 SQL 技術。然而本章要處理的，則是字串、數值及時序等資料的產生、轉換及操作，而且 SQL 語言本身並未包含相關功能的命令。相反地，都是透過內建函式來達成資料的產生、轉換及操作，雖然 SQL 標準確實指定了部分函式，但各家資料庫廠商通常並未遵循函式的規格。

因此筆者在本章會改採另一種作法，先向讀者們展示如何在 SQL 敘述中產生及操作資料的一般性作法，然後再逐一展示若干由微軟 SQL Server、Oracle Database 及 MySQL 各自實作的內建函式。除了閱讀本章以外，筆者鄭重建議大家去下載你使用的資料庫伺服器自家所附的完整函式參考指南。如果你操作一種以上的資料庫伺服器，有些指南還會兼顧各家的內容，像是 Kevin Kline 等人合著的 *SQL in a Nutshell*、和 Jonathan Gennick 的 *SQL Pocket Guide*，皆由 O'Reilly 出版。

處理字串資料

在處理字串資料時，你會面對以下的字元資料型別：

CHAR

儲存長度固定、會以空白字元補足字串長度。MySQL 允許的 CHAR 資料值長度可達 255 個字元，Oracle Database 則允許最多 2,000 個字元，SQL Server 甚至可達 8,000 個字元。

varchar

儲存長度不定的字串。MySQL 的 varchar 欄位允許 65,535 個字元，Oracle
Database（型別寫成 varchar2）則接受最多 4,000 個字元，而 SQL Server 允
許最多 8,000 個字元。

text（*MySQL 與 SQL Server*）或 clob（*Oracle Database*）

儲存非常長、但長度不定的字串（通常指文件內容）。MySQL 支援多種文字
型別（tinytext、text、mediumtext 和 longtext）以便儲存文件，容量可
達 4 GB。SQL Server 則只有一種文字型別供文件專用，容量上限是 2 GB，而
Oracle Database 則是採用 clob 這種資料型別，它能容納的文件甚至大到 128
TB。SQL Server 2005 的資料型別則是 varchar(max)，它建議使用該種型別而
非 text 型別來儲存文件，因為後者預計會從將來的版本中移除。

為展示如何使用這些型別，筆者會以下列資料表來演練本節的範例：

```
CREATE TABLE string_tbl
 (char_fld CHAR(30),
  vchar_fld VARCHAR(30),
  text_fld TEXT
);
```

以下的兩個小節會展示如何產生和操作字串資料。

產生字串

要填滿字串欄位，最簡單的方式就是用引號把字串包起來，就像下例這樣：

```
mysql> INSERT INTO string_tbl (char_fld, vchar_fld, text_fld)
    -> VALUES ('This is char data',
    -> 'This is varchar data',
    -> 'This is text data');
Query OK, 1 row affected (0.00 sec)
```

把字串資料插入資料表時請記住，如果字串長度超過字元欄位容量上限（不論是
自行指定的欄位上限值、還是該資料型別自身的上限），伺服器都會拋出一個例外
（exception）。雖然三種主流伺服器預設都會如此反應，你還是可以把 MySQL 和
SQL Server 改設為逕自截斷字串、而不是只丟出一段例外訊息。為展示 MySQL 如
何處理這種狀況，以下的 update 敘述會嘗試修改 vchar_fld 欄位，其最大長度只
有 30 個字元，但修改後的字串長度卻有 46 個字元：

```
mysql> UPDATE string_tbl
    -> SET vchar_fld = 'This is a piece of extremely long varchar data';
ERROR 1406 (22001): Data too long for column 'vchar_fld' at row 1
```

從 MySQL 6.0 開始，預設的行為都已變為「嚴格」（strict）模式，亦即發生問題時便會拋出一個例外，而舊版伺服器則是一律截斷字串、並發出警訊。如果你偏好讓資料庫引擎截斷字串並發出警訊，而非拋出例外，也可以選擇採用 ANSI 模式。以下範例便會顯示如何檢查現行模式、以及如何以 set 命令更改模式：

```
mysql> SELECT @@session.sql_mode;
+----------------------------------------------------------------+
| @@session.sql_mode                                             |
+----------------------------------------------------------------+
| STRICT_TRANS_TABLES,NO_ENGINE_SUBSTITUTION                     |
+----------------------------------------------------------------+
1 row in set (0.00 sec)

mysql> SET sql_mode='ansi';
Query OK, 0 rows affected (0.08 sec)

mysql> SELECT @@session.sql_mode;
+-----------------------------------------------------------------------------+
| @@session.sql_mode                                                          |
+-----------------------------------------------------------------------------+
| REAL_AS_FLOAT,PIPES_AS_CONCAT,ANSI_QUOTES,IGNORE_SPACE,ONLY_FULL_GROUP_BY,ANSI |
+-----------------------------------------------------------------------------+
1 row in set (0.00 sec)
```

如果你重新執行先前的 update 敘述，就會發現欄位已經被改過，但會加上以下的警示訊息：

```
mysql> SHOW WARNINGS;
+---------+------+-------------------------------------------------+
| Level   | Code | Message                                         |
+---------+------+-------------------------------------------------+
| Warning | 1265 | Data truncated for column 'vchar_fld' at row 1  |
+---------+------+-------------------------------------------------+
1 row in set (0.00 sec)
```

如果取出 vchar_fld 欄位的內容，就會發現其中的字串其實已經被截斷了：

```
mysql> SELECT vchar_fld
    -> FROM string_tbl;
+-------------------------------+
| vchar_fld                     |
```

```
+------------------------------+
| This is a piece of extremely l |
+------------------------------+
1 row in set (0.05 sec)
```

如上所示，在長度 46 個字元的字串中，只有前 30 個字元留在 **vchar_fld** 欄位
中。要避免在處理 **varchar** 欄位時發生字串被截斷（或是發生例外，就如 Oracle
Database 或 MySQL 的嚴格模式那樣），最佳的方式便是為欄位設定一個夠大的長
度上限值，以便處理該欄位可能儲存的最長字串長度（但是請記住，伺服器只會為
儲存字串分配剛好夠用的空間，因此就算將 **varchar** 欄位的上限訂得很高，也不
會浪費空間）。

包含單引號

由於字串均以單引號來標示區隔，因此你必須格外小心內含單引號或撇字符號的字
串。舉例來說，以下字串會導致插入失敗，因為伺服器會誤以為 *doesn't* 一字中的
縮寫用撇字符號是字串結束的位置：

```
UPDATE string_tbl
SET text_fld = 'This string doesn't work';
```

為了讓伺服器不要誤判 *doesn't* 一字中的縮寫用撇字符號，你必須在字串中加上逃
逸（*escape*）字符，讓伺服器將撇字號視為字串中的一般字元，而非字串結束位
置。所有三種伺服器都允許你在單引號前再加上一個單引號，達到單引號逃逸的效
果，就像這樣：

```
mysql> UPDATE string_tbl
    -> SET text_fld = 'This string didn''t work, but it does now';
Query OK, 1 row affected (0.01 sec)
Rows matched: 1 Changed: 1 Warnings: 0
```

 Oracle Database 和 MySQL 的使用者也可以加上反斜線字元來達到單
引號逃逸的效果，就像這樣：

```
UPDATE string_tbl SET text_fld =
  'This string didn\'t work, but it does now'
```

如果你只是要取出字串並顯示在畫面上或報表欄位當中，則無須採取任何動作來處
理內含的單引號：

```
mysql> SELECT text_fld
    -> FROM string_tbl;
+--------------------------------------+
| text_fld                             |
+--------------------------------------+
| This string didn't work, but it does now |
+--------------------------------------+
1 row in set (0.00 sec)
```

然而，如果你取出的字串是要放到檔案當中、再供其他程式讀取的話，可能就得再在取出的字串中加上逃逸用字元。如果你使用的是 MySQL，就可以透過內建函式 quote() 來達成效果，它會在整個字串兩側加上單引號、再在任何字串中落單的單引號／撇字號前加上逃逸字元。以下便是我們以 quote() 函式取出示範字串的效果：

```
mysql> SELECT quote(text_fld)
    -> FROM string_tbl;
+------------------------------------------+
| QUOTE(text_fld)                          |
+------------------------------------------+
| 'This string didn\'t work, but it does now' |
+------------------------------------------+
1 row in set (0.04 sec)
```

當你取出資料並做為匯出資料所用時，最好都用 quote() 函式處理那些非系統生成字元的欄位【譯註】，例如 customer_notes 欄位之類。

包含特殊字元

如果你的應用程式必須支援多國語系，可能會面臨必須處理由鍵盤上看不到的字元所組成的特殊字串這種狀況。舉例來說，當你處理法文和德文時，可能得處理到像是 é 和 ö 這樣的重音字符。SQL Server 和 MySQL 伺服器都有內建的函式 char()，讓你可以用 ASCII 字元集裡 255 個字元的任意組合來拼湊字串（Oracle Database 使用者得改用 chr() 函式）。為展示起見，下例會取出以鍵盤輸入的字元、以及透過函式取得的等價字元：

譯註　因為客戶自行輸入的字串中可能無意加上了簡寫用的撇字號——但更重要的是，你應該防範故意以此形成的 SQL injection 攻擊。

```
mysql> SELECT 'abcdefg', CHAR(97,98,99,100,101,102,103);
+---------+-------------------------------+
| abcdefg | CHAR(97,98,99,100,101,102,103) |
+---------+-------------------------------+
| abcdefg | abcdefg                       |
+---------+-------------------------------+
1 row in set (0.01 sec)
```

由上可見，ASCII 字元集的第 97 個字元就是字母 *a*。雖說上例所顯示的並非特殊字元，但下例當中卻會顯示重音字符及其他特殊字元的位置，像是貨幣符號之類：

```
mysql> SELECT CHAR(128,129,130,131,132,133,134,135,136,137);
+----------------------------------------------+
| CHAR(128,129,130,131,132,133,134,135,136,137) |
+----------------------------------------------+
| Çüéâäàåçêë                                    |
+----------------------------------------------+
1 row in set (0.01 sec)

mysql> SELECT CHAR(138,139,140,141,142,143,144,145,146,147);
+----------------------------------------------+
| CHAR(138,139,140,141,142,143,144,145,146,147) |
+----------------------------------------------+
| èïîìÄÅÉæÆô                                    |
+----------------------------------------------+
1 row in set (0.01 sec)

mysql> SELECT CHAR(148,149,150,151,152,153,154,155,156,157);
+----------------------------------------------+
| CHAR(148,149,150,151,152,153,154,155,156,157) |
+----------------------------------------------+
| öòûùÿÖÜø£Ø                                    |
+----------------------------------------------+
1 row in set (0.00 sec)

mysql> SELECT CHAR(158,159,160,161,162,163,164,165);
+--------------------------------------+
| CHAR(158,159,160,161,162,163,164,165) |
+--------------------------------------+
| ×ƒáíóúñÑ                              |
+--------------------------------------+
1 row in set (0.01 sec)
```

筆者在本小節中示範的是 utf8mb4 字元集。如果你的會談連線使用的是不同的字元集，輸出的字元也許會和此處所示的不同。相同的概念仍然適用，只不過你得先熟悉自己所使用的字元集排列，才能找出正確的特殊字元。

逐個字元建置字串顯然是一件枯燥的事，尤其是其中只有寥寥數字是重音字符的時候。還好，你可以利用 concat() 函式來串接個別的字串，其中部分可以用打字鍵盤輸入、其他則改以 char() 函式來產生。舉例來說，以下範例便顯示如何利用 concat() 和 char() 兩個函式合力建構像是 *danke schön*（德語「非常感謝」之意）這樣的片語：

```
mysql> SELECT CONCAT('danke sch', CHAR(148), 'n');
+-------------------------------------+
| CONCAT('danke sch', CHAR(148), 'n') |
+-------------------------------------+
| danke schön                         |
+-------------------------------------+
1 row in set (0.00 sec)
```

Oracle Database 的使用者可以改用串聯運算子（||）來達到跟 concat() 函式一樣的效果：

```
SELECT 'danke sch' || CHR(148) || 'n'
FROM dual;
```

SQL Server 也沒有 concat() 函式，但它也有自己的串聯運算子（+），就像這樣：

```
SELECT 'danke sch' + CHAR(148) + 'n'
```

如果你想找出某個字元的 ASCII 值，可以利用 ascii() 函式來查詢，它會傳回字串中最左側字元的編碼值：

```
mysql> SELECT ASCII('ö');
+------------+
| ASCII('ö') |
+------------+
|        148 |
+------------+
1 row in set (0.00 sec)
```

利用 char()、ascii() 和 concat() 等函式（或是串聯運算子），應該就能任意處理任何羅馬音符的語言，就算你的鍵盤上無法輸出的重音字符或特殊字元也無妨。

字串的操作

每一種資料庫伺服器都內建許多操作字串用的函式。本小節會探討兩種字串函式：會傳回數字的、跟會傳回字串的。不過在開始介紹前，且讓我先把 string_tbl 資料表裡的舊資料清掉：

```
mysql> DELETE FROM string_tbl;
Query OK, 1 row affected (0.02 sec)

mysql> INSERT INTO string_tbl (char_fld, vchar_fld, text_fld)
    -> VALUES ('This string is 28 characters',
    -> 'This string is 28 characters',
    -> 'This string is 28 characters');
Query OK, 1 row affected (0.00 sec)
```

會傳回數字的字串函式

在所有會傳回數字的函式中，最常用的一種就是 length() 函式，它會計算字串中的字元數量（SQL Server 的使用者得改用 len() 函式來達到目的）。以下查詢會將 length() 函式套用在 string_tbl 資料表的每一個欄位上：

```
mysql> SELECT LENGTH(char_fld) char_length,
    ->    LENGTH(vchar_fld) varchar_length,
    ->    LENGTH(text_fld) text_length
    -> FROM string_tbl;
+-------------+----------------+-------------+
| char_length | varchar_length | text_length |
+-------------+----------------+-------------+
|          28 |             28 |          28 |
+-------------+----------------+-------------+
1 row in set (0.00 sec)
```

雖然以上輸出的 varchar 和 text 欄位長度一如預期，但為何 char 欄位的長度不是固定的 30？先前不是說，儲存在 char 欄位裡的字串都會以空白字元將不足的部分補齊到所訂的長度嗎？這是因為 MySQL 伺服器會在取出 char 資料時將尾隨的空白字元移除，因此你會看到三個字串函式都得出一樣的結果，而不受先前儲存字串所在欄位型別的影響。

除了可以找出字串長度以外，你也可以從字串中找出另一個子字串的位置。舉例來說，如果你想找出 'characters' 這個字串在 vchar_fld 欄位中的位置，可以利用 position() 函式來達到目的，就像這樣：

```
mysql> SELECT POSITION('characters' IN vchar_fld)
    -> FROM string_tbl;
+-------------------------------------+
| POSITION('characters' IN vchar_fld) |
+-------------------------------------+
|                                  19 |
+-------------------------------------+
1 row in set (0.12 sec)
```

如果找不到目標的子字串，position() 函式便會傳回 0。

對於曾以 C 或 C++ 等語言撰寫程式的人來說，陣列的第一個元素位置總是從 0 開始計數，但請記住，在操作資料庫時，字串中第一個字元的位置是從 1 開始計數的。如果 instr() 傳回值為 0，表示你要的子字串找不到，而不是它位於字串的首字元位置。

如果你想要搜尋的起點並非目標字串的首字元，可以改用 locate() 函式，它與 position() 函式類似，只不過它可以接受第三個參數，亦即定義搜尋起點。此外 locate() 函式並非開放標準，而 position() 才是 SQL:2003 標準所訂。以下範例會尋找字串 'is' 在 vchar_fld 欄位中的位置，而且是從第 5 個字元開始找起：

```
mysql> SELECT LOCATE('is', vchar_fld, 5)
    -> FROM string_tbl;
+----------------------------+
| LOCATE('is', vchar_fld, 5) |
+----------------------------+
|                         13 |
+----------------------------+
1 row in set (0.02 sec)
```

Oracle Database 中沒有 position() 或 locate() 這兩個函式，但它有 instr() 函式可以代勞，後者如果收到兩個參數，其功能就會與 position() 函式相仿，若是三個參數，功用就會類似 locate() 函式。SQL Server 也沒有支援 position() 或 locate() 函式，而是以 charindx() 函式取代，就像甲骨文的 instr() 函式一樣，它也可以接收二或三個參數。

另一個會把字串當成引數、並傳回數字的函式，就是比較字串用的函式 strcmp()。strcmp() 是 MySQL 所獨有的函式，在 Oracle Database 或 SQL Server 裡都沒有類似功能的角色，該函式會以兩個字串為引數，並傳回以下結果之一：

- 如果第一個字串在排序時先於第二個字串，結果就是 **-1**

- 如果兩個字串相等，結果就是 **0**

- 如果第一個字串排序後於第二個字串，結果就是 **1**

為說明此一函式如何運作，筆者會先以一道查詢顯示五個字串的排序結果，然後再以 strcmp() 將它們兩兩做比較。以下便是我塞到 string_tbl 資料表裡的五個字串：

```
mysql> DELETE FROM string_tbl;
Query OK, 1 row affected (0.00 sec)

mysql> INSERT INTO string_tbl(vchar_fld)
    -> VALUES ('abcd'),
    ->        ('xyz'),
    ->        ('QRSTUV'),
    ->        ('qrstuv'),
    ->        ('12345');
Query OK, 5 rows affected (0.05 sec)
Records: 5 Duplicates: 0 Warnings: 0
```

如果將五個字串排序：

```
mysql> SELECT vchar_fld
    -> FROM string_tbl
    -> ORDER BY vchar_fld;
+-----------+
| vchar_fld |
+-----------+
| 12345     |
| abcd      |
| QRSTUV    |
| qrstuv    |
| xyz       |
+-----------+
5 rows in set (0.00 sec)
```

以下查詢則把這五個字串拿來做六種不同的比較：

```
mysql> SELECT STRCMP('12345','12345') 12345_12345,
    ->        STRCMP('abcd','xyz') abcd_xyz,
    ->        STRCMP('abcd','QRSTUV') abcd_QRSTUV,
    ->        STRCMP('qrstuv','QRSTUV') qrstuv_QRSTUV,
    ->        STRCMP('12345','xyz') 12345_xyz,
    ->        STRCMP('xyz','qrstuv') xyz_qrstuv;
```

```
+-------------+-----------+--------------+---------------+------------+------------+
| 12345_12345 | abcd_xyz  | abcd_QRSTUV  | qrstuv_QRSTUV | 12345_xyz  | xyz_qrstuv |
+-------------+-----------+--------------+---------------+------------+------------+
|           0 |        -1 |           -1 |             0 |         -1 |          1 |
+-------------+-----------+--------------+---------------+------------+------------+
1 row in set (0.00 sec)
```

第一個比較結果為 `0`，這是意料之中，因為筆者刻意把字串跟它自己做比較。第四個比較結果也是 `0`，這個則有點出乎意料，因為構成兩組字串的字母完全相同，只不過一個全部是小寫、另一個全部是大寫。這是因為 MySQL 的 `strcmp()` 函式是不分大小寫的，在使用這個函式時請牢記這一點。其他四種比較則會視第一與第二個字串的排序順序而決定結果是 `-1` 或 `1`。舉例來說，`strcmp('abcd','xyz')` 的結果就會是 `-1`，因為先前排序時我們就已經得知，字串 `'abcd'` 會排在字串 `'xyz'` 之前的緣故。

除了 `strcmp()` 函式，MySQL 還允許你在 `select` 子句中引用 `like` 和 `regexp` 運算子來比較字串。這種比較方式的結果會是 `1`（為真）或是 `0`（為偽）。因此你可以藉由這些運算子來建構表示式、進而傳回數字，很像本小節先前介紹的函式。以下是使用 `like` 的例子：

```
mysql> SELECT name, name LIKE '%y' ends_in_y
    -> FROM category;
+-------------+-----------+
| name        | ends_in_y |
+-------------+-----------+
| Action      |         0 |
| Animation   |         0 |
| Children    |         0 |
| Classics    |         0 |
| Comedy      |         1 |
| Documentary |         1 |
| Drama       |         0 |
| Family      |         1 |
| Foreign     |         0 |
| Games       |         0 |
| Horror      |         0 |
| Music       |         0 |
| New         |         0 |
| Sci-Fi      |         0 |
| Sports      |         0 |
| Travel      |         0 |
+-------------+-----------+
16 rows in set (0.00 sec)
```

此例會取出所有的類別名稱，再加上一個表示式，後者會在類別名稱結尾字母是「y」時傳回 1、否則就傳回 0。如果你想進行更複雜的樣式比對，可以改用 regexp 運算子，就像這樣：

```
mysql> SELECT name, name REGEXP 'y$' ends_in_y
    -> FROM category;
+-------------+-----------+
| name        | ends_in_y |
+-------------+-----------+
| Action      |         0 |
| Animation   |         0 |
| Children    |         0 |
| Classics    |         0 |
| Comedy      |         1 |
| Documentary |         1 |
| Drama       |         0 |
| Family      |         1 |
| Foreign     |         0 |
| Games       |         0 |
| Horror      |         0 |
| Music       |         0 |
| New         |         0 |
| Sci-Fi      |         0 |
| Sports      |         0 |
| Travel      |         0 |
+-------------+-----------+
16 rows in set (0.00 sec)
```

如果 name 欄位儲存的資料符合你指定的正規表示式樣式，則查詢結果中的第二欄位內容就會是 1。

Microsoft SQL Server 和 Oracle Database 的使用者可以建構 case 表示式來達到類似的結果，筆者會在第 11 章時再做介紹。

會傳回字串的字串函式

某些情況下，你會需要修改既有的字串，不是把部分字串抽出來、就是把額外的文字加到字串裡。每一種資料庫伺服器都包含幾種函式，可以協助進行這類任務。一樣，筆者得先清理一下 string_tbl 資料表的內容：

```
mysql> DELETE FROM string_tbl;
Query OK, 5 rows affected (0.00 sec)

mysql> INSERT INTO string_tbl (text_fld)
    -> VALUES ('This string was 29 characters');
Query OK, 1 row affected (0.01 sec)
```

筆者在本章稍早時曾展示過，如何以 concat() 函式來串接文字，包括重音字符。
concat() 能派上用場的地方很多，包括在既存的字串尾端加上額外的字元。以
下例來說，它就會在尾端補上額外的片語，藉以修改儲存在 text_fld 欄位中的
字串：

```
mysql> UPDATE string_tbl
    -> SET text_fld = CONCAT(text_fld, ', but now it is longer');
Query OK, 1 row affected (0.03 sec)
Rows matched: 1 Changed: 1 Warnings: 0
```

於是 text_fld 欄位的內容現在變成這樣：

```
mysql> SELECT text_fld
    -> FROM string_tbl;
+----------------------------------------------------+
| text_fld                                           |
+----------------------------------------------------+
| This string was 29 characters, but now it is longer |
+----------------------------------------------------+
1 row in set (0.00 sec)
```

因此你可以像使用其他會傳回字串的函式那樣，以 concat() 來取代儲存在字元欄
位中的資料。

另一個 concat() 函式常見的用途，就是把個別的資料拼湊成字串。舉例來說，以
下查詢會為每一位客戶產生一段敘述的字串：

```
mysql> SELECT concat(first_name, ' ', last_name,
    ->   ' has been a customer since ', date(create_date)) cust_narrative
    -> FROM customer;
+----------------------------------------------------------+
| cust_narrative |
+----------------------------------------------------------+
| MARY SMITH has been a customer since 2006-02-14          |
| PATRICIA JOHNSON has been a customer since 2006-02-14     |
| LINDA WILLIAMS has been a customer since 2006-02-14       |
| BARBARA JONES has been a customer since 2006-02-14        |
| ELIZABETH BROWN has been a customer since 2006-02-14      |
```

```
| JENNIFER DAVIS has been a customer since 2006-02-14      |
| MARIA MILLER has been a customer since 2006-02-14        |
| SUSAN WILSON has been a customer since 2006-02-14        |
| MARGARET MOORE has been a customer since 2006-02-14      |
| DOROTHY TAYLOR has been a customer since 2006-02-14      |
...
| RENE MCALISTER has been a customer since 2006-02-14      |
| EDUARDO HIATT has been a customer since 2006-02-14       |
| TERRENCE GUNDERSON has been a customer since 2006-02-14  |
| ENRIQUE FORSYTHE has been a customer since 2006-02-14    |
| FREDDIE DUGGAN has been a customer since 2006-02-14      |
| WADE DELVALLE has been a customer since 2006-02-14       |
| AUSTIN CINTRON has been a customer since 2006-02-14      |
+---------------------------------------------------------+
599 rows in set (0.00 sec)
```

concat() 函式也可以處理任何會傳回字串的表示式，甚至還能把數值和日期轉換成字串格式，像以上那樣把日期欄位（create_date）當成函式的引數，便是最好的例子。雖然 Oracle Database 裡也有 concat() 函式，但它只能接收兩個字串引數，因此上例的查詢語句對 Oracle 不適用。相反地，你必須改用接續運算子（||）來代替函式，就像這樣：

```
SELECT first_name || ' ' || last_name ||
   ' has been a customer since ' || date(create_date) cust_narrative
FROM customer;
```

SQL Server 也沒有 concat() 函式可用，因此你得按照以上的替代作法，改用 SQL Server 版本的接續運算子（+）來代替 ||。

雖說 concat() 很適合在字串頭尾加上字元，但有時你也許需要在字串的中間插入或取代字元。所有三種資料庫伺服器都有提供這個功能的函式，但三者各有不同，所以筆者會先展示 MySQL 所使用的函式，然後再展示另外兩種伺服器使用的同功能函式。

MySQL 的函式是 insert()，它接受四個引數：原始字串、要插入的起始位置、要被取代的字元數量、以及要用於取代的字串。第三個引數的值還會影響該函式會插入或取代字元的行為模式。若第三個引數值為 0，那麼取代用的字串便只會被插入，後續的字元也會被往後推（而不會被取代，因為要取代的字元數量是 0），就像這樣：

```
mysql> SELECT INSERT('goodbye world', 9, 0, 'cruel ') string;
+--------------------+
| string             |
+--------------------+
| goodbye cruel world |
+--------------------+
1 row in set (0.00 sec)
```

在上例中，所有從第 9 個字元位置開始的字元都被往右推，然後插入了 `'cruel'`
這個字串。如果第三個引數的值大於零，那就會有相對數量的字元被取代用的字串
蓋過去，就像這樣：

```
mysql> SELECT INSERT('goodbye world', 1, 7, 'hello') string;
+-------------+
| string      |
+-------------+
| hello world |
+-------------+
1 row in set (0.00 sec)
```

以上例而言，前七個字元都被 `'hello'` 這個字串所取代了。Oracle Database 進行
取代時的做法不像 MySQL 只靠一個 insert() 函式這麼有彈性，而是另外使用
replace() 函式，它會以一個子字串取代另一個子字串。以下是用 replace() 重
寫前例的結果：

```
SELECT REPLACE('goodbye world', 'goodbye', 'hello')
FROM dual;
```

只要是出現 `'goodbye'` 字串之處，都會被新字串 `'hello'` 取代，於是結果就會變
成新字串 `'hello world'`。replace() 函式會把每一個找到的目標字串都替換掉，
因此你使用該函式時必須謹慎，以免把不想換掉的部分也取代掉了。

SQL Server 裡也有一個 replace() 函式，功用與 Oracle 的版本相同，只不過 SQL
Server 另外也有一個 stuff() 函式，其功能近似於 MySQL 的 insert() 函式。以
下是範例：

```
SELECT STUFF('hello world', 1, 5, 'goodbye cruel')
```

執行過後，從起點第 1 個字元開始的五個字元都會被移除，並從起點插入
`'goodbye cruel'` 字串，於是結果就成為 `'goodbye cruel world'`。

除了將字元插入到字串當中以外，你也可以從字串中把子字串擷取（*extract*）出來。要做到這一點，三種伺服器都有 substring() 函式可用（但 Oracle Database 的版本寫成 substr()），它們都會從指定的位置把指定數量的字元擷取出來。下例便會從字串中的第九個字元位置擷取五個字元出來：

```
mysql> SELECT SUBSTRING('goodbye cruel world', 9, 5);
+----------------------------------------+
| SUBSTRING('goodbye cruel world', 9, 5) |
+----------------------------------------+
| cruel                                  |
+----------------------------------------+
1 row in set (0.00 sec)
```

除了以上演示的函式以外，所有三種伺服器都還各自有大量內建函式，可以用來操作字串資料。雖說它們多半都有各自設計的用途，像是為字串產生等價的 8 位元或 16 位元的編碼等等，但一般用途的函式也很多，像是可以移除或添加尾端空白字元的函式之類。詳情請參閱你的伺服器所附的 SQL 參考指南，或是一般通用的 SQL 參考指南，譬如 O'Reilly 出版的 *SQL in a Nutshell*。

處理數值資料

數值資料不像字串資料（跟時序資料也不同，稍後就會談到），它產生的方式沒什麼特別。你可以只用鍵盤輸入一個數字、或者從欄位中取出、抑或是透過計算產生。所有常見的算術運算子（+、-、*、/）都可以用來計算它，括號則可用來改變演算優先性，例如：

```
mysql> SELECT (37 * 59) / (78 - (8 * 6));
+---------------------------+
| (37 * 59) / (78 - (8 * 6)) |
+---------------------------+
|                     72.77 |
+---------------------------+
1 row in set (0.00 sec)
```

正如筆者在第 2 章所述，儲存數值資料時，主要的考量在於當數字大於數值欄位上限的時候，要如何處理進位。舉例來說，如果欄位定義是 float(3,1)，數字 9.96 就會被進位為 10.0。

執行算術函式

大多數的內建數值函式都是某種專門算術專用的，例如要算出平方根之類。表 7-1 便列出了常用的數值函式，它們都只需要一個數值作為引數、並傳回一個數字作為結果。

表 7-1　單引數數值函式

函式名稱	說明
acos(*x*)	計算 *x* 的反餘弦值
asin(*x*)	計算 *x* 的反正弦值
atan(*x*)	計算 *x* 的反正切值
cos(*x*)	計算 *x* 的餘弦值
cot(*x*)	計算 *x* 的餘切值
exp(*x*)	計算 *x* 以 e 為基底的指數值
ln(*x*)	計算 *x* 的自然對數值
sin(*x*)	計算 *x* 的正弦值
sqrt(*x*)	計算 *x* 的平方根
tan(*x*)	計算 *x* 的正切值

這些函式都只負責特定的任務，因此筆者也避免在範例中引用這些函式（如果你對這些函式名稱感到陌生、連說明也看不懂，那你大概就用不到它們）。然而其他用來計算的數值函式則較有彈性，而且值得詳細說明一番。

舉例來說 modulo 運算子，它是計算兩數相除時的餘數用的，MySQL 和 Oracle Database 裡都有 mod() 函式負責此一計算。下例便會計算 10 除以 4 時的餘數：

```
mysql> SELECT MOD(10,4);
+-----------+
| MOD(10,4) |
+-----------+
|         2 |
+-----------+
1 row in set (0.02 sec)
```

雖說 mod() 函式通常都用在整數的算術上，但 MySQL 其實也可以把實數當成引數來計算，就像這樣：

```
mysql> SELECT MOD(22.75, 5);
+---------------+
| MOD(22.75, 5) |
```

```
+---------------+
|          2.75 |
+---------------+
1 row in set (0.02 sec)
```

 SQL Server 裡沒有 mod() 函式,而是以運算子 % 來找出餘數。10 % 4
這樣的表示式產生的結果值就會是 2。

另一個需要兩個數字作為引數的數值函式,就是 pow() 函式(如果使用 Oracle
Database 或是 SQL Server,就要改用 power() 函式),這會傳回以第一個數為底
數、第二個數為指數的次方乘冪計算結果:

```
mysql> SELECT POW(2,8);
+----------+
| POW(2,8) |
+----------+
|      256 |
+----------+
1 row in set (0.03 sec)
```

因此,MySQL 裡的 pow(2,8) 就相當於寫成 2 的 8 次方的意思。由於電腦的記憶
體都是以 2 的 x 次方位元組為單位分配的,因此 pow() 函式可以很方便地算出特
定份量記憶體的正確位元組數字:

```
mysql> SELECT POW(2,10) kilobyte, POW(2,20) megabyte,
    -> POW(2,30) gigabyte, POW(2,40) terabyte;
+----------+----------+------------+----------------+
| kilobyte | megabyte | gigabyte   | terabyte       |
+----------+----------+------------+----------------+
|     1024 |  1048576 | 1073741824 | 1099511627776  |
+----------+----------+------------+----------------+
1 row in set (0.00 sec)
```

我是不知道讀者們會怎麼想,不過筆者自己是覺得,把一個 gigabyte 想成是 2 的
30 次方個位元組,比 1,073,741,824 這個數字要好記得多。

控制數值的精度

在處理浮點數字時,也許你不會想要用到、或顯示完整精度的數字。舉例來說,
你雖然會以小數點以下六位數的精度來儲存貨幣交易資料,但你在顯示數字時,

也許會想把數值進位到小數點以下兩位數就好（貨幣通常顯示到幾角幾分也就夠了）。要限制浮點數的精度時，有四種函式很有用：ceil()、floor()、round()和 truncate()。所有三種伺服器都具備這些函式，只不過 Oracle Database 採用 trunc() 而非 truncate()，而 SQL Server 則是以 ceiling() 來取代 ceil()。

ceil() 和 floor() 函式都是用來進位或捨去小數部位、以達成最近整數值的，就像這樣：

```
mysql> SELECT CEIL(72.445), FLOOR(72.445);
+--------------+---------------+
| CEIL(72.445) | FLOOR(72.445) |
+--------------+---------------+
|           73 |            72 |
+--------------+---------------+
1 row in set (0.06 sec)
```

於是任何位於 72 和 73 之間的數字，都會被 ceil() 函式無條件進位成 73、或被 floor() 函式無條件捨去變成 72。記住，就算小數點後面是非常小的數值，ceil() 仍會一視同仁地進位，而 floor() 正好相反，不管小數點後面的數值多大，都會被捨去，就像這樣：

```
mysql> SELECT CEIL(72.000000001), FLOOR(72.999999999);
+--------------------+---------------------+
| CEIL(72.000000001) | FLOOR(72.999999999) |
+--------------------+---------------------+
|                 73 |                  72 |
+--------------------+---------------------+
1 row in set (0.00 sec)
```

如果這對於你的應用程式太過極端，可以改用 round() 函式，它會以兩個整數的中間值作為進位或捨去的分界點，就像這樣：

```
mysql> SELECT ROUND(72.49999), ROUND(72.5), ROUND(72.50001);
+-----------------+-------------+-----------------+
| ROUND(72.49999) | ROUND(72.5) | ROUND(72.50001) |
+-----------------+-------------+-----------------+
|              72 |          73 |              73 |
+-----------------+-------------+-----------------+
1 row in set (0.00 sec)
```

改用 round() 之後，任何小數位以後的部分如果等於或略高於兩個整數之間的中段值，就會被進位，而低於中段值的部分就會被捨去。

但大部分的時候，你會想要保留數字中至少一部分的小數部位，而非進位或捨去而得出的最接近整數；round() 函式也允許選用第二個引數，用來決定要進位到小數點後第幾位數。下例顯示，你可以用第二個引數把數字 72.0909 進位到小數點後第一位、第二位、或第三位數：

```
mysql> SELECT ROUND(72.0909, 1), ROUND(72.0909, 2), ROUND(72.0909, 3);
+-------------------+-------------------+-------------------+
| ROUND(72.0909, 1) | ROUND(72.0909, 2) | ROUND(72.0909, 3) |
+-------------------+-------------------+-------------------+
|              72.1 |             72.09 |            72.091 |
+-------------------+-------------------+-------------------+
1 row in set (0.00 sec)
```

而 truncate() 函式也像 round() 函式一樣，允許以第二個引數來指定小數點以下的位數，只不過 truncate() 是一味地捨去多餘的部分，而完全不會進位。下例便顯示 72.0909 會如何被截斷而留下小數點後第一位、第二位、或第三位數：

```
mysql> SELECT TRUNCATE(72.0909, 1), TRUNCATE(72.0909, 2),
    -> TRUNCATE(72.0909, 3);
+----------------------+----------------------+----------------------+
| TRUNCATE(72.0909, 1) | TRUNCATE(72.0909, 2) | TRUNCATE(72.0909, 3) |
+----------------------+----------------------+----------------------+
|                 72.0 |                72.09 |               72.090 |
+----------------------+----------------------+----------------------+
1 row in set (0.00 sec)
```

 SQL Server 裡沒有 truncate() 這個函式，而是改用可以接受第三個引數的 round() 函式，如果第三個引數存在且其值非零，就會將指定位數後面的部分捨去、而非四捨五入。

truncate() 和 round() 還可以允許第二個引數值為負，這代表要向小數點以上的幾位數進行截斷或進位處理。乍看之下很怪異，但仍有實際應用的價值。舉例來說，也許有某種產品在銷售時只能以 10 個為單位出貨。萬一客戶下訂了 17 個，你就可以選擇以下作法之一，修改客戶訂單內的數量：

```
mysql> SELECT ROUND(17, -1), TRUNCATE(17, -1);
+---------------+------------------+
| ROUND(17, -1) | TRUNCATE(17, -1) |
+---------------+------------------+
|            20 |               10 |
+---------------+------------------+
1 row in set (0.00 sec)
```

如果上述的產品是像圖釘之類的散裝小物，也許在收單 17 個、但賣出的是 10 或 20 個時，並無傷大雅；但如果賣的是勞力士腕表，選用進位的做法也許會對業績較有助益。

處理有號資料

如果你處理的數值欄位是允許負值的（在第 2 章時，筆者說明過數值欄位如何標記為**無號數**（*unsigned*），亦即只能接受正值數字），有幾種數值函式可以派上用場。譬如你收到指示要產生一份報表，從 account 資料表裡的資料顯示一系列銀行戶頭的現況：

```
+------------+--------------+---------+
| account_id | acct_type    | balance |
+------------+--------------+---------+
|        123 | MONEY MARKET | 785.22  |
|        456 | SAVINGS      | 0.00    |
|        789 | CHECKING     | -324.22 |
+------------+--------------+---------+
```

以下查詢會傳回三個有助於產生報表的欄位：

```
mysql> SELECT account_id, SIGN(balance), ABS(balance)
    -> FROM account;
+------------+---------------+--------------+
| account_id | SIGN(balance) | ABS(balance) |
+------------+---------------+--------------+
|        123 |             1 |       785.22 |
|        456 |             0 |         0.00 |
|        789 |            -1 |       324.22 |
+------------+---------------+--------------+
3 rows in set (0.00 sec)
```

第二個欄位利用 sign() 函式，如果帳戶餘額為負，則傳回 -1，如果餘額為零，則傳回 0，餘額為正時便傳回 1。第三個欄位則是以 abs() 函式傳回帳戶餘額的絕對值。

處理時序資料

以本章所探討的三種資料型別（字元、數值與時序）而言，在產生和操作資料時，時序資料是最常用到的。時序資料的複雜性，皆因單一日期與時間可以有大量不同的描述方式。舉例來說，筆者撰寫本章時的日期，就可以寫成以下表達方式：

- Wednesday, June 5, 2019

- 6/05/2019 2:14:56 P.M. EST

- 6/05/2019 19:14:56 GMT

- 1562019（儒略曆）

- Star date [-4] 97026.79 14:14:56（星際爭霸戰格式）

雖說以上有幾種寫法的差異純粹只在於格式而已，但大部分的複雜性都與你的參考框架有關，下一小節便會探討其中奧妙。

處理時區

由於全球各地的人們都習於將中午的時間對應日正當中的那一刻，因此長久以來從未有人認真地嘗試要讓所有人都使用一致的時間顯示。相反地，全球已被劃分為 24 個想像中的分隔區，也就是俗稱的*時區*（*time zones*）；在某個特定時區內，所有人都同意採行一致的時刻顯示，但身處不同時區的人就可以選擇不同的時刻。這種方式雖然看似夠簡單了，但有些地理區域還是會一年兩度調整當地時間（就是實施所謂的*日光節約時間*（*daylight saving time*）），但有些地區則會選擇不實施，於是地表兩地之間的時差有可能在半年當中是四小時、但另外半年的時差則達到五小時。即使是在相同的時區以內，也有可能某些地區根本沒有實施日光節約時間的習慣，導致同一時區內也會有半年中的時間一致、但另外半年間則有一小時的時差。

儘管是到了電腦年代才使得此一問題更形惡化，但實際上人們自從早年大航海時代以來便已著手處理時區差異問題了。為確保計時的時候有一個共同參考點，十五世紀的航海家們便已將時鐘定在英國格林威治當日的時間。這便是後來所謂的*格林威治標準時間*（*Greenwich Mean Time*），簡稱 GMT。所有其他的時區都可以用與 GMT 相差的小時數來描述；譬如美東時區（即所謂的*東岸標準時間*，*Eastern Standard Time*），可以寫成 GMT -5:00，或者說是比 GMT 早五小時。

如今我們改採的是 GMT 的變體，稱為*世界協調時間*（*Coordinated Universal Time*，簡寫為 UTC），這是以原子鐘為準（或者說準確點，應該是遍佈全球 50 的地方的 200 座原子鐘的平均時間，稱為*世界時間*（*Universal Time*））。SQL Server 和 MySQL 裡都有函式可以取得當下的 UTC 時間戳記（SQL Server 的函式名稱是 `getutcdate()`，而 MySQL 的函式則是 `utc_timestamp()`）。

大部分的資料庫伺服器都預設沿用其寄居主機所在的時區設定，並提供可在必要時更改時區的工具。舉例來說，用來儲存全球股市交易的資料庫，通常就會採用 UTC 時間，而用來儲存特定零售機構交易的資料庫，就可能只採用其主機的時區。

MySQL 會保有兩種時區設定：一個全球時區（global time zone）和一個會談時區（session time zone），於是每位登入資料庫的使用者，其時區便可能有所不同。你可以用以下查詢觀察這兩個設定內容：

```
mysql> SELECT @@global.time_zone, @@session.time_zone;
+--------------------+---------------------+
| @@global.time_zone | @@session.time_zone |
+--------------------+---------------------+
| SYSTEM             | SYSTEM              |
+--------------------+---------------------+
1 row in set (0.00 sec)
```

如果顯示資料值為 system，就表示資料庫伺服器正在使用寄居主機的時區。

但如果你人坐在位於瑞士蘇黎世的一部電腦前，但卻透過網路連線到一部位於紐約的 MySQL 伺服器，你可能就得更改會談連線的時區，就像這樣：

```
mysql> SET time_zone = 'Europe/Zurich';
Query OK, 0 rows affected (0.18 sec)
```

再度檢查時區設定，就會變成這樣：

```
mysql> SELECT @@global.time_zone, @@session.time_zone;
+--------------------+---------------------+
| @@global.time_zone | @@session.time_zone |
+--------------------+---------------------+
| SYSTEM             | Europe/Zurich       |
+--------------------+---------------------+
1 row in set (0.00 sec)
```

於是所有在你的連線會談期間所顯示的時間，都會符合蘇黎世時間。

Oracle Database 的使用者可以改用以下命令來更改會談的時區設定：

```
ALTER SESSION TIMEZONE = 'Europe/Zurich'
```

產生時序資料

你可以透過以下方式產生時序資料：

- 從現有的 date、datetime 或是 time 欄位複製資料
- 執行內建的函式以便傳回具有 date、datetime 或 time 型別的資料
- 建置一個字串型別的時序資料，再讓伺服器去轉換為時序型別

若要採用最後一種方式，你必須先了解日期格式中的不同元件。

時序資料的字串呈現方式

第 2 章的表 2-4 已經列舉過較受歡迎的日期元件；為複習起見，表 7-2 會再次舉出相同的元件。

表 7-2　資料格式的元件

元件	定義	範圍
YYYY	年份，包括世紀部分	1000 到 9999
MM	月份	01（一月）到 12（十二月）
DD	日期	01 到 31
HH	小時	00 到 23
HHH	小時（持續計時用）	-838 到 838
MI	分鐘	00 到 59
SS	秒	00 到 59

如要建置一個讓伺服器可以轉譯為 date、datetime 或是 time 型別的字串，你必須把以上元件拼湊在一起，而且順序要如同表 7-3 所示。

表 7-3　必要的日期元件

型別	預設格式
date	YYYY-MM-DD
datetime	YYYY-MM-DD HH:MI:SS
timestamp	YYYY-MM-DD HH:MI:SS
time	HHH:MI:SS

這樣一來，如果要在一個 datetime 欄位中填入 2019 年 9 月 17 日下午 3:30 的時刻資料，字串就要寫成這樣：

```
'2019-09-17 15:30:00'
```

如果伺服器預期會看到 datetime 型別的值，例如更新一個 datetime 欄位、或是呼叫一個需要 datetime 引數的內建函式時，就可以輸入一個含有全部必要元件、而且格式正確的字串，伺服器就可以幫你做型別轉換。舉例來說，以下是一個可以更改租片歸還日期的敘述：

```
UPDATE rental
SET return_date = '2019-09-17 15:30:00'
WHERE rental_id = 99999;
```

伺服器會判斷出 set 子句中的字串必然是一個 datetime 值，因為該字串會被用來填入一個 datetime 型別的欄位。因此伺服器會嘗試剖析該字串，並轉換成預設 datetime 格式的六大必要元件（年份、月份、日期、小時、分鐘、秒）。

從字串轉換到日期

如果伺服器並未預期會接收一個 datetime 型別值、或是如果你採用非預設格式來呈現 datetime 的值，你就得主動告知伺服器，將字串轉換為 datetime 型別。舉例來說，以下的簡易查詢便會以 cast() 函式來傳回 datetime 值：

```
mysql> SELECT CAST('2019-09-17 15:30:00' AS DATETIME);
+-----------------------------------------+
| CAST('2019-09-17 15:30:00' AS DATETIME) |
+-----------------------------------------+
| 2019-09-17 15:30:00                     |
+-----------------------------------------+
1 row in set (0.00 sec)
```

本章尾聲時會再介紹 cast() 函式。雖然下例展示了如何產生 datetime 的值，同樣的邏輯也適合用來產生 date 和 time 型別的資料值。以下查詢利用 cast() 函式來產生一個 date 值、以及一個 time 值：

```
mysql> SELECT CAST('2019-09-17' AS DATE) date_field,
    ->   CAST('108:17:57' AS TIME) time_field;
+------------+------------+
| date_field | time_field |
+------------+------------+
| 2019-09-17 | 108:17:57  |
+------------+------------+
1 row in set (0.00 sec)
```

當然你也可以在伺服器已經預期會接收 date、datetime 或 time 資料值的情況下，明確地指示要轉換字串，而不是讓伺服器在檯面下自己做隱性轉換。

當字串轉換成時序值時 —— 不論是明確為之還是隱諱地進行 —— 你都必須依照必要的順序來提供所有的日期元件。雖說有些伺服器會嚴格地要求日期的格式，但 MySQL 伺服器在看待用來區隔格式的方式時則相當寬鬆。舉例來說，MySQL 會將以下的字串都視為 2019 年 9 月 17 日下午 3:30 的有效表達方式：

```
'2019-09-17 15:30:00'
'2019/09/17 15:30:00'
'2019,09,17,15,30,00'
'20190917153000'
```

雖說這可以帶來相當大的彈性，但你可能也會發覺自己會嘗試以不標準的日期元件來產生時序資料值；下一小節就要來展示比 cast() 函式更富於彈性的內建函式。

產生日期的函式

如果你需要以字串產生時序資料，但字串的格式偏偏又不符 cast() 函式所需，這時就可以改用允許你為日期字串加上額外自訂格式字串的內建函式。MySQL 裡就有一個 str_to_date() 函式具備此種功能。假設你從某個檔案取得了 'September 17, 2019' 這樣的字串，要用它來更新一個 date 欄位。由於字串格式並非必備的 YYYY-MM-DD 格式，這時你就得改用 str_to_date() 函式，而無須更動字串格式來配合 cast() 函式，就像這樣：

```
UPDATE rental
SET return_date = STR_TO_DATE('September 17, 2019', '%M %d, %Y')
WHERE rental_id = 99999;
```

呼叫 str_to_date() 時的第二組引數，便定義了日期字串的格式，其中引用了月份的名稱（%M）、數值表示的天數（%d）、以及四位數數值表示的年份（%Y）。雖說可資辨識的格式化元件超過 30 種，表 7-4 仍定義了其中一打左右最常用的元件。

表 7-4　日期的格式元件

格式元件	說明
%M	月份名稱（January 到 December）
%m	數值表示的月份（01 到 12）
%d	數值表示的日期（01 到 31）
%j	一年當中的日期（001 到 366）

格式元件	說明
%W	星期幾（Sunday 到 Saturday）
%Y	以四位數數值表現的年份
%y	以兩位數數值表示的年份
%H	小時（00 到 23）
%h	小時（01 到 12）
%i	分鐘（00 到 59）
%s	秒數（00 到 59）
%f	微秒 Microseconds（000000 到 999999）
%p	A.M. 或是 P.M.

str_to_date() 函式會根據格式化字串中的內容，傳回一個 datetime、date 或是 time 型別的值。舉例來說，如果格式化字串中只有 %H、%i 和 %s，那就會傳回一個 time 型別的值。

 Oracle Database 的使用者要改用 to_date() 函式來達成 MySQL 的 str_to_date() 函式的效果。SQL Server 則是以 convert() 函式代替，雖說後者沒有 MySQL 和 Oracle Database 的同類函式那麼有彈性；微軟的版本並不使用格式化字串，而是以 21 種預定格式之一來表現日期字串。

如果你嘗試產生當下的日期 / 時間，也無須透過字串，因為以下內建函式會從系統時鐘取得資料，並以字串格式將當下的日期，以及 / 或是時間傳回給你：

```
mysql> SELECT CURRENT_DATE(), CURRENT_TIME(), CURRENT_TIMESTAMP();
+----------------+----------------+---------------------+
| CURRENT_DATE() | CURRENT_TIME() | CURRENT_TIMESTAMP() |
+----------------+----------------+---------------------+
| 2019-06-05     | 16:54:36       | 2019-06-05 16:54:36 |
+----------------+----------------+---------------------+
1 row in set (0.12 sec)
```

這些函式所傳回的值，一律採用傳回時序型別資料時應有的預設格式。Oracle Database 裡有 current_date() 和 current_timestamp()，但不支援 current_time()，而微軟 SQL Server 裡甚至只提供 current_timestamp() 函式。

操作時序資料

本小節將探討把日期作為引數、並傳回日期、字串或數字的內建函式。

會傳回日期的時序函式

許多內建的時序函式都會把一個日期當成引數，並傳回另一個日期。譬如 MySQL 的 `date_add()`，就可以讓你對特定日期加上某一段時間（如天數、月數、年數），以產生一個新的日期。下例便展示如何對當日日期再加上五天後的日期：

```
mysql> SELECT DATE_ADD(CURRENT_DATE(), INTERVAL 5 DAY);
+------------------------------------------+
| DATE_ADD(CURRENT_DATE(), INTERVAL 5 DAY) |
+------------------------------------------+
| 2019-06-10                               |
+------------------------------------------+
1 row in set (0.06 sec)
```

第二個引數由三個元素構成：關鍵字 `interval`、意欲累加的量、以及計時區間的單位。表 7-5 便舉出若干常見的區間類型。

表 7-5　常見的區間類型

區間名稱	說明
second	秒數
minute	分鐘數
hour	小時數
day	天數
month	月數
year	年數
minute_second	幾分幾秒，彼此以「:」隔開
hour_second	幾小時幾分鐘又幾秒，彼此以「:」隔開
year_month	幾年又幾個月，彼此以「-」隔開

表 7-5 的前六個種類很容易理解，但最後三種則需要解釋一番，因為它們含有多重元素。舉例來說，如果你被告知某部影片實際歸還的時間比原本紀錄晚了 3 小時 27 分又 11 秒才歸還，你就要這樣修正資料：

```
UPDATE rental
SET return_date = DATE_ADD(return_date, INTERVAL '3:27:11' HOUR_SECOND)
WHERE rental_id = 99999;
```

在上例中，date_add() 函式接收了 return_date 欄位的值作為第一個引數，再加上 3 小時 27 分 11 秒。然後再以結果值修正 return_date 欄位。

抑或是你在人力資源部門工作，發現員工編號 4789 的同仁聲稱他的實際年齡比紀錄還要再年輕一些，於是你就在他的生日上再加上 9 年又 11 個月，像這樣：

```
UPDATE employee
SET birth_date = DATE_ADD(birth_date, INTERVAL '9-11' YEAR_MONTH)
WHERE emp_id = 4789;
```

SQL Server 的使用者可以用 dateadd() 達到上例的效果：

```
UPDATE employee
SET birth_date =
  DATEADD(MONTH, 119, birth_date)
WHERE emp_id = 4789
```

SQL Server 不會將區間組合起來（如 year_month），因此筆者將 9 年又 11 個月換算成 119 個月。

Oracle Database 的使用者則需改用 add_months() 函式：

```
UPDATE employee
SET birth_date = ADD_MONTHS(birth_date, 119)
WHERE emp_id = 4789;
```

有時候你必須對一個日期加上期間，而且你也知道最終要抵達的日期為何，但你一時就是不知道得加上幾天才能抵達目的日期。舉例來說，設想有一位銀行客戶登入了線上金融系統，並預定在月底轉帳。你無須寫出能算出目前日期及到月底前要等幾天的程式碼，而是只需呼叫 last_day() 函式即可，這就已經足夠（MySQL 和 Oracle Database 裡都有 last_day() 函式可以引用；SQL Server 裡則沒有相應的函式）。如果該客戶在 2019 年 9 月 17 日預訂轉帳日期，你可以這樣找出九月最後一天的日期：

```
mysql> SELECT LAST_DAY('2019-09-17');
+------------------------+
| LAST_DAY('2019-09-17') |
+------------------------+
| 2019-09-30             |
+------------------------+
1 row in set (0.10 sec)
```

當你提供的值是 date 或 datetime 型別時，last_day() 函式傳回的就一定也是 date。雖說此一函式看起來沒節省多少時間，但如果你要找的是二月的最後一天，其中的程式邏輯就很棘手了，因為你還得去查出當年是否為閏年。

會傳回字串的時序函式

會傳回字串值的時序函式，多半都是用來剖析日期或時間的部分資訊。舉例來說，MySQL 的 dayname() 函式便會判斷特定日期是星期幾，例如：

```
mysql> SELECT DAYNAME('2019-09-18');
+----------------------+
| DAYNAME('2019-09-18') |
+----------------------+
| Wednesday            |
+----------------------+
1 row in set (0.00 sec)
```

MySQL 裡有很多類似的函式，都可以從日期資料值析出資訊，但筆者建議大家統一使用 extract() 函式，因為與眾多函式相比，要記住單一函式的變化總是比較容易些。此外，extract() 函式本身也是 SQL:2003 標準的一部分，因此 Oracle Database 也跟 MySQL 一樣實作了該函式。

extract() 函式採用了和 date_add() 函式一樣的區間類型（參閱表 7-5），藉以定義你要析出的日期元素。舉例來說，如果你只想解析出某個 datetime 值的年份，就要這樣做：

```
mysql> SELECT EXTRACT(YEAR FROM '2019-09-18 22:19:05');
+------------------------------------------+
| EXTRACT(YEAR FROM '2019-09-18 22:19:05') |
+------------------------------------------+
|                                     2019 |
+------------------------------------------+
1 row in set (0.00 sec)
```

 SQL Server 中沒有實作 extract()，但它另外實作了 datepart() 函式。如果你想用 datepart() 從 datetime 值解析年份：

```
SELECT DATEPART(YEAR, GETDATE())
```

會傳回數字的時序函式

筆者曾在本章稍早展示過一個用來對某個日期值加上特定區間的函式，藉以得出另一個日期值。另一個常用到的操作日期動作，就是取得一對日期值，然後計算兩者之間的區間值（可以是天數、週數，甚至是年數）。有鑑於此，MySQL 裡有一個 datediff() 函式，它會傳回兩個日期之間的完整天數。舉例來說，如果想知道某年暑假我家小鬼會有幾天不去學校，就可以這樣計算：

```
mysql> SELECT DATEDIFF('2019-09-03', '2019-06-21');
+--------------------------------------+
| DATEDIFF('2019-09-03', '2019-06-21') |
+--------------------------------------+
|                                   74 |
+--------------------------------------+
1 row in set (0.00 sec)
```

於是我就會知道，在我家小鬼安返校園前，我得承受整整 74 天的各種花草過敏、蚊蟲咬傷、還有跌倒膝蓋擦破皮的事故。datediff() 函式會忽略日期引數中的時間部分。即使我把兩天間起迄的時刻也包含在內，把第一個日期設成離半夜只剩一秒、又把第二個日期設為剛過午夜一秒，計算的結果也依然不會變：

```
mysql> SELECT DATEDIFF('2019-09-03 23:59:59', '2019-06-21 00:00:01');
+--------------------------------------------------------+
| DATEDIFF('2019-09-03 23:59:59', '2019-06-21 00:00:01') |
+--------------------------------------------------------+
|                                                     74 |
+--------------------------------------------------------+
1 row in set (0.00 sec)
```

如果筆者將引數的位置調換，讓較早的日期在前，datediff() 便會傳回一個負值：

```
mysql> SELECT DATEDIFF('2019-06-21', '2019-09-03');
+--------------------------------------+
| DATEDIFF('2019-06-21', '2019-09-03') |
+--------------------------------------+
|                                  -74 |
+--------------------------------------+
1 row in set (0.00 sec)
```

SQL Server 裡也有一個 `datediff()` 函式，但它比 MySQL 實作的版本有彈性得多，因為你還可以指定區間的類型（如年、月、日、小時），而非只是計算兩個日期中間相隔的天數。以下是 SQL Server 處理上例的方式：

```
SELECT DATEDIFF(DAY, '2019-06-21', '2019-09-03')
```

Oracle Database 則是允許你直接將兩個日期相減，藉以得出期間相隔的日數。

轉換用的函式

筆者曾在本章稍早展示過，如何利用 `cast()` 函式將字串轉換成一個 `datetime` 資料值。雖說每一種資料庫伺服器都自有一票用來將資料從某一型別轉換成另一種型別的專屬函式，筆者還是建議大家採用 `cast()` 函式，因為它是 SQL:2003 標準所訂，而且 MySQL、Oracle Database 和微軟的 SQL Server 都有實作。

使用 `cast()` 時，你必須提供一個資料值或表示式、關鍵字 `as`、還有你想要轉換成為的型別。下例便會將一個字串轉換成整數：

```
mysql> SELECT CAST('1456328' AS SIGNED INTEGER);
+-----------------------------------+
| CAST('1456328' AS SIGNED INTEGER) |
+-----------------------------------+
|                           1456328 |
+-----------------------------------+
1 row in set (0.01 sec)
```

將字串轉換成整數時，`cast()` 函式會嘗試從左至右轉換整個字串；如果其中發現了非數值的字元，轉換便會中止、但不會出現錯誤。如下例所示：

```
mysql> SELECT CAST('999ABC111' AS UNSIGNED INTEGER);
+---------------------------------------+
| CAST('999ABC111' AS UNSIGNED INTEGER) |
+---------------------------------------+
|                                   999 |
+---------------------------------------+
1 row in set, 1 warning (0.08 sec)

mysql> show warnings;
+---------+------+----------------------------------------------------+
| Level   | Code | Message                                            |
+---------+------+----------------------------------------------------+
```

```
| Warning | 1292 | Truncated incorrect INTEGER value: '999ABC111' |
+---------+------+-------------------------------------------------+
1 row in set (0.07 sec)
```

在上例中，字串中的前三個數字成功地轉換了，但剩下的字串則被棄之不顧，因此結果中只有 999 這個值。不過伺服器還是留下了一個警訊，讓你知道不是所有的字串都被轉換過來。

如果你將字串轉換為 date、time 或 datetime 型別的值，你就必須將字串維持在每種型別的預設格式，因為 cast() 函式不接受所謂的格式字串。如果你的日期字串未維持預設格式（就像 datetime 型別所需的 YYYY-MM-DD HH:MI:SS 這樣），你就得採用另一種函式，例如本章稍早介紹過 MySQL 的 str_to_date() 函式。

測試你剛學到的

以下練習會測試你對本章介紹內建函式的了解程度。答案可參閱附錄 B。

練習 7-1

寫一道查詢，傳回 'Please find the substring in this string' 這段字串的第 17 到第 25 個字元。

練習 7-2

寫一道查詢，傳回數字 -25.76823 的絕對值和符號（-1、0 或 1）。同時也傳回進位到小數點以下兩位數的值。

練習 7-3

寫一道查詢，傳回當下日期的月份。

第八章

分組與彙整

在儲存資料時，通常都採用任何資料庫使用者都可以接受的最原始程度，假設會計部的 Chuck 要查看個別客戶的交易資料，資料庫中就必須有一個儲存個別交易資料用的資料表。但這並不代表所有使用者都只能面對資料儲存在資料庫中的原始樣貌。本章的重點，在於資料可以如何進行分組和彙整，以便讓使用者可以看到不一樣的資料外觀，而不是只能以它原本的樣貌操作。

分組的觀念

有時候你會想觀察資料中暗藏的趨勢，因此需要資料庫伺服器將資料包裝一番，讓你可以拿來產生你想尋求的結果。舉例來說，假設你負責要把免費租片優惠券寄給租片最多的客戶。你可以用一道簡單的查詢觀察原始資料：

```
mysql> SELECT customer_id FROM rental;
+-------------+
| customer_id |
+-------------+
|           1 |
|           1 |
|           1 |
|           1 |
|           1 |
|           1 |
|           1 |
...
|         599 |
|         599 |
```

```
|         599 |
|         599 |
|         599 |
|         599 |
+-------------+
16044 rows in set (0.01 sec)
```

你發現在 16,000 筆資料中，分散著 599 位客戶的租賃紀錄，你沒法只靠這麼原始的資料判斷哪位客戶租過最多的影片。相反地，你必須要求資料庫伺服器，用 **group by** 子句幫你把資料分組。以下便是用 group by 子句重寫過的查詢，按照客戶識別碼（customer ID）將租賃資料分組：

```
mysql> SELECT customer_id
    -> FROM rental
    -> GROUP BY customer_id;
+-------------+
| customer_id |
+-------------+
|           1 |
|           2 |
|           3 |
|           4 |
|           5 |
|           6 |
...
|         594 |
|         595 |
|         596 |
|         597 |
|         598 |
|         599 |
+-------------+
599 rows in set (0.00 sec)
```

於是得出的結果集合中只會留下每個不同的 **customer_id** 欄位值，一個值一行資料，於是剩下 599 筆資料、而非原本全部的 16,044 筆。結果集合的範圍之所以會縮小，是因為有些客戶租過一部以上的片子。若要觀察每位客戶各自租過幾部片，必須再在 **select** 子句中加上彙整函式（*aggregate function*），以便計算每一組個別的資料筆數：

```
mysql> SELECT customer_id, count(*)
    -> FROM rental
    -> GROUP BY customer_id;
```

```
+-------------+----------+
| customer_id | count(*) |
+-------------+----------+
|           1 |       32 |
|           2 |       27 |
|           3 |       26 |
|           4 |       22 |
|           5 |       38 |
|           6 |       28 |
...
|         594 |       27 |
|         595 |       30 |
|         596 |       28 |
|         597 |       25 |
|         598 |       22 |
|         599 |       19 |
+-------------+----------+
599 rows in set (0.01 sec)
```

彙整函式 count() 會計算每一組的資料筆數，而函式中的星號則是告訴伺服器，該組裡的每一筆都要計入。利用 group by 子句和彙整函式 count() 的組合，你就可以產生前述業務問題所需的答案，而不需要從原始資料著手。

再次觀察，各位應該會發現 1 號客戶租過 32 部片、而 597 號客戶租過 25 部片。要判斷哪些客戶租的片最多，只需加上 order by 子句即可：

```
mysql> SELECT customer_id, count(*)
    -> FROM rental
    -> GROUP BY customer_id
    -> ORDER BY 2 DESC;
+-------------+----------+
| customer_id | count(*) |
+-------------+----------+
|         148 |       46 |
|         526 |       45 |
|         236 |       42 |
|         144 |       42 |
|          75 |       41 |
...
|         248 |       15 |
|         110 |       14 |
|         281 |       14 |
|          61 |       14 |
|         318 |       12 |
+-------------+----------+
599 rows in set (0.01 sec)
```

現在結果已經做過排序，你可以輕易地看出 148 號客戶租過的片最多（46 部），而 31 號客戶租過的最少（12 部）。

為資料分組時，你可能還得把不需要的資料從結果集合中排除，但這時排除的依據是分組過的資料、而非原始資料。由於資料庫引擎會先處理 where 子句、然後才處理 group by 子句，因此你沒法再用另一個 where 子句來添加篩選條件。舉例來說，下例會嘗試去掉租片數少於 40 部的客戶：

```
mysql> SELECT customer_id, count(*)
    -> FROM rental
    -> WHERE count(*) >= 40
    -> GROUP BY customer_id;
ERROR 1111 (HY000): Invalid use of group function
```

你沒法在 where 子句中參照彙整函式 count(*)，因為這時資料庫引擎還在處理 where 子句、而分組資料尚未產生。相反地，你得把分組後的篩選條件放到 having 子句裡。以下是使用 having 的查詢寫法：

```
mysql> SELECT customer_id, count(*)
    -> FROM rental
    -> GROUP BY customer_id
    -> HAVING count(*) >= 40;
+-------------+----------+
| customer_id | count(*) |
+-------------+----------+
|          75 |       41 |
|         144 |       42 |
|         148 |       46 |
|         197 |       40 |
|         236 |       42 |
|         469 |       40 |
|         526 |       45 |
+-------------+----------+
7 rows in set (0.01 sec)
```

由於那些資料中少於 40 筆的分組已被 having 子句篩掉，於是現在結果集合中只剩下曾租過 40 部片子以上的客戶了。

彙整函式

彙整函式會對一個分組中所有的資料列進行特定操作。雖說每種資料庫伺服器都有自己特製的彙整用函式，但所有主流伺服器都實作的通用彙整函式則有：

max()

　　傳回集合中的最大值

min()

　　傳回集合中的最小值

avg()

　　傳回集合中的平均值

sum()

　　傳回集合中所有資料值的總和

count()

　　傳回集合中的資料筆數

以下查詢會用所有的通用彙整函式來分析影片租賃的付款資料：

```
mysql> SELECT MAX(amount) max_amt,
    ->   MIN(amount) min_amt,
    ->   AVG(amount) avg_amt,
    ->   SUM(amount) tot_amt,
    ->   COUNT(*) num_payments
    -> FROM payment;
+---------+---------+----------+----------+--------------+
| max_amt | min_amt | avg_amt  | tot_amt  | num_payments |
+---------+---------+----------+----------+--------------+
|   11.99 |    0.00 | 4.200667 | 67416.51 |        16049 |
+---------+---------+----------+----------+--------------+
1 row in set (0.09 sec)
```

以上查詢的結果顯示，在 payment 資料表的 16,409 筆紀錄中，租片付款最多的一次是付了 $11.99，最少的一筆則是 $0，平均每次都會付約 $4.20 之譜的租金，而租金一共收入了 $67,416.51。希望讀者們可以藉此了解彙整函式扮演的角色；下一小節便會進一步釐清如何運用這些函式。

隱性與顯性的分組

在上例的查詢中，每一個傳回的值都是由彙整函式所產生的。由於語句中沒有出現 group by 子句，因此我們說這裡只存在一個隱性的群組（*implicit*，亦即 payment 資料表的所有資料列都在這個群組裡）。

然而大部分的情況下，除了要取得彙整函式產生的欄位以外、你還是會需要一併取得其他欄位。舉例來說，如果你想擴展以上查詢，變成針對*每位*客戶都執行同樣的五種彙整函式進行分析、而非針對所有客戶呢？這時你就必須取得 customer_id 欄位和五種彙整函式的結果了，像這樣：

```
SELECT customer_id,
  MAX(amount) max_amt,
  MIN(amount) min_amt,
  AVG(amount) avg_amt,
  SUM(amount) tot_amt,
  COUNT(*) num_payments
FROM payment;
```

然而，如果你嘗試執行以上查詢，只會收到以下錯誤【譯註】：

```
ERROR 1140 (42000): In aggregated query without GROUP BY,
  expression #1 of SELECT list contains nonaggregated column
```

雖說你自己顯然是想要把彙整函式套用在 **payment** 資料表的每個客戶身上，但以上查詢結果之所以不如預期，是因為你沒有**明確地**指定要如何對資料進行分組。因此你必須加上 **group by** 子句，以便指定要針對哪一組資料列進行彙整函式運算：

```
mysql> SELECT customer_id,
    ->     MAX(amount) max_amt,
    ->     MIN(amount) min_amt,
    ->     AVG(amount) avg_amt,
    ->     SUM(amount) tot_amt,
    ->     COUNT(*) num_payments
    -> FROM payment
    -> GROUP BY customer_id;
+-------------+---------+---------+----------+---------+--------------+
| customer_id | max_amt | min_amt | avg_amt  | tot_amt | num_payments |
+-------------+---------+---------+----------+---------+--------------+
|           1 |    9.99 |    0.99 | 3.708750 |  118.68 |           32 |
|           2 |   10.99 |    0.99 | 4.767778 |  128.73 |           27 |
|           3 |   10.99 |    0.99 | 5.220769 |  135.74 |           26 |
|           4 |    8.99 |    0.99 | 3.717273 |   81.78 |           22 |
|           5 |    9.99 |    0.99 | 3.805789 |  144.62 |           38 |
|           6 |    7.99 |    0.99 | 3.347143 |   93.72 |           28 |
...
```

譯註　MariaDB 會傳回跟先前一樣以隱性組彙整的結果，而且結果中的 customer_id 只有 1。

594	8.99	0.99	4.841852	130.73	27
595	10.99	0.99	3.923333	117.70	30
596	6.99	0.99	3.454286	96.72	28
597	8.99	0.99	3.990000	99.75	25
598	7.99	0.99	3.808182	83.78	22
599	9.99	0.99	4.411053	83.81	19

```
+-------------+---------+---------+----------+---------+--------------+
599 rows in set (0.04 sec)
```

加上 group by 子句之後，伺服器便得知要把 customer_id 欄位值相同的資料列分為一組，然後對總共 599 個群組分別套用五種彙整函式。

計算個別不同的值

使用 count() 函式來計算每一組中的成員數量時，你可以選擇是要計算群組中所有成員的數目、或是只計算群組成員中個別不同欄位值的數目。

以下列查詢為例，它使用兩種方式讓 count() 函式對 customer_id 欄位做計算：

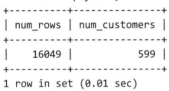

```
mysql> SELECT COUNT(customer_id) num_rows,
    ->   COUNT(DISTINCT customer_id) num_customers
    -> FROM payment;
+----------+---------------+
| num_rows | num_customers |
+----------+---------------+
|    16049 |           599 |
+----------+---------------+
1 row in set (0.01 sec)
```

查詢中的第一個欄位純粹只計算 payment 資料表的資料筆數，但第二個欄位便會檢視 customer_id 欄位的值、並只將獨特的值列入計數。因此，加上 distinct 之後，count() 函式就會去檢查分組中每個成員的欄位資料值，並藉此找出和去除重複的部分，而非只是計算分組中的資料值數量而已。

利用表示式

除了可以使用欄位作為彙整函式的引數以外，表示式也一樣可以做為引數。舉例來說，如果想找出某部片子租出後到歸還期間間隔的最長天數，查詢可以這樣寫：

```
mysql> SELECT MAX(datediff(return_date,rental_date))
    -> FROM rental;
+----------------------------------------+
| MAX(datediff(return_date,rental_date)) |
+----------------------------------------+
|                                     10 |
+----------------------------------------+
1 row in set (0.01 sec)
```

這裡用 `datediff` 函式來計算了每一次出租後，從出租日起到歸還日為止，一共經過了多少天，然後再讓 `max` 函式算出其中最大的值，也就是 10 天。

雖說上例使用的是相對簡單的表示式，但作為彙整函式引數的表示式，可以要多複雜就多複雜，只要傳回的是數值、字串或日期即可。等到第 11 章時，筆者會向大家介紹如何以 `case` 表示式搭配彙整函式，藉以判斷特定資料列是否應該納入彙整。

Nulls 的處理方式

進行彙整運算時，或者正確地說，是在進行任何數值計算時，都應該考慮到 `null` 值會如何影響計算結果。舉例來說，筆者會建立一個內有數值資料的簡單資料表，並以數字集合 {1, 3, 5} 填入：

```
mysql> CREATE TABLE number_tbl
    -> (val SMALLINT);
Query OK, 0 rows affected (0.01 sec)

mysql> INSERT INTO number_tbl VALUES (1);
Query OK, 1 row affected (0.00 sec)

mysql> INSERT INTO number_tbl VALUES (3);
Query OK, 1 row affected (0.00 sec)

mysql> INSERT INTO number_tbl VALUES (5);
Query OK, 1 row affected (0.00 sec)
```

現在用下列查詢，對集合中的數字進行五種彙整運算：

```
mysql> SELECT COUNT(*) num_rows,
    ->   COUNT(val) num_vals,
    ->   SUM(val) total,
    ->   MAX(val) max_val,
    ->   AVG(val) avg_val
    -> FROM number_tbl;
```

```
+----------+----------+-------+---------+---------+
| num_rows | num_vals | total | max_val | avg_val |
+----------+----------+-------+---------+---------+
|        3 |        3 |     9 |       5 |  3.0000 |
+----------+----------+-------+---------+---------+
1 row in set (0.08 sec)
```

結果正如預期：count(*) 和 count(val) 傳回的值都是 3，而 sum(val) 傳回的值則是 9、max(val) 傳回 5、avg(val) 則傳回 3。接下來我們再在 number_tbl 表中加上一個 null 值，然後重跑一次查詢：

```
mysql> INSERT INTO number_tbl VALUES (NULL);
Query OK, 1 row affected (0.01 sec)

mysql> SELECT COUNT(*) num_rows,
    ->     COUNT(val) num_vals,
    ->     SUM(val) total,
    ->     MAX(val) max_val,
    ->     AVG(val) avg_val
    -> FROM number_tbl;
+----------+----------+-------+---------+---------+
| num_rows | num_vals | total | max_val | avg_val |
+----------+----------+-------+---------+---------+
|        4 |        3 |     9 |       5 |  3.0000 |
+----------+----------+-------+---------+---------+
1 row in set (0.00 sec)
```

就算資料表中新添加了一個 null 值，sum()、max() 和 avg() 等函式傳回的結果還是不變，代表他們都會忽略遇到的任何 null 值。但 count(*) 函式現在傳回的值卻變成了 4，代表它仍被視為一個有效值，這是因為 number_tbl 資料表現在有四筆資料的緣故，但 count(val) 函式傳回的值卻仍舊是 3。差別便在於 count(*) 計算的是資料筆數，而

count(val) 計算的卻是 val 欄位所包含的資料值數量，因此任何 null 值都會被忽略不計。

產生分組

人們很少會對原始資料有興趣；相反地，從事資料分析的人都會把原始資料再重新整理一番，以便符合自身的需求。常見的資料操作包括：

- 依地理區域產生總和，像是歐洲地區銷售額

- 找出突出的部分，像是 2020 年業績最佳人員

- 判斷頻率，像是每個月的租片數量等等

要回答以上問題，你需要讓資料庫對資料列進行分組，分組的依據則是一個以上的欄位或表示式。正如以上各範例所示，group by 子句便是查詢語句中資料分組的機制所在。在這個小節裡，讀者們會學到如何依照單一或多重欄位將資料分組、或是如何以表示式來分組資料、還有如何為各組資料產生小結（rollups）。

單一欄位分組

單一欄位分組是最簡單的、也是最常用到的分組方式。譬如你想找出每位演員曾演出的影片數量，只需以 film_actor.actor_id 欄位來分組即可，就像這樣：

```
mysql> SELECT actor_id, count(*)
    -> FROM film_actor
    -> GROUP BY actor_id;
+----------+----------+
| actor_id | count(*) |
+----------+----------+
|        1 |       19 |
|        2 |       25 |
|        3 |       22 |
|        4 |       22 |
...
|      197 |       33 |
|      198 |       40 |
|      199 |       15 |
|      200 |       20 |
+----------+----------+
200 rows in set (0.11 sec)
```

以上查詢會產生 200 個分組，每組代表一位演員，然後再計算每組成員演出影片的數量總和。

多重欄位分組

在某些案例中，你可能會想要產生跨越多個欄位的分組。若從上例再延伸，設想你還想找出每位演員所演出過各個分級片（普通級、保護級…）的數目。下例便會展示作法：

```
mysql> SELECT fa.actor_id, f.rating, count(*)
    -> FROM film_actor fa
    ->    INNER JOIN film f
    ->    ON fa.film_id = f.film_id
    -> GROUP BY fa.actor_id, f.rating
    -> ORDER BY 1,2;
+----------+--------+----------+
| actor_id | rating | count(*) |
+----------+--------+----------+
|        1 |      G |        4 |
|        1 |     PG |        6 |
|        1 |  PG-13 |        1 |
|        1 |      R |        3 |
|        1 |  NC-17 |        5 |
|        2 |      G |        7 |
|        2 |     PG |        6 |
|        2 |  PG-13 |        2 |
|        2 |      R |        2 |
|        2 |  NC-17 |        8 |
...
|      199 |      G |        3 |
|      199 |     PG |        4 |
|      199 |  PG-13 |        4 |
|      199 |      R |        2 |
|      199 |  NC-17 |        2 |
|      200 |      G |        5 |
|      200 |     PG |        3 |
|      200 |  PG-13 |        2 |
|      200 |      R |        6 |
|      200 |  NC-17 |        4 |
+----------+--------+----------+
996 rows in set (0.01 sec)
```

這一版的查詢產生了總共 996 個分組,每個演員跟分級的組合都來自 film_actor
和 film 資料表結合的結果。除了在 select 子句中加上 rating 欄位,筆者還將
rating 欄位也納入 group by 子句,因為 rating 是從資料表取得、而並非由 max
或是 count 等彙整函式產生。

按照表示式分組

除了可以用欄位來分組以外,你也可以按照表示式所產生的資料值來建立分組。以
下查詢便會按照租賃紀錄的年度來分組::

```
mysql> SELECT extract(YEAR FROM rental_date) year,
    ->   COUNT(*) how_many
    -> FROM rental
    -> GROUP BY extract(YEAR FROM rental_date);
+------+----------+
| year | how_many |
+------+----------+
| 2005 |    15862 |
| 2006 |      182 |
+------+----------+
2 rows in set (0.01 sec)
```

以上查詢利用了相當簡單的表示式,它利用 **extract()** 函式取出租賃日其中的年度部分,再依此將 **rental** 資料表分組。

產生小結

先前在 168 頁的「多重欄位分組」小節中,筆者曾用一個範例展示如何分別根據演員和分級區別計算片數。但假設除了依照個別演員 / 分級的組合計算分組數量以外,你還想再算出個別演員演出的片數總和。當然你可以再用另一道查詢來合併結果,也可以把查詢結果載入到一個試算表裡去計算,或是寫一個 Python 命令稿、一隻 Java 小程式或其他方式來取得資料並進行額外的計算。但最妙的,是你可以利用 **with rollup** 選項,讓資料庫伺服器代勞。以下便是在 **group by** 子句中用 **with rollup** 改寫過的查詢:

```
mysql> SELECT fa.actor_id, f.rating, count(*)
    -> FROM film_actor fa
    ->   INNER JOIN film f
    ->   ON fa.film_id = f.film_id
    -> GROUP BY fa.actor_id, f.rating WITH ROLLUP
    -> ORDER BY 1,2;
+----------+--------+----------+
| actor_id | rating | count(*) |
+----------+--------+----------+
|     NULL | NULL   |     5462 |
|        1 | NULL   |       19 |
|        1 | G      |        4 |
|        1 | PG     |        6 |
|        1 | PG-13  |        1 |
|        1 | R      |        3 |
|        1 | NC-17  |        5 |
|        2 | NULL   |       25 |
|        2 | G      |        7 |
|        2 | PG     |        6 |
```

```
|         2 | PG-13  |         2 |
|         2 | R      |         2 |
|         2 | NC-17  |         8 |
...
|       199 | NULL   |        15 |
|       199 | G      |         3 |
|       199 | PG     |         4 |
|       199 | PG-13  |         4 |
|       199 | R      |         2 |
|       199 | NC-17  |         2 |
|       200 | NULL   |        20 |
|       200 | G      |         5 |
|       200 | PG     |         3 |
|       200 | PG-13  |         2 |
|       200 | R      |         6 |
|       200 | NC-17  |         4 |
+-----------+--------+-----------+
1197 rows in set (0.07 sec)
```

現在結果集合中多出了額外 201 筆資料，包括 200 位個別演員各自的一筆加總小結、再加上一筆全部的總和（亦即所有演員的演出片數總和）。以這 200 位演員各自的小結資料列來說，rating 欄位會自動填上 null 值，因為該筆小結是針對該演員所有曾演出各級影片數目的加總。以 actor_id 200 的第一筆資料為例，你會看到該演員總共演出過 20 部影片；正好也是該演員所有各級影片數量的加總（4 部 NC-17 級 + 6 部 R 級 +2 部 PG-13 級 +3 部 PG 級 +5 部 G 級）。而輸出中第一筆資料的全部加總列，則是在 actor_id 和 rating 欄位都填上了 null；輸出中第一列的總和為 5,462，正好也是 film_actor 資料表的資料總筆數。

 如果你用的是 Oracle Database，則必須改以相當不同的語法來指出你要計算小結。先前查詢語句中的 group by 子句，在 Oracle 裡就要改成這樣：

```
GROUP BY ROLLUP(fa.actor_id, f.rating)
```

此一語法的好處在於，你可以只針對 group_by 子句中的部分欄位做小結。舉例來說你是針對欄位 a、b 和 c 做分組，但可以告訴伺服器，你只想為欄位 b 和 c 做小結：

```
GROUP BY a, ROLLUP(b, c)
```

如果除了按照演員做小結以外，你還想計算每種分級的總數，那就要動用 with cube 選項，這會針對所有分組欄位的可能組合產生加總列資料。遺憾的是，MySQL 的 8.0 版尚未支援 with cube，但 SQL Server 和 Oracle Database 都支援此一功能。

分組的篩選條件

在第 4 章時，筆者曾介紹過各種類型的篩選條件，並展示如何在 where 子句中運用它們。在為資料分組時，你也一樣可以在資料分組之後再加上篩選條件。having 子句就是你置入這類篩選條件的地方。請看下例：

```
mysql> SELECT fa.actor_id, f.rating, count(*)
    -> FROM film_actor fa
    ->   INNER JOIN film f
    ->   ON fa.film_id = f.film_id
    -> WHERE f.rating IN ('G','PG')
    -> GROUP BY fa.actor_id, f.rating
    -> HAVING count(*) > 9;
+----------+--------+----------+
| actor_id | rating | count(*) |
+----------+--------+----------+
|      137 | PG     |       10 |
|       37 | PG     |       12 |
|      180 | PG     |       12 |
|        7 | G      |       10 |
|       83 | G      |       14 |
|      129 | G      |       12 |
|      111 | PG     |       15 |
|       44 | PG     |       12 |
|       26 | PG     |       11 |
|       92 | PG     |       12 |
|       17 | G      |       12 |
|      158 | PG     |       10 |
|      147 | PG     |       10 |
|       14 | G      |       10 |
|      102 | PG     |       11 |
|      133 | PG     |       10 |
+----------+--------+----------+
16 rows in set (0.01 sec)
```

以上查詢有兩個篩選條件：其中一個放在 where 子句中，它過濾掉分級不是 G 或 PG 的片子，另一個則放在 having 子句中，它負責濾掉演出片數少於 10 部的演員。這樣一來，第一個過濾器便是在資料分組前進行篩選，而第二個過濾器則是在分組完成後才套用。如果你不慎將兩者都放到 where 子句裡，就會有以下錯誤：

```
mysql> SELECT fa.actor_id, f.rating, count(*)
    -> FROM film_actor fa
    ->   INNER JOIN film f
    ->   ON fa.film_id = f.film_id
    -> WHERE f.rating IN ('G','PG')
    ->   AND count(*) > 9
    -> GROUP BY fa.actor_id, f.rating;
ERROR 1111 (HY000): Invalid use of group function
```

以上查詢之所以會失敗，是因為你不能在查詢的 where 子句中納入彙整函式。因為 where 子句中的過濾器會在分組動作發生前就先被套用，故而這時伺服器還未對分組進行任何函式處理。

 將過濾器放到含有 group by 子句的查詢語句中時，請謹慎考量該過濾器操作對象是否為原始資料，如為原始資料，就該放到 where 子句裡，如為已分組的資料，就該改放到 having 子句裡。

測試你剛學到的

以下練習會測試你對 SQL 分組與彙整等功能的了解程度。答案可參閱附錄 B。

練習 8-1

撰寫一道查詢，計算 payment 資料表的資料總筆數。

練習 8-2

將以上練習 8-1 的查詢改為計算每位客戶支付的數目。請在結果中顯示客戶識別碼與每位客戶所支付的總金額。

練習 8-3

再度修改以上練習 8-2 的查詢，改為只納入至少進行過 40 次付款的客戶。

第九章

子查詢

子查詢是一種威力無窮的工具，所有四種 SQL 的資料敘述中都用得到它。在本章
當中，筆者會教大家如何以子查詢來過濾資料、產生資料值、以及建構臨時的資
料集合。做過一點實驗後，相信讀者們都會同意，子查詢確實是 SQL 語言最強大
的功能之一。

子查詢是什麼？

所謂的*子查詢*（*subquery*），指的是一段包含在另一段 SQL 敘述（本章中統稱為
外圍敘述（*containing statement*））當中的查詢。子查詢必定包含在一對小括弧當
中，而且通常都會在外圍查詢完成前先執行過。子查詢就像一般查詢一樣，會傳
回一個結果集合，其中可能包括：

- 只含單一欄位的一筆資料

- 含有單一欄位的多筆資料

- 含有多重欄位的多筆資料

子查詢所傳回的結果集合類型決定了它可以被運用的方式，同時也會影響外圍敘
述引用子查詢時、與其回傳資料互動的運算子。當外圍敘述執行完畢後，子查詢
所傳回的任何資料都會隨之棄置，因此子查詢的特性就像是只存在於*敘述範圍*
（*statement scope*）內的臨時資料表一樣（亦即伺服器會在 SQL 敘述執行完畢
後，將任何配置給子查詢結果的記憶體都釋放出來）。

讀者們已經在先前的章節中看過若干子查詢的例子了，但我們還是用以下這個例子再溫故知新一下：

```
mysql> SELECT customer_id, first_name, last_name
    -> FROM customer
    -> WHERE customer_id = (SELECT MAX(customer_id) FROM customer);
+-------------+------------+-----------+
| customer_id | first_name | last_name |
+-------------+------------+-----------+
|         599 | AUSTIN     | CINTRON   |
+-------------+------------+-----------+
1 row in set (0.27 sec)
```

在上例中，子查詢會傳回它在 customer 資料表中能找到 customer_id 欄位的最大值，然後外圍敘述會再根據子查詢的結果傳回該客戶的相關資料。如果你鬧不清子查詢到底在搞什麼鬼，只需把子查詢本身執行一遍便知分曉（就是小括弧裡那一串敘述）。以下便是單獨執行上例中子查詢部分的結果：

```
mysql> SELECT MAX(customer_id) FROM customer;
+------------------+
| MAX(customer_id) |
+------------------+
|              599 |
+------------------+
1 row in set (0.00 sec)
```

瞧，子查詢傳回的是只有單一欄位的單筆資料，因此便可用在含有等式的表示式當中（如果子查詢傳回一筆以上的資料列，就只能拿來作為等式以外的比較之用，稍後會再介紹）。在上例中，你可以把子查詢傳回的值替換到外圍敘述中等式過濾器條件的表示式右側，就像這樣：

```
mysql> SELECT customer_id, first_name, last_name
    -> FROM customer
    -> WHERE customer_id = 599;
+-------------+------------+-----------+
| customer_id | first_name | last_name |
+-------------+------------+-----------+
|         599 | AUSTIN     | CINTRON   |
+-------------+------------+-----------+
1 row in set (0.00 sec)
```

上例中子查詢之所以好用，是因為你可以在單一查詢中便調出具有最大值的客戶識別碼所包含的相關資料，無須先用另一道查詢查出 customer_id 的最大值，再寫第二道查詢，以便利用這個最大值、從 customer 資料表取得相關資料。各位將會見識到，子查詢在很多場合也都很有用，搞不好會成為你的 SQL 工具箱中最有威力的工具之一。

子查詢的類型

除了先前介紹過的那樣，子查詢會傳回不同類型的結果集合以外（單一資料列 / 欄位、單一資料列 / 多重欄位、或是多重欄位），你還可以使用另一種功能來區分子查詢；那就是有的子查詢是完全自成一體的（這又稱為**非關聯式子查詢**，noncorrelated subqueries）而另一種子查詢則必須參照外圍敘述的欄位（稱為**關聯式子查詢**，*correlated subqueries*）。以下幾個小節便會探討這兩種類型的子查詢，並列舉可以與其互動的各種運算子。

非關聯式子查詢

本章稍早所舉的範例便是非關聯式子查詢；它可以單獨執行，同時也不會參照外圍敘述中的任何事物。讀者們會遇到的子查詢，大多數都會屬於這個類型，除非你正在撰寫 update 或 delete 敘述，因為這兩者較常用到關聯式子查詢（稍後會介紹）。除了屬於非關聯類型以外，本章稍早的範例傳回的也是一個只含有單一欄位和單筆資料的結果集合。這種子查詢有時也被稱為**純量子查詢**（*scalar subquery*），它可以放在條件式的任一側，並搭配常用的運算子（=、<>、<、>、<=、>=）。下例便展示如何在一個不等條件式中運用純量子查詢：

```
mysql> SELECT city_id, city
    -> FROM city
    -> WHERE country_id <>
    -> (SELECT country_id FROM country WHERE country = 'India');
+---------+----------------------------+
| city_id | city                       |
+---------+----------------------------+
|       1 | A Corua (La Corua)         |
|       2 | Abha                       |
|       3 | Abu Dhabi                  |
|       4 | Acua                       |
|       5 | Adana                      |
|       6 | Addis Abeba                |
...
|     595 | Zapopan                    |
|     596 | Zaria                      |
```

```
     |      597 | Zeleznogorsk                |
     |      598 | Zhezqazghan                 |
     |      599 | Zhoushan                    |
     |      600 | Ziguinchor                  |
     +----------+-----------------------------+
     540 rows in set (0.02 sec)
```

以上查詢會傳回所有不在印度境內的城市。子查詢位於以上敘述中的最後一行，而外圍查詢則是傳回所有不具備子查詢所傳回國家代碼的城市。雖說上例的子查詢相當簡單，但子查詢可以要多複雜就多複雜、而且可以引用任何一種查詢子句（select、from、where、group by、having 和 order by）。

如果你在等式條件中使用子查詢，但子查詢傳回的卻是一筆以上的資料，就會得到錯誤訊息。舉例來說，如果你修改以上查詢，讓子查詢傳回所有印度以外的國家，就會得到以下錯誤：

```
mysql> SELECT city_id, city
    -> FROM city
    -> WHERE country_id <>
    ->  (SELECT country_id FROM country WHERE country <> 'India');
ERROR 1242 (21000): Subquery returns more than 1 row
```

如果你執行子查詢本身，結果則如下所示：

```
mysql> SELECT country_id FROM country WHERE country <> 'India';
+------------+
| country_id |
+------------+
|          1 |
|          2 |
|          3 |
|          4 |
...
|        106 |
|        107 |
|        108 |
|        109 |
+------------+
108 rows in set (0.00 sec)
```

外圍的查詢之所以會失敗，是因為單一表示式（country_id）沒法跟表示式構成的一組集合（從 1、2、3 到 109 的 country_id）去做相等與否的判斷。換句話說，單獨一件事物不可能等於一群事物的集合。各位在下一小節中會學看到如何用不一樣的運算子來修復這個問題。

傳回多筆單一欄位資料的子查詢

如果你的子查詢傳回的資料不只一筆，就不能將它用在等式條件中的任一側，上例已經做過失敗的示範。然而我們仍有另外四種運算子可以用來建構條件，以便搭配這類的子查詢。

in 和 not in 運算子

雖說你不能把單一資料值和一組資料值做相等與否的比較，卻還是可以檢查是否能在這一組資料值中找到某個單一資料值。下例雖未用到子查詢，卻可以展示如何建構含有 in 運算子的條件式，並藉此在一組資料值中搜尋特定資料值：

```
mysql> SELECT country_id
    -> FROM country
    -> WHERE country IN ('Canada','Mexico');
+------------+
| country_id |
+------------+
|         20 |
|         60 |
+------------+
2 rows in set (0.00 sec)
```

條件式左側的表示式為 country 欄位，而右側則是一個由字串構成的集合。運算子 in 會檢視 country 欄位中是否含有這兩個字串中的任一者；如果有，就代表條件判斷為真、該筆資料便可納入結果集合。當然你也可以用兩個等式條件來達成相同的結果：

```
mysql> SELECT country_id
    -> FROM country
    -> WHERE country = 'Canada' OR country = 'Mexico';
+------------+
| country_id |
+------------+
|         20 |
|         60 |
+------------+
2 rows in set (0.00 sec)
```

雖說後者似乎也一樣可行，但那是因為集合中只有兩個表示式，萬一集合中含有成打的資料值（甚至成千上百），那只用一個 in 運算子就能寫出單一條件式作法的優勢就很明顯了。

雖說你偶爾會在條件式的一側放一組字串、日期或數值來比對，但實際上比較可能是靠子查詢傳回多筆資料來製作這樣的一個集合。以下查詢便是在過濾器條件式的右側使用 **in** 運算子和子查詢，以便傳回位於加拿大和墨西哥的所有城市：

```
mysql> SELECT city_id, city
    -> FROM city
    -> WHERE country_id IN
    ->   (SELECT country_id
    ->    FROM country
    ->    WHERE country IN ('Canada','Mexico'));
+---------+----------------------------+
| city_id | city                       |
+---------+----------------------------+
|     179 | Gatineau                   |
|     196 | Halifax                    |
|     300 | Lethbridge                 |
|     313 | London                     |
|     383 | Oshawa                     |
|     430 | Richmond Hill              |
|     565 | Vancouver                  |
...
|     452 | San Juan Bautista Tuxtepec |
|     541 | Torren                     |
|     556 | Uruapan                    |
|     563 | Valle de Santiago          |
|     595 | Zapopan                    |
+---------+----------------------------+
37 rows in set (0.00 sec)
```

除了觀察否一個資料值集合中是否可以找到特定資料值之外，你也可以用 **not in** 運算子做反相檢查。以下便是用 **not in** 取代 **in** 運算子改寫以上查詢的版本：

```
mysql> SELECT city_id, city
    -> FROM city
    -> WHERE country_id NOT IN
    ->   (SELECT country_id
    ->    FROM country
    ->    WHERE country IN ('Canada','Mexico'));
+---------+----------------------------+
| city_id | city                       |
+---------+----------------------------+
|       1 | A Corua (La Corua)         |
|       2 | Abha                       |
|       3 | Abu Dhabi                  |
|       5 | Adana                      |
|       6 | Addis Abeba                |
```

```
...
|     596 | Zaria                 |
|     597 | Zeleznogorsk          |
|     598 | Zhezqazghan           |
|     599 | Zhoushan              |
|     600 | Ziguinchor            |
+---------+-----------------------+
563 rows in set (0.00 sec)
```

這道查詢查出的則是不在加拿大或墨西哥的城市。

all 運算子

若 in 運算子是用來判斷某個表示式是否存在於另一個由一群表示式構成的集合當中，那麼 all 運算子則是用來把單一資料值和另一個集合中的每一個資料值都做比對。要建構這種條件，你必須使用任一種比較運算子（=、<>、<、> 等等）來搭配 all 運算子。舉例來說，以下查詢會查出誰從未免費租片過：

```
mysql> SELECT first_name, last_name
    -> FROM customer
    -> WHERE customer_id <> ALL
    ->  (SELECT customer_id
    ->   FROM payment
    ->   WHERE amount = 0);
+------------+--------------+
| first_name | last_name    |
+------------+--------------+
| MARY       | SMITH        |
| PATRICIA   | JOHNSON      |
| LINDA      | WILLIAMS     |
| BARBARA    | JONES        |
...
| EDUARDO    | HIATT        |
| TERRENCE   | GUNDERSON    |
| ENRIQUE    | FORSYTHE     |
| FREDDIE    | DUGGAN       |
| WADE       | DELVALLE     |
| AUSTIN     | CINTRON      |
+------------+--------------+
576 rows in set (0.01 sec)
```

子查詢會傳回一組客戶識別碼，而這些客戶都曾免費（所以付款金額等於 0）租片，而外圍查詢則會取得所有不在子查詢回傳集合內的識別碼所代表的客戶名稱。如果你覺得這種方式有點拐彎抹角，有同感的人不只你一個；很多人都寧可採用另一種寫法，避免使用 all 運算子。舉例來說，下例會產生與以上的查詢相同的結果，但使用的卻是 not in 運算子：

```
SELECT first_name, last_name
FROM customer
WHERE customer_id NOT IN
 (SELECT customer_id
  FROM payment
  WHERE amount = 0)
```

這就只是觀感問題了，但筆者以為大多數的人都會覺得使用 not in 比較容易理解。

使用 not in 或是 <> all 來比較一個值和一組值的時候，你必須留神一件事，就是後者的集合當中千萬不要混入任何 null 值，因為伺服器其實是把表示式左側的資料值和集合中的每一個值都做比較，萬一你把一個資料值拿來和 null 做比較，就會得出 unknown 的結果。因此像以下的查詢便會得出空集合：

```
mysql> SELECT first_name, last_name
    -> FROM customer
    -> WHERE customer_id NOT IN (122, 452, NULL);
Empty set (0.00 sec)
```

以下是另一個使用 all 運算子的例子，但這回子查詢是放在 having 子句裡：

```
mysql> SELECT customer_id, count(*)
    -> FROM rental
    -> GROUP BY customer_id
    -> HAVING count(*) > ALL
    ->  (SELECT count(*)
    ->   FROM rental r
    ->     INNER JOIN customer c
    ->     ON r.customer_id = c.customer_id
    ->     INNER JOIN address a
    ->     ON c.address_id = a.address_id
    ->     INNER JOIN city ct
    ->     ON a.city_id = ct.city_id
    ->     INNER JOIN country co
    ->     ON ct.country_id = co.country_id
    ->   WHERE co.country IN ('United States','Mexico','Canada')
    ->   GROUP BY r.customer_id
    ->   );
```

```
+-------------+----------+
| customer_id | count(*) |
+-------------+----------+
|         148 |       46 |
+-------------+----------+
1 row in set (0.01 sec)
```

上例中的子查詢會傳回所有北美地區客戶的租片次數,而外圍查詢則會查出所有超過任何北美地區客戶租片次數的客戶。

any 運算子

就像 all 運算子一樣,any 運算子也會把一個資料值拿來跟一個集合裡的資料值做比較;但不同之處則是,使用 any 運算子的條件只要發現集合中有一個值的比較結果為真,條件便會成立。下例會找出所有租片總金額超過玻利維亞、巴拉圭或智利任何一國的全國總租片金額的客戶:

```
mysql> SELECT customer_id, sum(amount)
    -> FROM payment
    -> GROUP BY customer_id
    -> HAVING sum(amount) > ANY
    ->  (SELECT sum(p.amount)
    ->   FROM payment p
    ->     INNER JOIN customer c
    ->     ON p.customer_id = c.customer_id
    ->     INNER JOIN address a
    ->     ON c.address_id = a.address_id
    ->     INNER JOIN city ct
    ->     ON a.city_id = ct.city_id
    ->     INNER JOIN country co
    ->     ON ct.country_id = co.country_id
    ->   WHERE co.country IN ('Bolivia','Paraguay','Chile')
    ->   GROUP BY co.country
    -> );
+-------------+-------------+
| customer_id | sum(amount) |
+-------------+-------------+
|         137 |      194.61 |
|         144 |      195.58 |
|         148 |      216.54 |
|         178 |      194.61 |
|         459 |      186.62 |
|         526 |      221.55 |
+-------------+-------------+
6 rows in set (0.03 sec)
```

以上子查詢傳回的是玻利維亞、巴拉圭或智利三國境內所有客戶的租片總金額，而外圍查詢則會找出所有租片金額高於這三國中任一國租片總金額的客戶（不過如果你有錢去租這麼多片來看，多到比人家全國總和金額還要高，還不如考慮把 Netflix 退掉，把錢改花在去這三國的旅遊上…）。

雖說大多數的人都會偏好使用 in，使用 = any 的效果其實和 in 運算子也是一樣的。

多重欄位子查詢

到目前為止，本章的子查詢範例所傳回的都是單一欄位的一筆或多筆資料。然而在特定情況下，你也可以用子查詢傳回多個欄位。為了展示多重欄位子查詢的運用，先來看一個會用到多重欄位和單一欄位子查詢的例子：

```
mysql> SELECT fa.actor_id, fa.film_id
    -> FROM film_actor fa
    -> WHERE fa.actor_id IN
    ->  (SELECT actor_id FROM actor WHERE last_name = 'MONROE')
    ->   AND fa.film_id IN
    ->  (SELECT film_id FROM film WHERE rating = 'PG');
+----------+---------+
| actor_id | film_id |
+----------+---------+
|      120 |      63 |
|      120 |     144 |
|      120 |     414 |
|      120 |     590 |
|      120 |     715 |
|      120 |     894 |
|      178 |     164 |
|      178 |     194 |
|      178 |     273 |
|      178 |     311 |
|      178 |     983 |
+----------+---------+
11 rows in set (0.00 sec)
```

以上查詢引用了兩道子查詢，藉以找出所有姓氏為 Monroe 的演員、以及所有的輔導級（PG）電影，而外圍查詢則利用這兩項資訊來找出所有姓 Monroe 的演員曾演出的輔導級影片。但是你其實可以把這兩道單一欄位子查詢合併成一道多重欄位子查詢，再把結果和 film_actor 資料表的兩個欄位做比較即可。要做到這一點，你的過濾器條件必須在引用 film_actor 資料表的兩個欄位時，把它們用小括弧包起來，而且欄位的順序必須和子查詢傳回的欄位順序相呼應：

```
mysql> SELECT actor_id, film_id
    -> FROM film_actor
    -> WHERE (actor_id, film_id) IN
    -> (SELECT a.actor_id, f.film_id
    ->  FROM actor a
    ->    CROSS JOIN film f
    ->  WHERE a.last_name = 'MONROE'
    ->  AND f.rating = 'PG');
+----------+---------+
| actor_id | film_id |
+----------+---------+
|      120 |      63 |
|      120 |     144 |
|      120 |     414 |
|      120 |     590 |
|      120 |     715 |
|      120 |     894 |
|      178 |     164 |
|      178 |     194 |
|      178 |     273 |
|      178 |     311 |
|      178 |     983 |
+----------+---------+
11 rows in set (0.00 sec)
```

這個版本的查詢功能和前一個例子完全相同，不過它只用了一道子查詢來同時取得兩個欄位、而不是以兩道子查詢分別取得兩個單一欄位。這個版本的子查詢使用了一種新的結合方式，稱為 *cross join*，下一章便會介紹它。基本概念在於取得所有演員姓氏為 Monroe（有 2 位）和所有輔導級影片（一共 194 部）的可能組合，所以有 388 筆資料，再從 film_actor 資料表中找出 11 筆真正存在的組合（亦即所有姓 Monroe 的演員曾演出的輔導級影片）。

關聯式子查詢

截至目前為止，我們所有展示過的子查詢，都是跟外圍查詢無關的，也就是說，你可以獨自執行這類子查詢，並檢視其結果。但另一方面，所謂的關聯式子查詢（*correlated subquery*），則會跟它的外圍查詢有依存關係（*dependent*），因為子查詢會參照一個以上的外圍查詢欄位。它與非關聯式查詢的不同之處，在於關聯式子查詢不會在外圍查詢執行前先執行過一遍;相反地,關聯式子查詢會針對每一筆潛在相關資料列(亦即可能包含在最終結果中的資料列)都執行一遍。舉例來說,以下查詢便引用了關聯式子查詢來計算每位客戶的租片數量,而外圍查詢事後則可取得剛好曾租過 20 部片的客戶資料:

```
mysql> SELECT c.first_name, c.last_name
    -> FROM customer c
    -> WHERE 20 =
    ->  (SELECT count(*) FROM rental r
    ->   WHERE r.customer_id = c.customer_id);
+------------+-------------+
| first_name | last_name   |
+------------+-------------+
| LAUREN     | HUDSON      |
| JEANETTE   | GREENE      |
| TARA       | RYAN        |
| WILMA      | RICHARDS    |
| JO         | FOWLER      |
| KAY        | CALDWELL    |
| DANIEL     | CABRAL      |
| ANTHONY    | SCHWAB      |
| TERRY      | GRISSOM     |
| LUIS       | YANEZ       |
| HERBERT    | KRUGER      |
| OSCAR      | AQUINO      |
| RAUL       | FORTIER     |
| NELSON     | CHRISTENSON |
| ALFREDO    | MCADAMS     |
+------------+-------------+
15 rows in set (0.01 sec)
```

子查詢的尾端參照了 c.customer_id,就是讓它成為關聯式子查詢的關鍵;外圍查詢必須提供 c.customer_id 的值給子查詢,以利後者執行時參照。在上例中,外圍查詢會先從 customer 資料表取出所有 599 筆資料,並針對每一筆客戶資料執行一次子查詢,同時將合適的 customer ID 交給子查詢執行。如果子查詢傳回的值正是 20,那麼該 customer ID 所屬的 customer 資料列便符合第一個篩選條件,該筆資料便會進入結果集合當中。

總而言之一句話:由於系統會為外圍查詢的每一筆資料都執行一次關聯式子查詢,因此若是外圍查詢的資料列甚眾,使用關聯式子查詢便會引起效能問題。

除了等式條件以外，你也可以將關聯式子查詢用在其他類型的條件式上，像是以下示範的範圍條件式：

```
mysql> SELECT c.first_name, c.last_name
    -> FROM customer c
    -> WHERE
    -> (SELECT sum(p.amount) FROM payment p
    ->   WHERE p.customer_id = c.customer_id)
    ->   BETWEEN 180 AND 240;
+------------+-----------+
| first_name | last_name |
+------------+-----------+
| RHONDA     | KENNEDY   |
| CLARA      | SHAW      |
| ELEANOR    | HUNT      |
| MARION     | SNYDER    |
| TOMMY      | COLLAZO   |
| KARL       | SEAL      |
+------------+-----------+
6 rows in set (0.03 sec)
```

以上查詢的變化，會找出所有租片總金額介於 $180 到 $240 之間的客戶。這一次也是將關聯式子查詢執行了 599 次（亦即對每筆客戶資料都執行一次），而子查詢的每一次執行結果都會傳回特定客戶的帳戶總交易額。

 以上查詢的另一個微妙的差異，在於子查詢位於條件式的左側，雖然看起來有點怪，但語法卻是完全有效的。

exists 運算子

雖說各位應該經常會在等式和範圍等等的條件式中看到關聯式子查詢的蹤影，但其實最常利用關聯式子查詢來建構條件式的運算子，其實是 exists 運算子。當你需要鑑別的關係跟相等與否無關時，就必須用到 exists 運算子；舉例來說，以下查詢會找出所有曾在 2005 年 5 月 25 日前至少租過一部片的客戶，但卻無須考量實際上租過幾部片子：

```
mysql> SELECT c.first_name, c.last_name
    -> FROM customer c
    -> WHERE EXISTS
    -> (SELECT 1 FROM rental r
```

```
   ->    WHERE r.customer_id = c.customer_id
   ->      AND date(r.rental_date) < '2005-05-25');
+------------+-------------+
| first_name | last_name   |
+------------+-------------+
| CHARLOTTE  | HUNTER      |
| DELORES    | HANSEN      |
| MINNIE     | ROMERO      |
| CASSANDRA  | WALTERS     |
| ANDREW     | PURDY       |
| MANUEL     | MURRELL     |
| TOMMY      | COLLAZO     |
| NELSON     | CHRISTENSON |
+------------+-------------+
8 rows in set (0.03 sec)
```

藉由 exists 運算子，你的子查詢可以傳回零筆、一筆、甚至是多筆資料，而條件式只會檢查子查詢是否傳回一筆或多筆資料。如果各位仔細觀察子查詢中的 select 子句，就會發覺它包含了一個字面值（1）；而外圍查詢中的條件式只在乎傳回了多少筆資料、卻不在乎子查詢傳回的資料內容。這時的子查詢愛傳回何種內容都無妨，就像這樣：

```
mysql> SELECT c.first_name, c.last_name
    -> FROM customer c
    -> WHERE EXISTS
    ->   (SELECT r.rental_date, r.customer_id, 'ABCD' str, 2 * 3 / 7 nmbr
    ->    FROM rental r
    ->    WHERE r.customer_id = c.customer_id
    ->      AND date(r.rental_date) < '2005-05-25');
+------------+-------------+
| first_name | last_name   |
+------------+-------------+
| CHARLOTTE  | HUNTER      |
| DELORES    | HANSEN      |
| MINNIE     | ROMERO      |
| CASSANDRA  | WALTERS     |
| ANDREW     | PURDY       |
| MANUEL     | MURRELL     |
| TOMMY      | COLLAZO     |
| NELSON     | CHRISTENSON |
+------------+-------------+
8 rows in set (0.03 sec)
```

然而我們的慣例作法，使用 exists 時還是會指定 select 1 或 select *。

你也可以在子查詢中改用 not exists 來檢查不會傳回任何資料列的狀況，如下所示：

```
mysql> SELECT a.first_name, a.last_name
    -> FROM actor a
    -> WHERE NOT EXISTS
    ->  (SELECT 1
    ->   FROM film_actor fa
    ->     INNER JOIN film f ON f.film_id = fa.film_id
    ->   WHERE fa.actor_id = a.actor_id
    ->     AND f.rating = 'R');
+------------+-----------+
| first_name | last_name |
+------------+-----------+
| JANE       | JACKMAN   |
+------------+-----------+
1 row in set (0.00 sec)
```

以上查詢會找出所有未曾演出任何限制級片（R-rated）的演員。

以關聯式子查詢來操作資料

截至目前為止，本章所有的範例都是以 select 敘述示範的，但是別以為子查詢就無法用在其他的 SQL 敘述上。子查詢其實也大量用在 update、delete 和 insert 等敘述上，關聯式子查詢更是常出現在 update 和 delete 等敘述中。下例的關聯式子查詢便是用來修改 customer 資料表中的 last_update 欄位：

```
UPDATE customer c
SET c.last_update =
 (SELECT max(r.rental_date) FROM rental r
  WHERE r.customer_id = c.customer_id);
```

以上敘述會從 rental 資料表找出每位客戶最近一筆租賃的日期，並據以修改 customer 資料表中的每一筆資料（因為這裡未加入任何 where 子句之故）。雖說每位客戶應該都至少租過一部片的前提看似合理，但在試圖更改 last_update 欄位前，最好還是應該先檢查一番；不然便有可能因為子查詢一無所獲；因而對該欄位填入 null。以下便是改寫後的 update 敘述版本，這回利用了 where 子句和第二道關聯式子查詢：

```
UPDATE customer c
SET c.last_update =
 (SELECT max(r.rental_date) FROM rental r
  WHERE r.customer_id = c.customer_id)
```

```
WHERE EXISTS
  (SELECT 1 FROM rental r
   WHERE r.customer_id = c.customer_id);
```

以上前後兩道關聯式子查詢其實是一樣的，差別只在於 where 子句。但是只有在 update 敘述的 where 子句評估為真時（亦即該客戶至少租過一部片），才會執行 set 子句中的子查詢，因此才能保障 last_update 欄位的資料，不至於被寫入 null。

關聯式查詢也常見於 delete 敘述。舉例來說，你可以在月底執行一次資料維護的指令碼，藉以移除不需要的資料。指令碼中可以納入以下敘述，以便從 customer 資料表中移除過去一年中沒有租過片子的資料列：

```
DELETE FROM customer
WHERE 365 < ALL
  (SELECT datediff(now(), r.rental_date) days_since_last_rental
   FROM rental r
   WHERE r.customer_id = customer.customer_id);
```

在 MySQL 中使用關聯式子查詢搭配 delete 敘述時，請務必牢記，無論有何緣由，決不能在使用 delete 時採用資料表別名，這也是何以筆者在上例的子查詢中使用完整資料表名稱之故。但其他大部分的資料庫伺服器都允許為 customer 資料表指定別名，就像這樣：

```
DELETE FROM customer c
WHERE 365 < ALL
  (SELECT datediff(now(), r.rental_date) days_since_last_rental
   FROM rental r
   WHERE r.customer_id = c.customer_id);
```

使用子查詢的時機

各位已經學過了不同類型的子查詢、以及各種可以用來操作子查詢回傳資料的運算子，現在該來探討一下如何以子查詢寫出好用的 SQL 敘述了。在接下來的三個小節裡，我們會告訴大家如何利用子查詢來建構自訂資料表、建立條件式、以及在結果集合中產生欄位資料值。

將子查詢當成資料來源

回顧第 3 章，筆者曾談到 select 敘述的 from 子句中會包含查詢語句所需的資料表。由於子查詢所產生的結果集合中也可以包含資料列和欄位，因此它也十分適合與資料表一併放在 from 子句當中。雖說乍看之下這不過是另一個有趣的功能、似乎實用價值不高，但是在事實上，以子查詢搭配資料表，確實是撰寫查詢時最強而有力的工具之一。以下是一個簡單的例子：

```
mysql> SELECT c.first_name, c.last_name,
    ->    pymnt.num_rentals, pymnt.tot_payments
    -> FROM customer c
    ->    INNER JOIN
    ->    (SELECT customer_id,
    ->       count(*) num_rentals, sum(amount) tot_payments
    ->     FROM payment
    ->     GROUP BY customer_id
    ->    ) pymnt
    ->    ON c.customer_id = pymnt.customer_id;
+-------------+-------------+-------------+--------------+
| first_name  | last_name   | num_rentals | tot_payments |
+-------------+-------------+-------------+--------------+
| MARY        | SMITH       |          32 |       118.68 |
| PATRICIA    | JOHNSON     |          27 |       128.73 |
| LINDA       | WILLIAMS    |          26 |       135.74 |
| BARBARA     | JONES       |          22 |        81.78 |
| ELIZABETH   | BROWN       |          38 |       144.62 |
...
| TERRENCE    | GUNDERSON   |          30 |       117.70 |
| ENRIQUE     | FORSYTHE    |          28 |        96.72 |
| FREDDIE     | DUGGAN      |          25 |        99.75 |
| WADE        | DELVALLE    |          22 |        83.78 |
| AUSTIN      | CINTRON     |          19 |        83.81 |
+-------------+-------------+-------------+--------------+
599 rows in set (0.03 sec)
```

在上例中，子查詢產生了一個含有 customer ID 的清單、連帶還有影片租賃次數和累計支付金額。以下先看子查詢所產生的結果集合：

```
mysql> SELECT customer_id, count(*) num_rentals, sum(amount) tot_payments
    -> FROM payment
    -> GROUP BY customer_id;
+-------------+-------------+--------------+
| customer_id | num_rentals | tot_payments |
+-------------+-------------+--------------+
|           1 |          32 |       118.68 |
```

```
|           2 |          27 |      128.73 |
|           3 |          26 |      135.74 |
|           4 |          22 |       81.78 |
...
|         596 |          28 |       96.72 |
|         597 |          25 |       99.75 |
|         598 |          22 |       83.78 |
|         599 |          19 |       83.81 |
+-------------+-------------+-------------+
599 rows in set (0.03 sec)
```

子查詢被賦予了 pymnt 這個別名、再經由 customer_id 欄位跟 customer 資料表結合。外圍查詢隨後從 customer 資料表取得了客戶的全名、同時也取得了 pymnt 子查詢所得出的總結欄位。

放在 from 子句中的必須是非關聯式子查詢[1];它們會先執行過一次,然後產生的資料會留在記憶體中、直到外圍查詢執行完畢為止。在撰寫查詢語句時,子查詢提供了非常大的彈性,因為你不必受限於既有的資料表,就能建構出幾乎任何你需要的資料檢視方式,再把結果拿來和其他資料表或子查詢結合。如果你正在撰寫報表、或是需要產生餵送給外部系統的資料,都可以只用一道查詢完成以往你必須用多道查詢、甚至必須動用程序式程式語言才能達成的任務。

打造資料

除了以子查詢來總結既有的資料以外,你也可以靠子查詢來產生資料庫中原本沒有的資料格式。舉例來說,你可能會想按照租片金額將客戶分組,但資料庫中沒有定義你用來分組的依據。舉例來說,你想按照表 9-1 的方式來為客戶分組。

表 9-1　客戶付款分組

分組名稱	下限	上限
Small Fry	0	$74.99
Average Joes	$75	$149.99
Heavy Hitters	$150	$9,999,999.99

要以單一查詢產生這些群組,你需要想辦法加以定義。首先要寫出可以產生分組定義的查詢:

---

[1] 其實這要看你使用的資料庫伺服器而定,你可能還是可以透過 cross apply 或是 outer apply 把關聯式子查詢放在 from 子句裡,但這兩種功能都超出本書範疇。

```
mysql> SELECT 'Small Fry' name, 0 low_limit, 74.99 high_limit
    -> UNION ALL
    -> SELECT 'Average Joes' name, 75 low_limit, 149.99 high_limit
    -> UNION ALL
    -> SELECT 'Heavy Hitters' name, 150 low_limit, 9999999.99 high_limit;
+---------------+-----------+------------+
| name          | low_limit | high_limit |
+---------------+-----------+------------+
| Small Fry     |         0 |      74.99 |
| Average Joes  |        75 |     149.99 |
| Heavy Hitters |       150 | 9999999.99 |
+---------------+-----------+------------+
3 rows in set (0.00 sec)
```

筆者利用了集合運算子 union all，把三道個別的查詢結果合併成一個結果集合。這三道查詢都會各自得出三個字面值，而三道查詢的結果會被放在一起，組成一個由三個欄位和三筆資料構成的結果集合。現在你已經可以用一道查詢產生所需的組別了，接著你必須把它放到另一道查詢的 from 子句裡，藉以產生客戶分組：

```
mysql> SELECT pymnt_grps.name, count(*) num_customers
    -> FROM
    -> (SELECT customer_id,
    ->    count(*) num_rentals, sum(amount) tot_payments
    ->  FROM payment
    ->  GROUP BY customer_id
    -> ) pymnt
    -> INNER JOIN
    -> (SELECT 'Small Fry' name, 0 low_limit, 74.99 high_limit
    ->  UNION ALL
    ->  SELECT 'Average Joes' name, 75 low_limit, 149.99 high_limit
    ->  UNION ALL
    ->  SELECT 'Heavy Hitters' name, 150 low_limit, 9999999.99 high_limit
    -> ) pymnt_grps
    ->  ON pymnt.tot_payments
    ->    BETWEEN pymnt_grps.low_limit AND pymnt_grps.high_limit
    -> GROUP BY pymnt_grps.name;
+---------------+---------------+
| name          | num_customers |
+---------------+---------------+
| Average Joes  |           515 |
| Heavy Hitters |            46 |
| Small Fry     |            38 |
+---------------+---------------+
3 rows in set (0.03 sec)
```

from 子句中包含了兩道子查詢；第一道查詢的別名是 `pymnt`，它傳回的是每位客戶的租片總數和累積金額，第二道子查詢的別名則是 `pymnt_grps`，它會產生三個客戶分組的組別名稱。這兩道子查詢會按照每位客戶所屬的組別加以結合，再按照組別名稱將資料列分組統計，以便得出每一組的客戶數量。

當然了，你也可以直接建立一個永久性的（或者暫時的也可以）資料表，用它來儲存組別的定義，而不要靠子查詢。但是這樣一來，沒多久之後你就會發覺資料庫中四處充斥著這類的小型特殊資料表，而且你可能也會忘記這些小資料表當初建立的目的。然而若是改用子查詢，你就可以謹守策略，只有業務需求明確要儲存的資料，其資料表才可以進駐資料庫。

任務導向的子查詢

假設你想要產生一份報表，其中要有客戶名稱、其所在城市、租賃次數和累計付款金額。你可以一口氣結合 payment、customer、address 和 city 等資料表，然後再按照客戶姓名分組：

```
mysql> SELECT c.first_name, c.last_name, ct.city,
    ->     sum(p.amount) tot_payments, count(*) tot_rentals
    -> FROM payment p
    ->   INNER JOIN customer c
    ->   ON p.customer_id = c.customer_id
    ->   INNER JOIN address a
    ->   ON c.address_id = a.address_id
    ->   INNER JOIN city ct
    ->   ON a.city_id = ct.city_id
    -> GROUP BY c.first_name, c.last_name, ct.city;
+------------+-----------+----------------+--------------+-------------+
| first_name | last_name | city           | tot_payments | tot_rentals |
+------------+-----------+----------------+--------------+-------------+
| MARY       | SMITH     | Sasebo         |       118.68 |          32 |
| PATRICIA   | JOHNSON   | San Bernardino |       128.73 |          27 |
| LINDA      | WILLIAMS  | Athenai        |       135.74 |          26 |
| BARBARA    | JONES     | Myingyan       |        81.78 |          22 |
...
| TERRENCE   | GUNDERSON | Jinzhou        |       117.70 |          30 |
| ENRIQUE    | FORSYTHE  | Patras         |        96.72 |          28 |
| FREDDIE    | DUGGAN    | Sullana        |        99.75 |          25 |
| WADE       | DELVALLE  | Lausanne       |        83.78 |          22 |
| AUSTIN     | CINTRON   | Tieli          |        83.81 |          19 |
+------------+-----------+----------------+--------------+-------------+
599 rows in set (0.06 sec)
```

以上查詢的確會傳回所需的資料，但如果各位仔細觀察查詢內容，就會發現其實customer、address 和 city 等資料表都只是用來提供顯示用資料的，而 payment資料表本身就已經含有產生分組資料所需的一切內容（亦即 customer_id 和amount 這兩個欄位）。因此你可以把以上的分組作業抽出來構成子查詢，再把另外三個資料表拿來跟子查詢所得出的資料表做結合，得出所需的最後結果。以下就是分組用的子查詢部分：

```
mysql> SELECT customer_id,
    ->   count(*) tot_rentals, sum(amount) tot_payments
    -> FROM payment
    -> GROUP BY customer_id;
+-------------+-------------+--------------+
| customer_id | tot_rentals | tot_payments |
+-------------+-------------+--------------+
|           1 |          32 |       118.68 |
|           2 |          27 |       128.73 |
|           3 |          26 |       135.74 |
|           4 |          22 |        81.78 |
...
|         595 |          30 |       117.70 |
|         596 |          28 |        96.72 |
|         597 |          25 |        99.75 |
|         598 |          22 |        83.78 |
|         599 |          19 |        83.81 |
+-------------+-------------+--------------+
599 rows in set (0.03 sec)
```

這就是整筆查詢的精髓所在；其他資料表都只是用來引入 customer_id 資料值所對應的有意義字串而已。下一筆查詢會把以上的資料集合和另外三個資料表結合：

```
mysql> SELECT c.first_name, c.last_name,
    ->   ct.city,
    ->   pymnt.tot_payments, pymnt.tot_rentals
    -> FROM
    ->  (SELECT customer_id,
    ->     count(*) tot_rentals, sum(amount) tot_payments
    ->   FROM payment
    ->   GROUP BY customer_id
    ->  ) pymnt
    ->  INNER JOIN customer c
    ->  ON pymnt.customer_id = c.customer_id
    ->  INNER JOIN address a
    ->  ON c.address_id = a.address_id
    ->  INNER JOIN city ct
    ->  ON a.city_id = ct.city_id;
```

```
+-------------+-------------+----------------+--------------+-------------+
| first_name  | last_name   | city           | tot_payments | tot_rentals |
+-------------+-------------+----------------+--------------+-------------+
| MARY        | SMITH       | Sasebo         |       118.68 |          32 |
| PATRICIA    | JOHNSON     | San Bernardino |       128.73 |          27 |
| LINDA       | WILLIAMS    | Athenai        |       135.74 |          26 |
| BARBARA     | JONES       | Myingyan       |        81.78 |          22 |
| ...         |             |                |              |             |
| TERRENCE    | GUNDERSON   | Jinzhou        |       117.70 |          30 |
| ENRIQUE     | FORSYTHE    | Patras         |        96.72 |          28 |
| FREDDIE     | DUGGAN      | Sullana        |        99.75 |          25 |
| WADE        | DELVALLE    | Lausanne       |        83.78 |          22 |
| AUSTIN      | CINTRON     | Tieli          |        83.81 |          19 |
+-------------+-------------+----------------+--------------+-------------+
599 rows in set (0.06 sec)
```

筆者當然知道，這種寫法的美感見仁見智，但這個版本的查詢遠比原本龐雜的扁平版本要好得多。這個版本執行起來可能也比較快，因為分組是按照單一數值欄位（customer_id）來進行的，而非按照多個冗長的字串欄位（customer.first_name、customer.last_name、city.city）。

通用資料表運算式

通用資料表運算式（Common table expressions，簡稱 CTE），是 MySQL 在 8.0 版才引進的新功能，但在其他的資料庫伺服器上早已行之有年。CTE 其實就是一串用 with 子句集中放在查詢頂端的具名子查詢，其中可以包含多個用逗點區隔的 CTE。除了讓查詢更容易閱讀以外，任一 CTE 也可以參照同一個 with 子句中位居其前的其他 CTE。下例中便包含了三個 CTE，而第二個 CTE 參照了第一個 CTE、第三個 CTE 也參照了第二個 CTE：

```
mysql> WITH actors_s AS
    ->  (SELECT actor_id, first_name, last_name
    ->   FROM actor
    ->   WHERE last_name LIKE 'S%'
    ->  ),
    -> actors_s_pg AS
    ->  (SELECT s.actor_id, s.first_name, s.last_name,
    ->     f.film_id, f.title
    ->   FROM actors_s s
    ->     INNER JOIN film_actor fa
    ->     ON s.actor_id = fa.actor_id
    ->     INNER JOIN film f
    ->     ON f.film_id = fa.film_id
    ->   WHERE f.rating = 'PG'
```

```
    -> ),
    -> actors_s_pg_revenue AS
    -> (SELECT spg.first_name, spg.last_name, p.amount
    ->  FROM actors_s_pg spg
    ->    INNER JOIN inventory i
    ->    ON i.film_id = spg.film_id
    ->    INNER JOIN rental r
    ->    ON i.inventory_id = r.inventory_id
    ->    INNER JOIN payment p
    ->    ON r.rental_id = p.rental_id
    -> ) -- end of With clause
    -> SELECT spg_rev.first_name, spg_rev.last_name,
    ->   sum(spg_rev.amount) tot_revenue
    -> FROM actors_s_pg_revenue spg_rev
    -> GROUP BY spg_rev.first_name, spg_rev.last_name
    -> ORDER BY 3 desc;
+------------+-------------+-------------+
| first_name | last_name   | tot_revenue |
+------------+-------------+-------------+
| NICK       | STALLONE    |      692.21 |
| JEFF       | SILVERSTONE |      652.35 |
| DAN        | STREEP      |      509.02 |
| GROUCHO    | SINATRA     |      457.97 |
| SISSY      | SOBIESKI    |      379.03 |
| JAYNE      | SILVERSTONE |      372.18 |
| CAMERON    | STREEP      |      361.00 |
| JOHN       | SUVARI      |      296.36 |
| JOE        | SWANK       |      177.52 |
+------------+-------------+-------------+
9 rows in set (0.18 sec)
```

以上查詢會計算姓氏首字母為 S 的演員曾演出的所有輔導級（PG-rated）影片出租獲利總金額。第一道子查詢（actors_s）會調出所有姓氏首字母為 S 的演員，第二道子查詢（actors_s_pg）則會將資料集合與 film 資料表做結合，並篩選出 PG 的影片，然後第三道子查詢（actors_s_pg_revenue）會再把資料集合與 payment 資料表結合，藉以取得以上影片的總租賃金額。最終的查詢就只是按照姓名將 actors_s_pg_revenue 的資料進行分組，並將獲利金額依分組加總。

對於偏好以暫存資料表來儲存查詢結果、並將其用在後續查詢的人來說，他們也許會覺得 CTE 是個很好的替代方案。

把子查詢當成產生表示式的工具

作為本章的最後一個小節，筆者要以開頭時介紹的子查詢來收尾：亦即只有單一欄位的單筆資料純量查詢。純量子查詢除了用在過濾器條件以外，也可以用在任何可以出現表示式的場合，包括查詢中的 select 和 order by 子句、以及 insert 敘述的 values 子句。

在 194 頁的「任務導向的子查詢」一節中，筆者已展示過如何利用子查詢，把分組機制從原本的查詢分離出來。以下是相同查詢的另一個版本，同樣也是利用子查詢改寫，但作法卻完全不同：

```
mysql> SELECT
    ->   (SELECT c.first_name FROM customer c
    ->    WHERE c.customer_id = p.customer_id
    ->   ) first_name,
    ->   (SELECT c.last_name FROM customer c
    ->    WHERE c.customer_id = p.customer_id
    ->   ) last_name,
    ->   (SELECT ct.city
    ->    FROM customer c
    ->    INNER JOIN address a
    ->      ON c.address_id = a.address_id
    ->    INNER JOIN city ct
    ->      ON a.city_id = ct.city_id
    ->    WHERE c.customer_id = p.customer_id
    ->   ) city,
    ->   sum(p.amount) tot_payments,
    ->   count(*) tot_rentals
    -> FROM payment p
    -> GROUP BY p.customer_id;
+-------------+-------------+----------------+--------------+-------------+
| first_name  | last_name   | city           | tot_payments | tot_rentals |
+-------------+-------------+----------------+--------------+-------------+
| MARY        | SMITH       | Sasebo         |       118.68 |          32 |
| PATRICIA    | JOHNSON     | San Bernardino |       128.73 |          27 |
| LINDA       | WILLIAMS    | Athenai        |       135.74 |          26 |
| BARBARA     | JONES       | Myingyan       |        81.78 |          22 |
...
| TERRENCE    | GUNDERSON   | Jinzhou        |       117.70 |          30 |
| ENRIQUE     | FORSYTHE    | Patras         |        96.72 |          28 |
| FREDDIE     | DUGGAN      | Sullana        |        99.75 |          25 |
| WADE        | DELVALLE    | Lausanne       |        83.78 |          22 |
| AUSTIN      | CINTRON     | Tieli          |        83.81 |          19 |
+-------------+-------------+----------------+--------------+-------------+
599 rows in set (0.06 sec)
```

和先前在 from 子句中使用子查詢的版本相比，這一版的查詢主要的差異有二：

- 我們在 select 子句中使用關聯式純量子查詢來找出客戶的姓名和所在城市，而不是原本把 customer、address 和 city 等資料表和 payment 資料表結合的方式。

- customer 資料表被取用了三次（三道子查詢各執行一次）、而不只是一次。

customer 資料表之所以被取用三次，是由於純量子查詢一次只能傳回一筆單一欄位資料，因此我們若是需要與客戶相關的三個欄位，便只能用三道不同的子查詢來取。

如前所述，純量子查詢亦可用在 order by 子句當中。以下查詢便會取出演員的姓名、並按照演員曾演出的影片數量排序：

```
mysql> SELECT a.actor_id, a.first_name, a.last_name
-> FROM actor a
-> ORDER BY
-> (SELECT count(*) FROM film_actor fa
->   WHERE fa.actor_id = a.actor_id) DESC;
+----------+------------+-------------+
| actor_id | first_name | last_name   |
+----------+------------+-------------+
|      107 | GINA       | DEGENERES   |
|      102 | WALTER     | TORN        |
|      198 | MARY       | KEITEL      |
|      181 | MATTHEW    | CARREY      |
...
|       71 | ADAM       | GRANT       |
|      186 | JULIA      | ZELLWEGER   |
|       35 | JUDY       | DEAN        |
|      199 | JULIA      | FAWCETT     |
|      148 | EMILY      | DEE         |
+----------+------------+-------------+
200 rows in set (0.01 sec)
```

以上查詢在 order by 子句中使用了關聯式純量子查詢，因此只會傳回曾演出的影片數量，而且這組資料值僅會用於排序時的參考。

除了在 select 敘述中使用了關聯式純量子查詢之外，你也可以用非關聯式純量子查詢來產生 insert 敘述所需的資料值。舉例來說，假設你正要為 film_actor 資料表產生一筆新資料，而你手中已有以下資料：

- 演員姓名
- 影片名稱

有兩種選擇可以做到這一點：先執行兩道查詢，分別從 film 和 actor 取得主鍵，並將這些鍵值放到 insert 敘述當中；或是在 insert 敘述中直接用子查詢取得兩種鍵值。以下便是後者的作法：

```
INSERT INTO film_actor (actor_id, film_id, last_update)
VALUES (
 (SELECT actor_id FROM actor
  WHERE first_name = 'JENNIFER' AND last_name = 'DAVIS'),
 (SELECT film_id FROM film
  WHERE title = 'ACE GOLDFINGER'),
 now()
 );
```

以上只用了單獨一道 SQL 敘述，便能在 film_actor 資料表中建立一筆資料、同時取得兩項外來鍵欄位的值。

子查詢概要

筆者在本章中談到了許多基礎觀念，因此現在最好來複習一番。本章範例展示的子查詢有以下類型：

- 傳回只有一個欄位的單一資料列、或是單一欄位構成的多筆資料列、以及多重欄位的多筆資料列
- 與外圍敘述無涉的（非關聯式子查詢）
- 參照了外圍查詢中的一個或多個欄位（關聯式子查詢）
- 放在含有比較運算子及其他特殊目的運算子（如 in、not in、exists 和 not exists）的條件式中
- 可以放在 select、update、delete 和 insert 等敘述中
- 產生結果集合，再在查詢中結合其他資料表（或子查詢）
- 在查詢的結果集合中產生資料值，再填入其他資料表或是欄位
- 用在查詢的 select、from、where、having 和 order by 等子句當中

顯而易見，子查詢是非常多樣化的工具，因此若是初次讀完這一章後還無法將概念深植腦中，也不必沮喪。只需不斷地實驗各種子查詢的各種用法，你很快就會發覺，每當撰寫重要的 SQL 敘述時，自己都會在不知不覺中思考如何運用子查詢。

測試你剛學到的

以下練習會測試你對子查詢的了解程度。答案可參閱附錄 B。

練習 9-1

對 film 資料表撰寫一道查詢，並利用非關聯式子查詢與 category 資料表建立過濾器條件，找出所有的動作片（category.name = 'Action'）。

練習 9-2

以非關聯式子查詢來配合 category 和 film_category 資料表，重寫練習 9-1 並達成相同的結果。

練習 9-3

將以下對 film_actor 資料表的查詢合併成一道子查詢，以便顯示每位演員的等級：

```
SELECT 'Hollywood Star' level, 30 min_roles, 99999 max_roles
UNION ALL
SELECT 'Prolific Actor' level, 20 min_roles, 29 max_roles
UNION ALL
SELECT 'Newcomer' level, 1 min_roles, 19 max_roles
```

對 film_actor 資料表的子查詢應該要利用 group by actor_id 計算每位演員的資料筆數，而這個計數值要與 min_roles/max_roles 等欄位做比較，以便決定每位演員所屬的等級。

第十章

再談結合

到目前為止，讀者們應該已經相當適應筆者在第 5 章時介紹過的 inner join 觀念了。本章將專門說明其他的資料表結合方式，包括 outer join 和 cross join。

Outer Joins

直到目前為止，凡是涉及多重資料表的範例，我們都並未特別在意萬一結合條件失敗、導致無法找出資料表中所有相符資料列的狀況。舉例來說，inventory 資料表中便含有每一部可供租賃的影片資料，但是在 film 資料表的 1,000 筆資料中，其中只有 958 筆曾在 inventory 資料表中出現一次以上（亦即有一筆以上的盤點資料）。另外 42 部影片都不能出租（也可能是因為這些是剛剛發行的新片，幾天後才會進貨），因此在 inventory 資料表中找不到它們的 film ID。以下查詢便會結合兩個資料表、藉以計算每部片可供出租的拷貝數量：

```
mysql> SELECT f.film_id, f.title, count(*) num_copies
    -> FROM film f
    ->   INNER JOIN inventory i
    ->   ON f.film_id = i.film_id
    -> GROUP BY f.film_id, f.title;
+---------+----------------------------+------------+
| film_id | title                      | num_copies |
+---------+----------------------------+------------+
|       1 | ACADEMY DINOSAUR           |          8 |
|       2 | ACE GOLDFINGER             |          3 |
|       3 | ADAPTATION HOLES           |          4 |
|       4 | AFFAIR PREJUDICE           |          7 |
...
```

```
|       13 | ALI FOREVER                  |          4 |
|       15 | ALIEN CENTER                 |          6 |
...
|      997 | YOUTH KICK                   |          2 |
|      998 | ZHIVAGO CORE                 |          2 |
|      999 | ZOOLANDER FICTION            |          5 |
|     1000 | ZORRO ARK                    |          8 |
+----------+------------------------------+------------+
958 rows in set (0.02 sec)
```

雖說你原本預期應該會傳回 1,000 筆資料（一筆對應一部影片），但查詢卻只傳回
958 筆資料。這是因為以上查詢使用的是 inner join，於是它就只會傳回能滿足結
合條件的資料列，以 *Alice Fantasia* 這部片（film_id 14）為例，它就沒有出現在
結果當中，這是因為它在 inventory 資料表裡根本沒有可對應的盤點紀錄之故。

如果你想讓查詢傳回所有 1,000 部影片的資料，就不要管 inventory 資料表裡有沒
有可以對應的資料，你可以改用 outer join，它會讓結合條件變成選擇性的：

```
mysql> SELECT f.film_id, f.title, count(i.inventory_id) num_copies
    -> FROM film f
    ->   LEFT OUTER JOIN inventory i
    ->   ON f.film_id = i.film_id
    -> GROUP BY f.film_id, f.title;
+----------+------------------------------+------------+
| film_id  | title                        | num_copies |
+----------+------------------------------+------------+
|        1 | ACADEMY DINOSAUR             |          8 |
|        2 | ACE GOLDFINGER               |          3 |
|        3 | ADAPTATION HOLES             |          4 |
|        4 | AFFAIR PREJUDICE             |          7 |
...
|       13 | ALI FOREVER                  |          4 |
|       14 | ALICE FANTASIA               |          0 |
|       15 | ALIEN CENTER                 |          6 |
...
|      997 | YOUTH KICK                   |          2 |
|      998 | ZHIVAGO CORE                 |          2 |
|      999 | ZOOLANDER FICTION            |          5 |
|     1000 | ZORRO ARK                    |          8 |
+----------+------------------------------+------------+
1000 rows in set (0.01 sec)
```

如各位所見，這下查詢可以傳回 film 資料表所有 1,000 筆的資料了，而且其中有
42 筆資料（其中就有 *Alice Fantasia*）的 num_copies 欄位值為 0，這就代表庫存
中沒有該片的拷貝。

以下說明兩個版本的查詢彼此間的差異：

- 結合條件從 inner 改成了 left outer，這會讓伺服器把所有來自結合左側資料表的所有資料列（以上例來說就是 film）都納入，如果結合成功，就把來自結合右側資料表的所有資料欄位（以上例來說就是 inventory）也都納入。

- num_copies 欄位的定義從 count(*) 改成了 count(i.inventory_id)，於是就只有 inventory.inventory_id 欄位中的非 null 值才會納入計數【譯註】。

接著我們把 group by 子句拿掉，再篩選掉大部分的資料列，以便清楚地觀察 inner 和 outer 兩種結合的差異。以下查詢會先以 inner 方式結合並進行篩選，以傳回少數影片的資料：

```
mysql> SELECT f.film_id, f.title, i.inventory_id
    -> FROM film f
    ->   INNER JOIN inventory i
    ->   ON f.film_id = i.film_id
    -> WHERE f.film_id BETWEEN 13 AND 15;
+---------+--------------+--------------+
| film_id | title        | inventory_id |
+---------+--------------+--------------+
|      13 | ALI FOREVER  |           67 |
|      13 | ALI FOREVER  |           68 |
|      13 | ALI FOREVER  |           69 |
|      13 | ALI FOREVER  |           70 |
|      15 | ALIEN CENTER |           71 |
|      15 | ALIEN CENTER |           72 |
|      15 | ALIEN CENTER |           73 |
|      15 | ALIEN CENTER |           74 |
|      15 | ALIEN CENTER |           75 |
|      15 | ALIEN CENTER |           76 |
+---------+--------------+--------------+
10 rows in set (0.00 sec)
```

結果顯示，在庫存盤點中，*Ali Forever* 這部片一共有四份拷貝、而 *Alien Center* 則有六份。以下是再以 outer 結合改寫的同一道查詢：

```
mysql> SELECT f.film_id, f.title, i.inventory_id
    -> FROM film f
    ->   LEFT OUTER JOIN inventory i
```

譯註　讀者可以自己在 select 子句裡加上 f.film_id 和 i.inventory_id 兩個欄位來交叉觀察，就會發現當 i.inventory_id 為 null 時（亦即比對不到），count() 會將其計為 0。以下的例子也可以看出這一點。

```
    ->    ON f.film_id = i.film_id
    -> WHERE f.film_id BETWEEN 13 AND 15;
+---------+-----------------+--------------+
| film_id | title           | inventory_id |
+---------+-----------------+--------------+
|      13 | ALI FOREVER     |           67 |
|      13 | ALI FOREVER     |           68 |
|      13 | ALI FOREVER     |           69 |
|      13 | ALI FOREVER     |           70 |
|      14 | ALICE FANTASIA  |         NULL |
|      15 | ALIEN CENTER    |           71 |
|      15 | ALIEN CENTER    |           72 |
|      15 | ALIEN CENTER    |           73 |
|      15 | ALIEN CENTER    |           74 |
|      15 | ALIEN CENTER    |           75 |
|      15 | ALIEN CENTER    |           76 |
+---------+-----------------+--------------+
11 rows in set (0.00 sec)
```

結果對於 *Ali Forever* 和 *Alien Center* 這兩部片並無差異，但卻多了 *Alice Fantasia* 這部片，而其 `inventory.inventory_id` 欄位值為 null。此例說明了 outer join 是如何把欄位值納入、卻不限制查詢傳回的資料筆數。如果結合條件失敗（正如 *Alice Fantasia* 一片的情形），則經由 outer-join 的資料表所取得的資料欄位值便一律都會是 null。

Left 與 Right Outer Joins 的比較

在前一小節中的每一個 outer join 範例中，筆者指定的都是 `left outer join`。關鍵字 `left` 表示，由位在結合命令左側的資料表來決定結果集合中的資料筆數，此外，不論是否能找得到符合結合條件的資料，都由結合命令右側的資料表來決定結果集合中的欄位值。但是你其實也可以用 `right outer join` 來操作，這時會改由位在結合命令右側的資料表來決定結果集合中的資料筆數，再由結合命令左側的資料表來決定結果集合中的欄位值。

以下是將前一小節中的查詢範例改以 `right outer join` 重寫的成果：

```
mysql> SELECT f.film_id, f.title, i.inventory_id
    -> FROM inventory i
    ->    RIGHT OUTER JOIN film f
    ->    ON f.film_id = i.film_id
    -> WHERE f.film_id BETWEEN 13 AND 15;
+---------+-----------------+--------------+
| film_id | title           | inventory_id |
```

```
+---------+----------------+---------------+
|      13 | ALI FOREVER    |            67 |
|      13 | ALI FOREVER    |            68 |
|      13 | ALI FOREVER    |            69 |
|      13 | ALI FOREVER    |            70 |
|      14 | ALICE FANTASIA |          NULL |
|      15 | ALIEN CENTER   |            71 |
|      15 | ALIEN CENTER   |            72 |
|      15 | ALIEN CENTER   |            73 |
|      15 | ALIEN CENTER   |            74 |
|      15 | ALIEN CENTER   |            75 |
|      15 | ALIEN CENTER   |            76 |
+---------+----------------+---------------+
11 rows in set (0.00 sec)
```

記住，兩個版本的查詢都是在做 outer join 的動作；關鍵字 left 和 right 只是要讓伺服器知道要允許哪一個資料表出現資料空缺的欄位。如果你要 outer-join 資料表 A 與 B，而且希望不論符合結合條件與否，A 資料表的所有資料列都會進入結果集合、並包含來自 B 資料表的額外欄位，你就該寫成 A left outer join B、或是 B right outer join A。

由於真正用到 right outer join 的機會甚少，而且不是所有的資料庫伺服器都支援此一功能，筆者建議大家都直接使用 left outer join。關鍵字 outer 其實可有可無，所以也可寫成 A left join B，但為了明確起見，還是建議大家加上 outer 字樣。

三方 Outer Join

在部分案例中，你也許會需要 outer-join 兩個以上的資料表。舉例來說，前一小節的查詢可以進一步延伸，把 rental 資料表的資料引進來：

```
mysql> SELECT f.film_id, f.title, i.inventory_id, r.rental_date
    -> FROM film f
    ->   LEFT OUTER JOIN inventory i
    ->   ON f.film_id = i.film_id
    ->   LEFT OUTER JOIN rental r
    ->   ON i.inventory_id = r.inventory_id
    -> WHERE f.film_id BETWEEN 13 AND 15;
+---------+----------------+--------------+---------------------+
| film_id | title          | inventory_id | rental_date         |
+---------+----------------+--------------+---------------------+
|      13 | ALI FOREVER    |           67 | 2005-07-31 18:11:17 |
```

```
|       13 | ALI FOREVER     |            67 | 2005-08-22 21:59:29 |
|       13 | ALI FOREVER     |            68 | 2005-07-28 15:26:20 |
|       13 | ALI FOREVER     |            68 | 2005-08-23 05:02:31 |
|       13 | ALI FOREVER     |            69 | 2005-08-01 23:36:10 |
|       13 | ALI FOREVER     |            69 | 2005-08-22 02:12:44 |
|       13 | ALI FOREVER     |            70 | 2005-07-12 10:51:09 |
|       13 | ALI FOREVER     |            70 | 2005-07-29 01:29:51 |
|       13 | ALI FOREVER     |            70 | 2006-02-14 15:16:03 |
|       14 | ALICE FANTASIA  |          NULL | NULL                |
|       15 | ALIEN CENTER    |            71 | 2005-05-28 02:06:37 |
|       15 | ALIEN CENTER    |            71 | 2005-06-17 16:40:03 |
|       15 | ALIEN CENTER    |            71 | 2005-07-11 05:47:08 |
|       15 | ALIEN CENTER    |            71 | 2005-08-02 13:58:55 |
|       15 | ALIEN CENTER    |            71 | 2005-08-23 05:13:09 |
|       15 | ALIEN CENTER    |            72 | 2005-05-27 22:49:27 |
|       15 | ALIEN CENTER    |            72 | 2005-06-19 13:29:28 |
|       15 | ALIEN CENTER    |            72 | 2005-07-07 23:05:53 |
|       15 | ALIEN CENTER    |            72 | 2005-08-01 05:55:13 |
|       15 | ALIEN CENTER    |            72 | 2005-08-20 15:11:48 |
|       15 | ALIEN CENTER    |            73 | 2005-07-06 15:51:58 |
|       15 | ALIEN CENTER    |            73 | 2005-07-30 14:48:24 |
|       15 | ALIEN CENTER    |            73 | 2005-08-20 22:32:11 |
|       15 | ALIEN CENTER    |            74 | 2005-07-27 00:15:18 |
|       15 | ALIEN CENTER    |            74 | 2005-08-23 19:21:22 |
|       15 | ALIEN CENTER    |            75 | 2005-07-09 02:58:41 |
|       15 | ALIEN CENTER    |            75 | 2005-07-29 23:52:01 |
|       15 | ALIEN CENTER    |            75 | 2005-08-18 21:55:01 |
|       15 | ALIEN CENTER    |            76 | 2005-06-15 08:01:29 |
|       15 | ALIEN CENTER    |            76 | 2005-07-07 18:31:50 |
|       15 | ALIEN CENTER    |            76 | 2005-08-01 01:49:36 |
|       15 | ALIEN CENTER    |            76 | 2005-08-17 07:26:47 |
+----------+-----------------+---------------+---------------------+
32 rows in set (0.01 sec)
```

結果便會納入所有已盤點影片的租賃紀錄，但是 *Alice Fantasia* 這部片從另外兩個資料表以 outer-join 引進的相關欄位卻都會帶有 null 值。

Cross Joins

回顧第 5 章，筆者曾介紹過笛卡兒乘積的概念，基本上就是結合多個資料表、卻不指定任何結合條件的後果。笛卡兒乘積的結果經常會因為意外而出現（例如忘記在 from 子句中加上結合條件），而非有意為之。但如果你真的**有意製造**出兩個資料表的笛卡兒乘積，就必須利用 *cross join*：

```
mysql> SELECT c.name category_name, l.name language_name
    -> FROM category c
    ->    CROSS JOIN language l;
+---------------+---------------+
| category_name | language_name |
+---------------+---------------+
| Action        | English       |
| Action        | Italian       |
| Action        | Japanese      |
| Action        | Mandarin      |
| Action        | French        |
| Action        | German        |
| Animation     | English       |
| Animation     | Italian       |
| Animation     | Japanese      |
| Animation     | Mandarin      |
| Animation     | French        |
| Animation     | German        |
...
| Sports        | English       |
| Sports        | Italian       |
| Sports        | Japanese      |
| Sports        | Mandarin      |
| Sports        | French        |
| Sports        | German        |
| Travel        | English       |
| Travel        | Italian       |
| Travel        | Japanese      |
| Travel        | Mandarin      |
| Travel        | French        |
| Travel        | German        |
+---------------+---------------+
96 rows in set (0.00 sec)
```

以上查詢會製作出 category 和 language 資料表的笛卡兒乘積，產生 96 筆資料
（16 筆 category 資料列乘以 6 筆 language 資料列）。既然你已經知道 cross join
的用法，那它真正的用途呢？大多數的 SQL 教科書都只會介紹 cross join 的來龍
去脈，然後便指出它並無大用，但是筆者要跟大家分享一種狀況，是可以讓 cross
join 發揮作用的。

在第 9 章時，筆者曾談到如何以子查詢來打造資料表。當時筆者引用的範例展示了
如何建置一個三列的資料表，以便拿來與其他資料表結合。以下便是當時打造的資
料表：

```
mysql> SELECT 'Small Fry' name, 0 low_limit, 74.99 high_limit
    -> UNION ALL
    -> SELECT 'Average Joes' name, 75 low_limit, 149.99 high_limit
    -> UNION ALL
    -> SELECT 'Heavy Hitters' name, 150 low_limit, 9999999.99 high_limit;
+---------------+-----------+-------------+
| name          | low_limit | high_limit  |
+---------------+-----------+-------------+
| Small Fry     |         0 |       74.99 |
| Average Joes  |        75 |      149.99 |
| Heavy Hitters |       150 |  9999999.99 |
+---------------+-----------+-------------+
3 rows in set (0.00 sec)
```

雖說此一資料表完全符合原本要依照客戶租片金額將其分成三組的目的,原本是以
set 運算子和 union all 合併三個單筆資料表的做法,然而萬一遇上你要製作的是
一個大型資料表時,這一招便有點不切實際了。

舉例來說好了,假設你要寫一道查詢,藉以產生 2020 一整年中每一天的日期資
料、並以每一天的日期填入每一筆資料列,但你的資料庫中並沒有以單一資料列收
納每日日期的資料表。若依以上第 9 章的辦法,就得寫成這樣:

```
SELECT '2020-01-01' dt
UNION ALL
SELECT '2020-01-02' dt
UNION ALL
SELECT '2020-01-03' dt
UNION ALL
...
...
...
SELECT '2020-12-29' dt
UNION ALL
SELECT '2020-12-30' dt
UNION ALL
SELECT '2020-12-31' dt
```

寫一道查詢來合併 366 道查詢的結果,未免繁瑣無味,所以我們需要不同的辦法。
何不產生一個有 366 筆單一欄位(因為 2020 年是閏年)的資料表、其中的資料正
好是 0 到 365 之間的每一個數值,然後把每一列當成天數、加到 2020 年 1 月 1 日
上、以便產生每一天的日期?以下是製作這種資料表的作法之一:

```
mysql> SELECT ones.num + tens.num + hundreds.num
    -> FROM
```

```
    -> (SELECT 0 num UNION ALL
    -> SELECT 1 num UNION ALL
    -> SELECT 2 num UNION ALL
    -> SELECT 3 num UNION ALL
    -> SELECT 4 num UNION ALL
    -> SELECT 5 num UNION ALL
    -> SELECT 6 num UNION ALL
    -> SELECT 7 num UNION ALL
    -> SELECT 8 num UNION ALL
    -> SELECT 9 num) ones
    -> CROSS JOIN
    -> (SELECT 0 num UNION ALL
    -> SELECT 10 num UNION ALL
    -> SELECT 20 num UNION ALL
    -> SELECT 30 num UNION ALL
    -> SELECT 40 num UNION ALL
    -> SELECT 50 num UNION ALL
    -> SELECT 60 num UNION ALL
    -> SELECT 70 num UNION ALL
    -> SELECT 80 num UNION ALL
    -> SELECT 90 num) tens
    -> CROSS JOIN
    -> (SELECT 0 num UNION ALL
    -> SELECT 100 num UNION ALL
    -> SELECT 200 num UNION ALL
    -> SELECT 300 num) hundreds;
+-----------------------------------+
| ones.num + tens.num + hundreds.num |
+-----------------------------------+
|                                 0 |
|                                 1 |
|                                 2 |
|                                 3 |
|                                 4 |
|                                 5 |
|                                 6 |
|                                 7 |
|                                 8 |
|                                 9 |
|                                10 |
|                                11 |
|                                12 |
...
...
...
|                               391 |
|                               392 |
```

```
|                                     |  393 |
|                                     |  394 |
|                                     |  395 |
|                                     |  396 |
|                                     |  397 |
|                                     |  398 |
|                                     |  399 |
+-------------------------------------+
400 rows in set (0.00 sec)【譯註】
```

如果你把 {0, 1, 2, 3, 4, 5, 6, 7, 8, 9}、{0, 10, 20, 30, 40, 50, 60, 70, 80, 90} 和 {0, 100, 200, 300} 這三個集合製作成笛卡兒乘積,再把所得出 400 筆資料的三個欄位加總,就可以形成一個有 400 筆資料的結果集合、其中正好涵蓋從 0 到 399 的數值、而且是每列資料一個數字。雖說這個結果範圍超出了我們原本要為 2020 年產生每日日期所需的 366 筆資料,但是要加以排除也並不難,筆者馬上就會告訴大家怎麼做到這一點。

下一步就是要把這個數值的集合轉換成日期的集合。要達成目的,筆者會利用 date_add() 函式,把以上結果集合中每一欄的數值累加到 2020 年 1 月 1 日的日期資料上。然後再用一個篩選條件把已經進入 2021 年序的日期剔除:

```
mysql> SELECT DATE_ADD('2020-01-01',
    ->   INTERVAL (ones.num + tens.num + hundreds.num) DAY) dt
    -> FROM
    ->  (SELECT 0 num UNION ALL
    ->   SELECT 1 num UNION ALL
    ->   SELECT 2 num UNION ALL
    ->   SELECT 3 num UNION ALL
    ->   SELECT 4 num UNION ALL
    ->   SELECT 5 num UNION ALL
    ->   SELECT 6 num UNION ALL
    ->   SELECT 7 num UNION ALL
    ->   SELECT 8 num UNION ALL
    ->   SELECT 9 num) ones
    ->  CROSS JOIN
    ->  (SELECT 0 num UNION ALL
    ->   SELECT 10 num UNION ALL
```

譯註　要產生以上排序資料,最好在尾端加上一句 order by 1。如果你想觀察 cross join 如何產生笛卡兒乘積,可以把第一句寫成 SELECT ones.num, tens.num, hundreds.num, ones.num + tens.num + hundreds.num,就可以看出端倪了。但如果要完成作者的任務,該資料表仍只能有一個內含加總值的欄位。

```
    ->    SELECT 20 num UNION ALL
    ->    SELECT 30 num UNION ALL
    ->    SELECT 40 num UNION ALL
    ->    SELECT 50 num UNION ALL
    ->    SELECT 60 num UNION ALL
    ->    SELECT 70 num UNION ALL
    ->    SELECT 80 num UNION ALL
    ->    SELECT 90 num) tens
    ->    CROSS JOIN
    ->    (SELECT 0 num UNION ALL
    ->    SELECT 100 num UNION ALL
    ->    SELECT 200 num UNION ALL
    ->    SELECT 300 num) hundreds
    -> WHERE DATE_ADD('2020-01-01',
    ->    INTERVAL (ones.num + tens.num + hundreds.num) DAY) < '2021-01-01'
    -> ORDER BY 1;
+------------+
| dt         |
+------------+
| 2020-01-01 |
| 2020-01-02 |
| 2020-01-03 |
| 2020-01-04 |
| 2020-01-05 |
| 2020-01-06 |
| 2020-01-07 |
| 2020-01-08 |
...
...
...
| 2020-02-26 |
| 2020-02-27 |
| 2020-02-28 |
| 2020-02-29 |
| 2020-03-01 |
| 2020-03-02 |
| 2020-03-03 |
...
...
...
| 2020-12-24 |
| 2020-12-25 |
| 2020-12-26 |
| 2020-12-27 |
| 2020-12-28 |
| 2020-12-29 |
| 2020-12-30 |
```

```
| 2020-12-31 |
+------------+
366 rows in set (0.03 sec)
```

這個辦法的好處是,結果集合會自動加上閏年的那一日(也就是 2 月 29 日),你完全不用介入,因為資料庫伺服器自己會發覺 2020 年 1 月 1 日加上 59 天該是什麼日期。

現在你已經有辦法打造出 2020 年所有日期的資料了,該如何加以運用?也許你會受命要產生一份報表,內有 2020 年每一天的當日影片租賃數量資料。報表必須涵蓋該年度的每一個日期,就算當天沒有租出任何影片也得包括在內。以下便是查詢可能的寫法(以 2005 年度來比對 rental 資料表裡的資料):

```
mysql> SELECT days.dt, COUNT(r.rental_id) num_rentals
    -> FROM rental r
    ->   RIGHT OUTER JOIN
    ->   (SELECT DATE_ADD('2005-01-01',
    ->     INTERVAL (ones.num + tens.num + hundreds.num) DAY) dt
    ->    FROM
    ->    (SELECT 0 num UNION ALL
    ->     SELECT 1 num UNION ALL
    ->     SELECT 2 num UNION ALL
    ->     SELECT 3 num UNION ALL
    ->     SELECT 4 num UNION ALL
    ->     SELECT 5 num UNION ALL
    ->     SELECT 6 num UNION ALL
    ->     SELECT 7 num UNION ALL
    ->     SELECT 8 num UNION ALL
    ->     SELECT 9 num) ones
    ->    CROSS JOIN
    ->    (SELECT 0 num UNION ALL
    ->     SELECT 10 num UNION ALL
    ->     SELECT 20 num UNION ALL
    ->     SELECT 30 num UNION ALL
    ->     SELECT 40 num UNION ALL
    ->     SELECT 50 num UNION ALL
    ->     SELECT 60 num UNION ALL
    ->     SELECT 70 num UNION ALL
    ->     SELECT 80 num UNION ALL
    ->     SELECT 90 num) tens
    ->    CROSS JOIN
    ->    (SELECT 0 num UNION ALL
    ->     SELECT 100 num UNION ALL
    ->     SELECT 200 num UNION ALL
    ->     SELECT 300 num) hundreds
```

```
    ->    WHERE DATE_ADD('2005-01-01',
    ->      INTERVAL (ones.num + tens.num + hundreds.num) DAY)
    ->        < '2006-01-01'
    ->  ) days
    ->    ON days.dt = date(r.rental_date)
    -> GROUP BY days.dt
    -> ORDER BY 1;
+------------+-------------+
| dt         | num_rentals |
+------------+-------------+
| 2005-01-01 |           0 |
| 2005-01-02 |           0 |
| 2005-01-03 |           0 |
| 2005-01-04 |           0 |
...
| 2005-05-23 |           0 |
| 2005-05-24 |           8 |
| 2005-05-25 |         137 |
| 2005-05-26 |         174 |
| 2005-05-27 |         166 |
| 2005-05-28 |         196 |
| 2005-05-29 |         154 |
| 2005-05-30 |         158 |
| 2005-05-31 |         163 |
| 2005-06-01 |           0 |
...
| 2005-06-13 |           0 |
| 2005-06-14 |          16 |
| 2005-06-15 |         348 |
| 2005-06-16 |         324 |
| 2005-06-17 |         325 |
| 2005-06-18 |         344 |
| 2005-06-19 |         348 |
| 2005-06-20 |         331 |
| 2005-06-21 |         275 |
| 2005-06-22 |           0 |
...
| 2005-12-27 |           0 |
| 2005-12-28 |           0 |
| 2005-12-29 |           0 |
| 2005-12-30 |           0 |
| 2005-12-31 |           0 |
+------------+-------------+
365 rows in set (8.99 sec)
```

這是本書到目前為止最有趣的查詢之一，因為它包括了 cross join、outer join、日期專用函式、分組功能、set 運算（union all）、以及加總函式（count()）。它並非該問題最精妙的解決方式，但它確實適於示範，如何以一點點創意、再加上對於 SQL 語言的正確理解，就能將 cross join 這樣不常用的功能化身成你 SQL 工具箱中的利器。

Natural Joins

如果你著實憊懶（我們不都是這樣），可以選擇另一種結合的方式，其中只需指定需要結合的資料表，但是讓資料庫伺服器自行找出結合所需的條件。這種方式又稱為自然式結合（*natural join*），它仰賴資料表之間雷同的欄位名稱來推斷出應有的結合條件。舉例來說，rental 資料表裡有一個名為 customer_id 的欄位，它不但是來自於 customer 資料表的外來鍵，同時也是 rental 資料表的主鍵、主鍵名稱同樣是 customer_id。因此你可以試著用 natural join 寫一道查詢，結合這兩個資料表：

```
mysql> SELECT c.first_name, c.last_name, date(r.rental_date)
    -> FROM customer c
    ->   NATURAL JOIN rental r;
Empty set (0.04 sec)
```

由於你指定的是自然式結合，因此伺服器便會檢視資料表的定義，並自行加上 r.customer_id = c.customer_id 這個條件來結合兩個資料表。本來這應該是可以運作的，但是壞就壞在 Sakila 資料庫的架構中會替所有資料表都加上 last_update 這個欄位，其目的原本是用來顯示每一筆資料最後更新時間用的，不料卻會被伺服器認定它也應該納入自然式結合條件（因為兩邊都有同名欄位），於是便以 r.last_update = c.last_update 作為結合條件，當然後果就是根本不會有資料符合結合條件。

唯一可以避免這個謬誤的方式，就是用一個子查詢來限制其中一個資料表進入評估結合程序的欄位：

```
mysql> SELECT cust.first_name, cust.last_name, date(r.rental_date)
    -> FROM
    ->   (SELECT customer_id, first_name, last_name
    ->    FROM customer
    ->   ) cust
    ->   NATURAL JOIN rental r;
```

```
+------------+-----------+---------------------+
| first_name | last_name | date(r.rental_date) |
+------------+-----------+---------------------+
| MARY       | SMITH     | 2005-05-25          |
| MARY       | SMITH     | 2005-05-28          |
| MARY       | SMITH     | 2005-06-15          |
| MARY       | SMITH     | 2005-06-15          |
| MARY       | SMITH     | 2005-06-15          |
| MARY       | SMITH     | 2005-06-16          |
| MARY       | SMITH     | 2005-06-18          |
| MARY       | SMITH     | 2005-06-18          |
...
| AUSTIN     | CINTRON   | 2005-08-21          |
| AUSTIN     | CINTRON   | 2005-08-21          |
| AUSTIN     | CINTRON   | 2005-08-21          |
| AUSTIN     | CINTRON   | 2005-08-23          |
| AUSTIN     | CINTRON   | 2005-08-23          |
| AUSTIN     | CINTRON   | 2005-08-23          |
+------------+-----------+---------------------+
16044 rows in set (0.03 sec)
```

好吧,就算可以少打幾個用來作為結合條件的字,卻得加上以上的規避條件才能正確運作,真的有省到功夫嗎?結論顯然是沒有;所以大家應該避免使用自然式結合這種「佛系作法」(笑),乖乖地用 inner join 加上明確的結合條件來撰寫結合敘述才是正道。

測試你剛學到的

以下練習會測試你對 outer 和 cross join 的了解程度。答案可參閱附錄 B。

練習 10-1

針對以下的資料表定義和其中的資料寫一道查詢,以傳回每位客戶的姓名和他們的總付款金額:

```
              Customer:
Customer_id      Name
-----------   ---------------
1             John Smith
2             Kathy Jones
3             Greg Oliver
```

```
                          Payment:
Payment_id      Customer_id      Amount
----------      -----------      --------
101             1                8.99
102             3                4.99
103             1                7.99
```

結果中要包括全部的客戶，即使沒有該客戶的付款紀錄也一樣。

練習 10-2

改以另一種類型的 outer join 重寫以上練習 10-1 中的查詢（舉例來說，如果你在練習 10-1 中使用了 left outer join，這次就要改用 right outer join），但結果要和練習 10-1 所得出的結果一致。

練習 10-3（加分題）

設計一道查詢，要能產生 {1, 2, 3, ..., 99, 100} 這樣的集合。（提示：利用 cross join 和至少含有兩個 from 子句的子查詢。）

第十一章

條件邏輯

在特定情況下，你也許會希望 SQL 的程式邏輯可以改變，按照特定的欄位或表示式的值前往某一個（或另一個）方向。本章著重在如何撰寫可以依照執行時所遇到的資料而展現不同行為的敘述。SQL 敘述中所採用的條件邏輯機制，就是 case 表示式，它可以任意運用在 select、insert、update 和 delete 等敘述中。

何謂條件邏輯？

條件邏輯其實不過是一種可以在執行程式時、在數種執行途徑中擇一進行的能力。舉例來說，在查詢客戶資訊時，你也許會想納入 customer.active 這個欄位，其資料值若為 1，則代表客戶仍在活動；若為 0 則代表已無動靜。如果查詢的結果是要用來製作報表的，你可能會想把資料值轉譯成文字、以便增加可讀性。雖說各家的資料庫都有內建的函式可供此種轉換使用，但其間並無標準可言，因此你得自行釐清各家資料庫自家的函式用法。但其實各家資料庫實作的 SQL 其實都包括了 case 表示式，它在許多場合裡都十分好用，甚至是普通的轉換也難不倒它：

```
mysql> SELECT first_name, last_name,
    ->   CASE
    ->     WHEN active = 1 THEN 'ACTIVE'
    ->     ELSE 'INACTIVE'
    ->   END activity_type
    -> FROM customer;
+-------------+-------------+---------------+
| first_name  | last_name   | activity_type |
+-------------+-------------+---------------+
```

```
|  MARY       |  SMITH        |  ACTIVE        |
|  PATRICIA   |  JOHNSON      |  ACTIVE        |
|  LINDA      |  WILLIAMS     |  ACTIVE        |
|  BARBARA    |  JONES        |  ACTIVE        |
|  ELIZABETH  |  BROWN        |  ACTIVE        |
|  JENNIFER   |  DAVIS        |  ACTIVE        |
...
|  KENT       |  ARSENAULT    |  ACTIVE        |
|  TERRANCE   |  ROUSH        |  INACTIVE      |
|  RENE       |  MCALISTER    |  ACTIVE        |
|  EDUARDO    |  HIATT        |  ACTIVE        |
|  TERRENCE   |  GUNDERSON    |  ACTIVE        |
|  ENRIQUE    |  FORSYTHE     |  ACTIVE        |
|  FREDDIE    |  DUGGAN       |  ACTIVE        |
|  WADE       |  DELVALLE     |  ACTIVE        |
|  AUSTIN     |  CINTRON      |  ACTIVE        |
+-------------+---------------+----------------+
599 rows in set (0.00 sec)
```

以上查詢中含有一道 case 表示式，用來產生欄位別名 activity_type 一欄所需的資料值，按照 customer.active 欄位的原始資料值，別名欄位的結果值若非字串「ACTIVE」、便是字串「INACTIVE」。

case 表示式

所有的主流資料庫伺服器都具備內建的函式，可以模擬大多數程式語言中常見的 if-then-else 敘述（像是 Oracle 的 decode() 函式、MySQL 的 if() 函式、以及 SQL Server 的 coalesce() 函式等等）。case 表示式同樣也是設計用來達成 if-then-else 的邏輯分支，但比起各家內建的函式，它有兩大優勢：

- case 表示式屬於 SQL 標準（SQL92），而且不論是 Oracle Database、SQL Server、MySQL、PostgreSQL、IBM UDB 還是其他種類的資料庫伺服器，皆可支援。

- case 表示式內建於 SQL 語法當中，可以直接放在 select、insert、update 及 delete 等敘述中使用。

以下兩個小節中便會介紹兩種不同的 case 表示式。輔以若干含有 case 表示式的實際案例。

搜尋式 case 表示式

本章稍早展示的 case 表示式，屬於所謂的搜尋式 case 表示式（*searched case expression*），其語法如下：

```
CASE
  WHEN C1 THEN E1
  WHEN C2 THEN E2
  ...
  WHEN CN THEN EN
  [ELSE ED]
END
```

在以上的定義中，符號 C1、C2、…直到 CN，都是代表條件，而符號 E1、E2、…到 EN 則代表應依照 case 評估結果回傳的表示式。如果 when 子句中的條件評估結果為 true，那麼 case 表示式便會傳回相應的表示式。此外，符號 ED 代表預設的表示式，亦即當 C1、C2、…直到 CN 等條件式的評估結果**全都是 false** 時、case 表示式便會傳回此處指定的預設表示式 EN（else 子句可有可無，因此才用中括號框起來）。所有由各個 when 子句回傳的表示式，其評估結果必須都屬於同一型別（如 date、number、varchar 等等）。

以下是一個搜尋式 case 表示式的範例：

```
CASE
  WHEN category.name IN ('Children','Family','Sports','Animation')
    THEN 'All Ages'
  WHEN category.name = 'Horror'
    THEN 'Adult'
  WHEN category.name IN ('Music','Games')
    THEN 'Teens'
  ELSE 'Other'
END
```

以上的 case 表示式會傳回一個字串，用來區分影片的分級。當 case 進行評估時，when 子句中的內容會被從上到下依序檢視；只要發現有任一 when 子句中的條件評估為 true，就會傳回隨後尾隨的表示式，而剩下的 when 子句便不再繼續評估。如果沒有一個 when 子句的條件評估為 true，那麼就會傳回 else 子句中的表示式。

雖然上例傳回的是字串表示式，但是請記住，case 表示式可以傳回任意型別的表示式，甚至包括子查詢在內。以下便是本章稍早所示範查詢的另一個版本，它用子查詢傳回租賃數量、但僅限於還在活躍的客戶：

```
mysql> SELECT c.first_name, c.last_name,
    ->    CASE
    ->      WHEN active = 0 THEN 0
    ->      ELSE
    ->      (SELECT count(*) FROM rental r
    ->        WHERE r.customer_id = c.customer_id)
    ->    END num_rentals
    -> FROM customer c;
+-------------+-------------+-------------+
| first_name  | last_name   | num_rentals |
+-------------+-------------+-------------+
| MARY        | SMITH       |          32 |
| PATRICIA    | JOHNSON     |          27 |
| LINDA       | WILLIAMS    |          26 |
| BARBARA     | JONES       |          22 |
| ELIZABETH   | BROWN       |          38 |
| JENNIFER    | DAVIS       |          28 |
...
| TERRANCE    | ROUSH       |           0 |
| RENE        | MCALISTER   |          26 |
| EDUARDO     | HIATT       |          27 |
| TERRENCE    | GUNDERSON   |          30 |
| ENRIQUE     | FORSYTHE    |          28 |
| FREDDIE     | DUGGAN      |          25 |
| WADE        | DELVALLE    |          22 |
| AUSTIN      | CINTRON     |          19 |
+-------------+-------------+-------------+
599 rows in set (0.01 sec)
```

這一版的查詢利用了關聯式子查詢來取得每位活躍中客戶的租片數量。若按照活躍中客戶的比例來看，以上的方式也許比直接結合 customer 和 rental 資料表、再依 customer_id 欄位分組的方式還要來得有效率。

簡易式 case 表示式

簡易式 case 表示式（*simple case expression*）與先前的搜尋式 case 表示式十分類似，只不過它比較缺乏彈性。其語法如下：

```
CASE V0
  WHEN V1 THEN E1
  WHEN V2 THEN E2
  ...
  WHEN VN THEN EN
  [ELSE ED]
END
```

在上述的定義中，V0 代表一個值，而符號 V1、V2、⋯VN 則代表要拿來和 V0 比較的值。尾隨的符號 E1、E2、⋯到 EN 則代表要讓 case 表示式評估後回傳的表示式，而當集合中的 V1、V2、⋯VN 全都與 V0 比對不符時，便傳回 ED 代表的表示式。

以下是一個簡易式 case 表示式的例子：

```
CASE category.name
   WHEN 'Children' THEN 'All Ages'
   WHEN 'Family' THEN 'All Ages'
   WHEN 'Sports' THEN 'All Ages'
   WHEN 'Animation' THEN 'All Ages'
   WHEN 'Horror' THEN 'Adult'
   WHEN 'Music' THEN 'Teens'
   WHEN 'Games' THEN 'Teens'
   ELSE 'Other'
END
```

與搜尋式 case 表示式相比，簡易式 case 表示式較缺乏彈性，因為後者無法自訂條件，而搜尋式 case 表示式則可以包括範圍條件式、不等條件式、甚至是以 and/or/not 組成的複合條件式，因此筆者建議大家，除非條件邏輯很單純，不然還是盡量採用搜尋式 case 表示式。

case 表示式的範例

以下各小節會展示多個範例，說明如何在 SQL 敘述中運用條件式邏輯。

結果集合再轉換

當你對一組有限元素的集合進行彙整時，可能會遇上下列狀況，像是一週當中的每一天這樣的資料，你希望把結果集合變成單筆資料、而且每一欄帶有一天的名稱，而非以一筆資料的一個欄位帶有一天的名稱（亦即以一筆七個欄位的資料列、而非七筆單一欄位的資料列來容納七天的名稱）。舉例來說，假設你需要寫一道查詢，顯示 2005 年中從 5 到 7 月的租片總數：

```
mysql> SELECT monthname(rental_date) rental_month,
    ->    count(*) num_rentals
    -> FROM rental
    -> WHERE rental_date BETWEEN '2005-05-01' AND '2005-08-01'
    -> GROUP BY monthname(rental_date);
+--------------+-------------+
| rental_month | num_rentals |
```

```
+--------------+-------------+
| May          |        1156 |
| June         |        2311 |
| July         |        6709 |
+--------------+-------------+
3 rows in set (0.01 sec)
```

但是，你還被要求必須以三個欄位的單獨一筆資料列來顯示以上的資訊（一欄代表一個月的租片數量）。為了把以上結果集合轉換成單一資料列，你必須建立三個欄位、並在每個欄位中加總只含有該月份租片數量的資料列：

```
mysql> SELECT
    ->    SUM(CASE WHEN monthname(rental_date) = 'May' THEN 1
    ->          ELSE 0 END) May_rentals,
    ->    SUM(CASE WHEN monthname(rental_date) = 'June' THEN 1
    ->          ELSE 0 END) June_rentals,
    ->    SUM(CASE WHEN monthname(rental_date) = 'July' THEN 1
    ->          ELSE 0 END) July_rentals
    -> FROM rental
    -> WHERE rental_date BETWEEN '2005-05-01' AND '2005-08-01';
+--------------+--------------+--------------+
| May_rentals  | June_rentals | July_rentals |
+--------------+--------------+--------------+
|         1156 |         2311 |         6709 |
+--------------+--------------+--------------+
1 row in set (0.01 sec)
```

上例查詢中的三個欄位其實寫法都是一樣的，唯一的差異在於代表月份的值。當 monthname() 函式傳回該欄位所需的值時，case 表示式便會傳回 1 的資料值；否則便會傳回 0。一旦完成對所有資料列的加總動作，每個欄位中就會含有該月份的客戶租片數量。顯然這樣的轉換寫法只限於資料值為數不多時才有用；如果要產生的是以單一欄位容納從 1905 年以來每一年的資料，這種寫法便不切實際了。

 雖說有點超出本書範圍，還是要提一下：其實 SQL Server 和 Oracle Database 都有特製的 pivot 子句，專門用來處理這種從列顯示轉成欄顯示的查詢寫法。

檢查存在與否

有時你需要決定兩個資料實體間是否有關連、而非相等與否。舉例來說，你可能要知道某位演員是否曾演出過至少一部普級（G-rated）電影，但並不需要深究究竟演出過幾部。以下查詢便會利用數個 case 表示式來產生三個輸出欄位、每個欄位分別會顯示該演員是否曾演出過普級、保護級（PG-rated）或限制級（NC-17-rated）電影：

```
mysql> SELECT a.first_name, a.last_name,
    ->    CASE
    ->      WHEN EXISTS (SELECT 1 FROM film_actor fa
    ->                     INNER JOIN film f ON fa.film_id = f.film_id
    ->                   WHERE fa.actor_id = a.actor_id
    ->                     AND f.rating = 'G') THEN 'Y'
    ->      ELSE 'N'
    ->    END g_actor,
    ->    CASE
    ->      WHEN EXISTS (SELECT 1 FROM film_actor fa
    ->                     INNER JOIN film f ON fa.film_id = f.film_id
    ->                   WHERE fa.actor_id = a.actor_id
    ->                     AND f.rating = 'PG') THEN 'Y'
    ->      ELSE 'N'
    ->    END pg_actor,
    ->    CASE
    ->      WHEN EXISTS (SELECT 1 FROM film_actor fa
    ->                     INNER JOIN film f ON fa.film_id = f.film_id
    ->                   WHERE fa.actor_id = a.actor_id
    ->                     AND f.rating = 'NC-17') THEN 'Y'
    ->      ELSE 'N'
    ->    END nc17_actor
    -> FROM actor a
    -> WHERE a.last_name LIKE 'S%' OR a.first_name LIKE 'S%';
+------------+------------+---------+----------+------------+
| first_name | last_name  | g_actor | pg_actor | nc17_actor |
+------------+------------+---------+----------+------------+
| JOE        | SWANK      | Y       | Y        | Y          |
| SANDRA     | KILMER     | Y       | Y        | Y          |
| CAMERON    | STREEP     | Y       | Y        | Y          |
| SANDRA     | PECK       | Y       | Y        | Y          |
| SISSY      | SOBIESKI   | Y       | Y        | N          |
| NICK       | STALLONE   | Y       | Y        | Y          |
| SEAN       | WILLIAMS   | Y       | Y        | Y          |
| GROUCHO    | SINATRA    | Y       | Y        | Y          |
| SCARLETT   | DAMON      | Y       | Y        | Y          |
| SPENCER    | PECK       | Y       | Y        | Y          |
| SEAN       | GUINESS    | Y       | Y        | Y          |
| SPENCER    | DEPP       | Y       | Y        | Y          |
| SUSAN      | DAVIS      | Y       | Y        | Y          |
| SIDNEY     | CROWE      | Y       | Y        | Y          |
| SYLVESTER  | DERN       | Y       | Y        | Y          |
```

```
| SUSAN    | DAVIS       | Y | Y | Y |         |
| DAN      | STREEP      | Y | Y | Y |         |
| SALMA    | NOLTE       | Y | N | Y |         |
| SCARLETT | BENING      | Y | Y | Y |         |
| JEFF     | SILVERSTONE | Y | Y | Y |         |
| JOHN     | SUVARI      | Y | Y | Y |         |
| JAYNE    | SILVERSTONE | Y | Y | Y |         |
+----------+-------------+---+---+---+---------+
22 rows in set (0.00 sec)
```

每一段 case 表示式中都含有一段針對 **film_actor** 和 **film** 兩個資料表的關聯式子查詢；第一段專找普級影片、第二段專找保護級影片、第三段便只找限制級影片。由於每一段 when 子句使用的都是 exists 運算子，因此只要發現該演員至少已在一部該級影片中演出、條件式便會評估為 true。

話說回來，你也許還想知道，當資料列累計到不同數量時要如何處置。以下列查詢為例，它只用一道簡易式 case 表示式來計算盤點時每部片的拷貝總數，再看狀況傳回 **'Out Of Stock'**（缺片）、**'Scarce'**（瀕無）、**'Available'**（尚有）或是 **'Common'**（不缺）等庫存狀態：

```
mysql> SELECT f.title,
    ->    CASE (SELECT count(*) FROM inventory i
    ->         WHERE i.film_id = f.film_id)
    ->      WHEN 0 THEN 'Out Of Stock'
    ->      WHEN 1 THEN 'Scarce'
    ->      WHEN 2 THEN 'Scarce'
    ->      WHEN 3 THEN 'Available'
    ->      WHEN 4 THEN 'Available'
    ->      ELSE 'Common'
    ->    END film_availability
    -> FROM film f
    -> ;
+----------------------------+-------------------+
| title                      | film_availability |
+----------------------------+-------------------+
| ACADEMY DINOSAUR           | Common            |
| ACE GOLDFINGER             | Available         |
| ADAPTATION HOLES           | Available         |
| AFFAIR PREJUDICE           | Common            |
| AFRICAN EGG                | Available         |
| AGENT TRUMAN               | Common            |
| AIRPLANE SIERRA            | Common            |
| AIRPORT POLLOCK            | Available         |
| ALABAMA DEVIL              | Common            |
| ALADDIN CALENDAR           | Common            |
```

```
| ALAMO VIDEOTAPE                | Common            |
| ALASKA PHANTOM                 | Common            |
| ALI FOREVER                    | Available         |
| ALICE FANTASIA                 | Out Of Stock      |
...
| YOUNG LANGUAGE                 | Scarce            |
| YOUTH KICK                     | Scarce            |
| ZHIVAGO CORE                   | Scarce            |
| ZOOLANDER FICTION              | Common            |
| ZORRO ARK                      | Common            |
+-------------------------------+-------------------+
1000 rows in set (0.01 sec)
```

筆者在以上查詢中只將分類累計數字限制在 4，因為庫存數若大於 5，就會一律被歸類為 'Common' 標籤了。

除以零的錯誤

執行帶有除法的運算時，應該隨時留意不要讓分母為零。雖說像 Oracle Database 之類的資料庫伺服器會在分母為零時拋出一個錯誤，但 MySQL 卻只會將計算結果設為 null，如下所示：

```
mysql> SELECT 100 / 0;
+---------+
| 100 / 0 |
+---------+
|    NULL |
+---------+
1 row in set (0.00 sec)
```

為了避免計算發生錯誤、甚至是被誤判為 null，你應該把所有的分母都包在一段條件邏輯當中，如下所示：

```
mysql> SELECT c.first_name, c.last_name,
    ->   sum(p.amount) tot_payment_amt,
    ->   count(p.amount) num_payments,
    ->   sum(p.amount) /
    ->   CASE WHEN count(p.amount) = 0 THEN 1
    ->     ELSE count(p.amount)
    ->   END avg_payment
    -> FROM customer c
    ->   LEFT OUTER JOIN payment p
    ->   ON c.customer_id = p.customer_id
    -> GROUP BY c.first_name, c.last_name;
```

```
+------------+------------+-----------------+--------------+-------------+
| first_name | last_name  | tot_payment_amt | num_payments | avg_payment |
+------------+------------+-----------------+--------------+-------------+
| MARY       | SMITH      |          118.68 |           32 |    3.708750 |
| PATRICIA   | JOHNSON    |          128.73 |           27 |    4.767778 |
| LINDA      | WILLIAMS   |          135.74 |           26 |    5.220769 |
| BARBARA    | JONES      |           81.78 |           22 |    3.717273 |
| ELIZABETH  | BROWN      |          144.62 |           38 |    3.805789 |
| ...        |            |                 |              |             |
| EDUARDO    | HIATT      |          130.73 |           27 |    4.841852 |
| TERRENCE   | GUNDERSON  |          117.70 |           30 |    3.923333 |
| ENRIQUE    | FORSYTHE   |           96.72 |           28 |    3.454286 |
| FREDDIE    | DUGGAN     |           99.75 |           25 |    3.990000 |
| WADE       | DELVALLE   |           83.78 |           22 |    3.808182 |
| AUSTIN     | CINTRON    |           83.81 |           19 |    4.411053 |
+------------+------------+-----------------+--------------+-------------+
599 rows in set (0.07 sec)
```

以上查詢會計算每位客戶平均每次租片的付款金額。由於有些客戶也許是剛開戶，還未曾租過任何一部片，因此最好是用一道 case 表示式來確保分母不會不慎被設為零。

依條件進行更新

在更新資料表中的資料時，有時你會需要依照條件邏輯來產生欄位資料值。舉例來說，假設你每週都要執行一次作業，針對所有已經超過 90 天未曾租過一部片的客戶，將他們的 customer.active 欄位設為 0。以下這道敘述會依照統計將每個客戶的活動狀態訂為 0 或 1：

```
UPDATE customer
SET active =
  CASE
    WHEN 90 <= (SELECT datediff(now(), max(rental_date))
                FROM rental r
                WHERE r.customer_id = customer.customer_id)
       THEN 0
     ELSE 1
  END
WHERE active = 1;
```

以上敘述使用了關聯式子查詢來判斷，從每位客戶最近一次租片日期至今的相隔天數，並與 90 這個值相比較；如果子查詢傳回的天數等於 90 或是更久，該客戶便要被改為不活躍狀態（0）。

Null 值的處理

雖說當欄位資料值為未知時，將其儲存為 null 值是正確的作法，但是將 null 取出後直接當成結果顯示、或是將其作為表示式的一部分，終非妥當的做法。舉例來說，你也許會想在資料輸入畫面上顯示 *unknown* 的字樣、而非任其顯示空白欄位。在取出資料時，你可以加上一道 case 表示式，在資料值為 null 時以字串加以替換：

```
SELECT c.first_name, c.last_name,
  CASE
    WHEN a.address IS NULL THEN 'Unknown'
    ELSE a.address
  END address,
  CASE
    WHEN ct.city IS NULL THEN 'Unknown'
    ELSE ct.city
  END city,
  CASE
    WHEN cn.country IS NULL THEN 'Unknown'
    ELSE cn.country
  END country
FROM customer c
  LEFT OUTER JOIN address a
  ON c.address_id = a.address_id
  LEFT OUTER JOIN city ct
  ON a.city_id = ct.city_id
  LEFT OUTER JOIN country cn
  ON ct.country_id = cn.country_id;
```

對於計算動作來說，null 資料值最常造成 null 的結果，如以下範例所示：

```
mysql> SELECT (7 * 5) / ((3 + 14) * null);
+----------------------------+
| (7 * 5) / ((3 + 14) * null) |
+----------------------------+
|                       NULL |
+----------------------------+
1 row in set (0.08 sec)
```

在進行計算時，case 表示式非常適合用來把 null 值替換成有意義的數值（通常非 0 即 1），以便讓計算可以得出非 null 的有意義數值。

測試你剛學到的

以下列的範例測試你處理條件邏輯問題的能力。完成後請把你的解法與附錄 B 做比較。

練習 11-1

以搜尋式 case 表示式重寫以下使用簡易式 case 表示式的查詢，結果必須一致。同時請盡量節省 when 子句的用量。

```
SELECT name,
  CASE name
    WHEN 'English' THEN 'latin1'
    WHEN 'Italian' THEN 'latin1'
    WHEN 'French' THEN 'latin1'
    WHEN 'German' THEN 'latin1'
    WHEN 'Japanese' THEN 'utf8'
    WHEN 'Mandarin' THEN 'utf8'
    ELSE 'Unknown'
  END character_set
FROM language;
```

練習 11-2

重寫以下查詢，以便讓結果集合中只有一筆五個欄位構成的資料（每一欄代表一個分級）。請將五個欄位依序命名為 G、PG、PG_13、R 和 NC_17。

```
mysql> SELECT rating, count(*)
    -> FROM film
    -> GROUP BY rating;
+--------+----------+
| rating | count(*) |
+--------+----------+
| PG     |      194 |
| G      |      178 |
| NC-17  |      210 |
| PG-13  |      223 |
| R      |      195 |
+--------+----------+
5 rows in set (0.00 sec)
```

第十二章

交易

截至目前為止，本書所有的範例都是個別存在的獨立 SQL 敘述。雖說這對於一般的報表或是資料維護命令稿而言是常態，但應用程式的邏輯敘述中卻常包含多筆 SQL 敘述，它們必須當成一個作業邏輯單位一併執行。本章會探討所謂的交易（*transactions*），這是一種將一組 SQL 敘述集合成群、然後只有當全體敘述都執行成功時，交易才會視為成功，是一種全有或全無的機制。

多使用者的資料庫

資料庫管理系統允許單一使用者查詢和更改資料，但是時至今日，資料庫中也許會有成千上萬的人正在同時更改資料。如果每位使用者都只會進行查詢，就像平常營業時段的資料倉儲（data warehouse）那樣，那麼資料庫伺服器其實沒有什麼問題要應付。但若是部分使用者要新增或是修改資料，伺服器就有得忙了。

舉例來說，設想你正要產生一份報表，其中會總結本週的影片出租活動。但在此同時，以下的活動也還在進行當中：

• 有客戶正在租片。

• 有客戶剛剛才在逾期後歸還一部片、並付清了滯納金。

• 又有五部新片上架。

因此當你的報表正在進行計算時，仍有多位使用者正在修改報表所仰賴的原始資料，那報表中的數據究竟該以修改之前還是之後的資料為準？答案要看你的伺服器如何處理鎖定（locking）機制而定，下一小節便會加以說明。

Locking

資料庫伺服器仰賴所謂的鎖定機制來控制對於資料來源的同時操作。當資料庫中的一部分被鎖定時，任何其他想要進行修改（甚至只是想讀取）被鎖定資料的使用者，就必須等到鎖定解除才能動作。大多數的資料庫伺服器都採用以下之一的鎖定策略：

- 要寫入資料庫的一方，必須向伺服器請求和取得一個寫入鎖（write lock）才能修改資料，而要讀取資料庫的一方，也得向伺服器請求和取得一個讀取鎖（read lock）才能查詢資料。雖說可以有多位使用者同時讀取資料，但每個資料表（或其一部分）一次只會給出一份寫入鎖，同時被鎖定的部分不會接受讀取請求、直到寫入鎖解除為止。

- 要寫入資料庫的一方，同樣必須向伺服器請求和取得一個寫入鎖（write lock）才能修改資料，但要讀取資料庫的一方則不需取得任何形式的鎖就能查詢資料。相反地，伺服器會確保讀取者在查詢過程中看到的資料外觀始終都是一致的（也就是說，就算其他使用者可能正在進行修改，資料看起來仍未變動）。這種方式稱為**版本控制**（versioning）。

策略各有利弊。若同時存在大量讀寫請求，第一種方式可能會造成冗長的等待時間；但若在更改資料的同時也有長時間的查詢正在進行，第二種方式也會造成問題。在本書所探討的三種伺服器上，微軟的 SQL Server 採用第一種方式，而 Oracle Database 則採取第二種方式，但 MySQL 則是兩種方式都可以使用（端看你選擇何種**儲存引擎**（storage engine）而定，這在本章稍後會談到）。

鎖定的細緻度

在決定要如何鎖定一項資源時，同樣也有數種策略可供採用。伺服器可依三種不同的層級（或稱作**細緻度**（granularities））來套用鎖定機制：

資料表鎖定（Table locks）

　　不讓多位使用者能同時修改同一資料表中資料

記憶體頁面鎖定（*Page locks*）

> 不讓多位使用者能同時修改某資料表中位於同一記憶體頁面的資料（頁面係指一個記憶體的區段，其範圍通常在 2 KB 到 16 KB 之譜）

資料列鎖定（*Row locks*）

> 不讓多位使用者同時修改資料表中的同一筆資料

同樣地，這些層級也各有利弊。如果只是直接鎖住整個資料表，對於伺服器來說是最省事的，但隨著使用人數增長，此種方式很快便會讓等待時間變得令人難以接受。另一方面，資料列鎖定必須花費較多的資源來控管，但它卻可以讓許多使用者同時修改同一個資料表，只要他們正在更改的資料列彼此不同便無問題。以本書探討的三種伺服器來說，微軟的 SQL Server 可以兼容記憶體頁面、資料列和資料表三種鎖定層級，Oracle Database 則只採用資料列鎖定層級，而 MySQL 也兼容記憶體頁面、資料列和資料表三種鎖定層級（同樣地也是由儲存引擎來決定採用何者）。在特定情況下，SQL Server 還會提升鎖定層級【譯註】，包括從資料列到記憶體頁面、以及從記憶體頁面到資料表，但 Oracle Database 則是絕不提升鎖定層級。

回到先前報表的案例，報表所呈現的資料，代表的會是報表開始產製時的資料庫狀態（如果伺服器採用版本控制鎖定法）、或是伺服器對報表應用程式發出讀取鎖當下的資料庫狀態（如果伺服器採用讀寫鎖定）。

何謂交易？

如果資料庫伺服器永遠不會離線、抑或是使用者總會容許程式執行到結束為止、又或者應用程式一定都不會因致命錯誤導致執行停頓，那我們也沒必要在這裡談什麼資料庫平行操作了。但是以上的假設其實都不可能成立，因此我們還需要一項額外的要素，才能容許多位使用者操作相同的資料。

這片最後的拼圖，便是所謂的**交易機制**（*transaction*），它會將多道 SQL 敘述集中成群執行，因此若非**全數執行成功**、要不就是**全部視為失敗未完成**（這也有個專門術語，叫做（一體性）*atomicity*）。當你試著從儲蓄帳戶存 500 美金到支票帳戶時，如果錢已經從儲蓄帳戶中扣帳、但相應金額卻未出現在支票帳戶中時，你一

譯註　字面上來說是升級（escalate），但鎖定的細緻度卻是越升越低落。微軟此舉在於設法解決過度鎖定時自動變更鎖定方式，以便節省消耗的資源。

定會有點不爽。不論轉帳失敗原因為何（也許是伺服器當下正好關機維護、或是 account 資料表的記憶體頁面鎖定請求正好逾時之類），你都會希望銀行還你消失的 500 元。

為了防範這類錯誤，用來處理轉帳請求的程式必須先展開一筆交易，然後再下達將錢從儲蓄轉到支票帳戶的 SQL 敘述，如果諸事順利，交易便會以一道 commit 命令作為結束。但若是發生了意外，程式便會改為發出一道 rollback 命令，這會命令伺服器把交易開始以來的動作都加以反轉還原。整個過程看起來會像這樣：

```
START TRANSACTION;

/* 從第一個帳戶取款，而且要先檢查餘額是否足夠 */
UPDATE account SET avail_balance = avail_balance - 500
WHERE account_id = 9988
  AND avail_balance > 500;

IF <exactly one row was updated by the previous statement> THEN
  /* 將錢存入第二個帳戶 */
  UPDATE account SET avail_balance = avail_balance + 500
    WHERE account_id = 9989;

  IF <exactly one row was updated by the previous statement> THEN
    /* 諸事順利，讓一切確定進行 */
    COMMIT;
  ELSE
    /* 出事了，以上交易中的變更都不算數 */
    ROLLBACK;
  END IF;
ELSE
  /* 餘額不足，或是更新時有錯誤 */
  ROLLBACK;
END IF;
```

 雖說以上程式碼區塊看似資料庫業者的程序化語言，像是 Oracle 的 PL/SQL 或是微軟的 Transact-SQL 之類，但它其實是不符任何語法的偽碼，因此切勿將其視為任一特定程式語言。

以上程式碼區塊一開頭便先展開了一筆交易，然後才嘗試從儲蓄帳戶轉帳 500 元、再放到支票帳戶中。如果一切順利，交易便會正式提交；但只要其中一個環節出錯，交易便會還原，亦即所有從交易開始變更過的資料，都會恢復原狀。

透過交易機制，程式便可確保你的 500 元要不就是正確地存入支票帳戶、要不就還是留在你的儲蓄帳戶裡，決不會憑空消失。無論交易是被提交、抑或是被還原，所有交易執行期間涉及的資源（例如寫入鎖）都會在交易結束後釋出。

當然了，如果程式終於完成了兩道 update 敘述、但伺服器卻在得以執行 commit 或是 rollback 之前遭到關閉，那麼交易便會在伺服器恢復上線時加以還原。（資料庫伺服器在上線前必得完成的事情之一，就是找出關機當下是否有任何進行中且尚未完成的交易，並將其還原。）此外，如果你的程式確實完成了交易、也發出了 commit 命令，但伺服器卻在異動內容確實寫入永久性儲存之前關閉了（例如資料還留在記憶體中，但還未寫入硬碟），那麼資料庫伺服器便得在重啟之後再度套用交易變更內容（這種屬性稱為持續性（durability））。

展開一筆交易

資料庫伺服器會以下列方式之一產生交易：

- 任一資料庫會談都與一道有效的交易相關，因此無須明確地要求展開交易。只要當下的交易結束，伺服器便會為你的會談自動再展開新一筆的交易。

- 除非你明確地展開一筆交易，否則個別的 SQL 敘述都會被自動單獨提交。若要展開交易，必須下達命令為之。

在三種伺服器中，Oracle Database 採用的是第一種作法，而微軟 SQL Server 和 MySQL 採取的是第二種。Oracle 交易作法的好處之一，就算你只發出單獨一道 SQL 命令，也被視為是交易的一部分，如果你對變更的輸出不滿意、或是改變了心意，變更的內容是可以還原的。因此，如果你忘了在 delete 敘述中加上 where 子句，你仍有機會把損失的內容救回來（假設你剛喝完早上第一杯咖啡而且清醒過來，意識到你無意間刪除了資料表中全部 125,000 筆資料）。但若是 MySQL 跟 SQL Server，一旦按下了 Enter 鍵，你的 SQL 敘述造成的變更就不可挽回了（除非你的 DBA 可以從備份或其他管道救回原始資料）。

SQL:2003 標準中包含了一項 start transaction 命令，是用來明確指示要展開交易用的。MySQL 確實遵循此一標準，但是 SQL Server 的使用者卻得改用 begin transaction 命令才能做到這一點。在你明確指出要展開交易之前，這兩種伺服器都處於所謂的自動提交模式（*autocommit mode*），亦即個別的敘述都會由伺服器自動提交。因此你可以藉由發出 start transaction 或 begin transaction 的命令以展開交易，或是乾脆只讓伺服器替你提交每一道敘述。

MySQL 和 SQL Server 都允許你在個別的會談中停用自動提交模式，這時伺服器便會改以等同於 Oracle Database 的方式來處理交易。在 SQL Server 裡，需下達以下命令來關閉自動提交模式：

```
SET IMPLICIT_TRANSACTIONS ON
```

而 MySQL 則是這樣關閉自動提交模式的：

```
SET AUTOCOMMIT=0
```

一旦你離開自動提交模式，所有的 SQL 命令便都發生在某一筆交易的範圍內，必須明確地下達提交或還原命令，才會完成交易。

 筆者的忠告：每次登入時都關閉自動提交模式，養成以交易形式執行所有 SQL 敘述的習慣。當你不小心誤刪資料時，此舉可讓你免於向 DBA 求援的窘境。

結束交易

一旦交易展開，無論是明確地以 start transaction 命令為之、抑或是由資料庫伺服器暗自為之，都只有在明確地下令結束交易後，你變更的內容才會成為事實。這要靠 commit 命令來達成，它會指示伺服器將變動標示為永久成立、同時釋出交易所使用的任何資源（像是記憶體頁面或是資料列鎖定之類）。

如果你決定要把交易展開以來所有的異動內容都還原，必須下達 rollback 命令，這會指示伺服器將資料返回到交易前的狀態。一旦 rollback 執行完畢，你的會談所使用的任何資源都會被釋出。

除了發出 commit 或是 rollback 命令以外，還有其他幾種場合也會結束交易，它們抑或是你的動作間接造成的結果、不然就是你無法掌控的事物造成的結果：

- 伺服器關閉，這時你的交易會在伺服器重啟後自動還原。

- 你下達了 SQL 架構（schema）敘述，像是 alter table 之類，這會立刻提交現有的交易，並重新展開另一筆交易。

- 你下達了另一個 start transaction 命令，這會提交先前的交易。

- 伺服器提前結束你的交易，因為它偵測到鎖死現象（*deadlock*），並判斷你的交易是罪魁禍首。這時交易便會被還原，而且你會收到一個錯誤訊息。

在以上四種場合中，第一和第三種很顯而易見，但其他兩種便需要說明一番。以第二種場合而言，凡是資料庫的更動，不論是新增資料表還是索引、或是從資料表中移除欄位，都是無法還原的動作，因此會更改架構的命令都必須在交易範圍以外進行。如果當下有交易正在進行，伺服器便會提交當下的交易、並執行 SQL 架構命令，然後再為你的會談自動展開一筆新交易。伺服器並不會主動告知你發生了什麼事，因此你必須注意，原本應該是一體執行的所有敘述，不要被伺服器無意間拆分成多筆交易。

第四種場合處理的是所謂的鎖死偵測。鎖死之所以會出現，是因為有兩筆交易都在等待對方鎖定的資源。舉例來說，交易 A 可能剛剛才更新了 account 資料表，並正在等待取得 transaction 資料表的寫入鎖，但在此同時，交易 B 也剛剛在 transaction 資料表中插入一筆資料，也在等著要取得 account 資料表的寫入鎖。如果兩筆交易碰巧都在修改同一個記憶體頁面、或同一筆資料列（端看資料庫伺服器使用的鎖定細緻度而定），那麼它們就會等到天荒地老，因為彼此都無法結束、於是必要的資源也無法釋放出來。資料庫伺服器必須隨時注意這種狀況，以免資料吞吐量形成停滯；一旦偵測到鎖死，就必須選出其中一方的交易（隨機選擇、或是依特定條件為之）並加以還原，讓另一筆交易得以繼續執行。大部分情況下，被中止的交易都會重新展開並順利完成，不至於再引起另一回的鎖死情況。

鎖死的場合與上述第二種場合不同之處，在於資料庫伺服器會發出一個錯誤，告知你的交易已經因為偵測到鎖死、因此被還原了。以 MySQL 為例，你會收到 error 1213，它含有以下訊息：

> Message: Deadlock found when trying to get lock; try restarting transaction

正如訊息中敘述，稍後再度嘗試因偵測到鎖死而被還原的那一筆交易，是很合理的動作。但是如果鎖死問題頻頻發生，你可能就需要修改存取資料庫的應用程式，降低鎖死的機率（常見的策略之一便是確認外界一定會依相同的順序存取資料資源，例如一定都是先修改 account 資料、然後才能插入 transaction 的資料）。

交易儲存點

在某些情況下，你可能在交易中遇到問題而需要還原，但你不想把全部已發生的動作都還原回到交易起點。針對這種情形，你可以在交易中建立一個以上的儲存點（*savepoint*），並用來還原至交易中的特定位置，而不是一下子全部倒退回交易起點。

選擇一種儲存引擎

使用 Oracle Database 或微軟的 SQL Server 時，都只會以一套程式碼來處理資料庫的低階運作，像是按照主鍵的值從資料表取得特定資料列之類。但 MySQL 伺服器的設計是可以相容多種儲存引擎，並藉以提供像是資源鎖定和交易管理等低階資料庫功能。從 8.0 版開始，MySQL 已包含下列的儲存引擎：

MyISAM

非交易式引擎，採用資料表鎖定

MEMORY

非交易式引擎，專供記憶體內的資料表使用

CSV

交易式引擎，將資料儲存在以逗點區隔資料的檔案中

InnoDB

交易式引擎，採用資料列層級的鎖定

Merge

可以讓多個相等的 MyISAM 資料表看起來像單一資料表的專用引擎（又稱為 table partitioning）

Archive

一種可以儲存大量無索引資料的專用引擎，主要用於歸檔目的（archival purposes）

雖然你可能會以為必須為資料庫選擇單一儲存引擎，但 MySQL 其實很有彈性，它允許你為個別資料表選用不同的儲存引擎。對於任何可能參與交易的資料表，你應該選擇 InnoDB 引擎，該引擎採用資料列層級的鎖定和版本控制，因此它是各款儲存引擎中平行使用層級最高的一種。

你可以在建立資料表時明確指定儲存引擎，或是令既有資料表改用別種引擎。如果你不知道資料表配置了何種引擎，請利用 show table 命令來觀察，如下所示：

```
mysql> show table status like 'customer' \G;
*************************** 1. row ***************************
           Name: customer
         Engine: InnoDB
        Version: 10
     Row_format: Dynamic
           Rows: 599
 Avg_row_length: 136
    Data_length: 81920
Max_data_length: 0
   Index_length: 49152
      Data_free: 0
 Auto_increment: 599
    Create_time: 2019-03-12 14:24:46
    Update_time: NULL
     Check_time: NULL
      Collation: utf8_general_ci
       Checksum: NULL
 Create_options:
        Comment:
1 row in set (0.16 sec)
```

注意第二項，各位應該會發現 customer 資料表已經在使用 InnoDB 引擎了。
如果並非如此，你也可以用以下命令指定 customer 資料表改用 InnoDB 引
擎：

```
ALTER TABLE customer ENGINE = INNODB;
```

所有的儲存點都必須要有一個名稱，這樣才可以在單一交易中設置多個儲存點。若
要建立一個名為 my_savepoint 的儲存點，就這樣做：

```
SAVEPOINT my_savepoint;
```

如要還原回到特定儲存點，只需下達 rollback 命令、再加上關鍵字 savepoint 和
儲存點名稱即可，就像這樣：

```
ROLLBACK TO SAVEPOINT my_savepoint;
```

以下是一個運用儲存點的實例：

```
START TRANSACTION;

UPDATE product
SET date_retired = CURRENT_TIMESTAMP()
WHERE product_cd = 'XYZ';
```

```
SAVEPOINT before_close_accounts;

UPDATE account
SET status = 'CLOSED', close_date = CURRENT_TIMESTAMP(),
  last_activity_date = CURRENT_TIMESTAMP()
WHERE product_cd = 'XYZ';

ROLLBACK TO SAVEPOINT before_close_accounts;
COMMIT;
```

此一交易的結果應該是神秘產品 XYZ 確實已設為除役、但沒有任一筆使用該類產品的帳戶被設為關閉。

使用儲存點時，請記住：

- 雖然名為儲存點，但當你建立它時，不代表其異動內容已經儲存起來。若要將交易內容成為定論，你還是要靠 commit 命令提交。

- 如果你發出 rollback 命令但卻未指名儲存點，那麼交易中所有的儲存點都會被略而不顧，亦即整筆交易都會還原。

如果你使用的是 SQL Server，就得改用微軟自家的 save transaction 命令來建立儲存點，要還原至某個儲存點時，也得改用 rollback transaction，而且兩者後面都要加上儲存點名稱。

測試你剛學到的

以下練習會測試你對交易的了解程度。完成後請和附錄 B 的答案比對。

練習 12-1

產生一個工作單元，以便從你的帳戶 123 轉帳 50 元到帳戶 789。你必須對 transaction 資料表插入兩筆資料，並在 account 資料表中更新兩筆資料。請利用以下的資料表定義及資料來進行：

```
                   Account:
account_id     avail_balance     last_activity_date
----------     -------------     ------------------
123            500               2019-07-10 20:53:27
789            75                2019-06-22 15:18:35
```

```
                    Transaction:
    txn_id          txn_date          account_id          txn_type_cd          amount
    ---------       ------------      -----------         -----------          --------
    1001            2019-05-15        123                 C                    500
    1002            2019-06-01        789                 C                    75
```

請以 txn_type_cd = 'C' 來代表存入（加總），並以 txn_type_cd = 'D' 來代表
提出（扣除）。

第十三章

索引與約束條件

由於本書的重點是撰寫程式的技巧，因此前面十二章都著重在各種 SQL 語言的元素，以便打造巧妙的 select、insert、update 和 delete 等敘述。然而，有些資料庫的功能也會間接地影響你撰寫的程式碼。本章就要來談談其中兩種功能：索引（index）和約束條件（constraint）。

索引

當你為資料表插入一筆資料時，資料庫伺服器並不會試著將資料放在資料表中的特定位置。舉例來說，如果你在 customer 資料表中新增一筆資料，伺服器不會按照 customer_id 欄位將資料列依數字順序放入，也不會按照 last_name 欄位將資料列依字母順序放入。相反地，伺服器只會逕自把資料放到檔案中可以繼續使用的位置（伺服器會為每個資料表保存一份可用空間清單）。當你查詢 customer 資料表時，伺服器必須檢視資料表中每一筆資料，才能找出查詢所需的內容。假設你發出了以下查詢：

```
mysql> SELECT first_name, last_name
    -> FROM customer
    -> WHERE last_name LIKE 'Y%';
+------------+-----------+
| first_name | last_name |
+------------+-----------+
| LUIS       | YANEZ     |
| MARVIN     | YEE       |
| CYNTHIA    | YOUNG     |
+------------+-----------+
3 rows in set (0.09 sec)
```

為了找出所有姓氏首字母為 Y 的客戶，伺服器必須遍訪 customer 資料表中的每一筆資料，並檢查 last_name 欄位的內容；如果姓氏首字母為 Y，這筆資料便可納入結果集合。這種存取動作謂之*資料表掃描*（*table scan*）。

當資料表中只有三筆資料時，這種方法運作起來沒什麼問題，不過請設想，當資料表中含有三百萬筆資料時，類似的查詢得耗時多久。在三筆與三百萬筆資料之間，一定存在一個臨界點，一旦超過這個極限，如果你不施以援手，伺服器便無法在合理的等待時間內答覆查詢。而這所謂的援手，其形式就是 customer 資料表中一個以上的*索引*。

就算你從未接觸過資料庫索引，應該也知道現實生活中的索引概念（例如本書結尾便有一套索引）。所謂的索引，不過是一種讓你可以在資源中找到特定項目的機制。舉例來說，所有的技術刊物都會在結尾附上索引，方便你尋找刊物中特定的字詞或是語句。索引會依照字母順序列出這些字詞和語句，方便讓讀者迅速地沿著索引找到特定字母的位置，進而找到目標物，然後就能對照可以在哪幾頁找到該字詞或語句。

就像讀者可以透過索引在刊物中詢者字詞一樣，資料庫伺服器也利用索引來尋找資料表中的資料列。索引本身其實也是一種特殊的資料表，但它與一般的資料表不同之處，在於索引會按照特定順序保存資料。不過索引中不會包含資料的*全部*內容，而是只包含可以用來在資料表中尋找資料列用的欄位（可能不只一個）、以及可以指出資料列所在實體位置的資訊。因此索引的角色就像是可以讓你只需檢索資料表中一部分的資料列和欄位，而*不需要*完整地檢視每一筆資料。

建立索引

回到 customer 資料表的例子，你也許會想對 email 欄位加上索引，以便加速任何引用該欄位資料值的查詢動作，對於和客戶電郵信箱有關的任何 update 或 delete 操作亦然。以下動作會在 MySQL 資料庫中添加這樣一副索引：

```
mysql> ALTER TABLE customer
    -> ADD INDEX idx_email (email);
Query OK, 0 rows affected (1.87 sec)
Records: 0 Duplicates: 0 Warnings: 0
```

以上敘述會對 customer.email 欄位建立索引（準確地說，是一個 B-tree 索引，稍後會提到它）；此外，索引本身也命名為 idx_email。有了這個索引，查詢最佳化工具（第 3 章曾介紹過）若認定該索引有助於查詢，便會選擇它來使用。如果資料表中有多個索引，最佳化工具便需決定哪一個索引對特定 SQL 敘述而言最有效益。

MySQL 將索引視為資料表的附屬元件，因此早期的 MySQL 版本都會以 alter table 命令來增刪索引。但其他的資料庫伺服器，如 SQL Server 和 Oracle Database，則將索引視為獨立的架構物件。因此 SQL Server 和 Oracle 都是直接以 create index 命令來建立索引，就像這樣：

```
CREATE INDEX idx_email
ON customer (email);
```

以 MySQL 第 5 版為例，它也支援 create index 命令，只不過該命令其實是對應到 alter table 命令罷了。到頭來你其實還是以 alter table 命令來建立主鍵索引。

所有的資料庫伺服器都允許你觀察既有的索引。MySQL 的使用者可以靠 show 命令來檢視特定資料表中所有的索引：

```
mysql> SHOW INDEX FROM customer \G;
*************************** 1. row ***************************
        Table: customer
   Non_unique: 0
     Key_name: PRIMARY
 Seq_in_index: 1
  Column_name: customer_id
    Collation: A
  Cardinality: 599
     Sub_part: NULL
       Packed: NULL
         Null:
   Index_type: BTREE
...
*************************** 2. row ***************************
        Table: customer
   Non_unique: 1
     Key_name: idx_fk_store_id
 Seq_in_index: 1
  Column_name: store_id
    Collation: A
  Cardinality: 2
     Sub_part: NULL
       Packed: NULL
         Null:
   Index_type: BTREE
...
*************************** 3. row ***************************
        Table: customer
```

```
      Non_unique: 1
        Key_name: idx_fk_address_id
    Seq_in_index: 1
     Column_name: address_id
       Collation: A
     Cardinality: 599
        Sub_part: NULL
          Packed: NULL
            Null:
      Index_type: BTREE
...
*************************** 4. row ***************************
           Table: customer
      Non_unique: 1
        Key_name: idx_last_name
    Seq_in_index: 1
     Column_name: last_name
       Collation: A
     Cardinality: 599
        Sub_part: NULL
          Packed: NULL
            Null:
      Index_type: BTREE
...
*************************** 5. row ***************************
           Table: customer
      Non_unique: 1
        Key_name: idx_email
    Seq_in_index: 1
     Column_name: email
       Collation: A
     Cardinality: 599
        Sub_part: NULL
          Packed: NULL
            Null: YES
      Index_type: BTREE
...
5 rows in set (0.06 sec)
```

輸出以上顯示，customer 資料表中總共有五組索引：其中之一依附在 customer_
id 欄位上，其名稱為 PRIMARY，其他四組則分別依附於 store_id、address_id、
last_name 和 email 等欄位上。如果你還在思忖這些索引是從哪冒出來的，筆者可
以提醒你，剛剛從 email 欄位建立的索引便是其中之一，至於剩下的則是隨著示
範資料庫 Sakila 安裝而來的。以下是建立資料表的敘述：

```
CREATE TABLE customer (
  customer_id SMALLINT UNSIGNED NOT NULL AUTO_INCREMENT,
  store_id TINYINT UNSIGNED NOT NULL,
  first_name VARCHAR(45) NOT NULL,
  last_name VARCHAR(45) NOT NULL,
  email VARCHAR(50) DEFAULT NULL,
  address_id SMALLINT UNSIGNED NOT NULL,
  active BOOLEAN NOT NULL DEFAULT TRUE,
  create_date DATETIME NOT NULL,
  last_update TIMESTAMP DEFAULT CURRENT_TIMESTAMP,
  PRIMARY KEY (customer_id),
  KEY idx_fk_store_id (store_id),
  KEY idx_fk_address_id (address_id),
  KEY idx_last_name (last_name),
  ...
```

當資料表建立時，MySQL 伺服器會自動對主鍵欄位產生一副索引，也就是上例中的 customer_id，並將索引命名為 PRIMARY。這是一種特殊類型的索引，專門用來搭配主鍵約束條件，但筆者會把約束條件留到本章稍後再談。

如果你事後又反悔了，覺得索引沒有作用而決定要拿掉，可以這樣做：

```
mysql> ALTER TABLE customer
    -> DROP INDEX idx_email;
Query OK, 0 rows affected (0.50 sec)
Records: 0 Duplicates: 0 Warnings: 0
```

SQL Server 和 Oracle Database 的使用者必須以 drop index 命令來移除索引：

```
DROP INDEX idx_email; (Oracle)
```

```
DROP INDEX idx_email ON customer; (SQL Server)
```

MySQL 現在也支援 drop index 命令了，只不過它骨子裡其實也還是 alter table 命令。

獨特性索引

在設計資料庫時，務必要考量那些欄位可以容忍重複的資料、而哪些欄位則絕不容許如此。舉例來說，customer 資料表裡可以有兩位同名同姓的客戶，都叫 John Smith，因為這兩筆資料中還有其他可資識別的內容（customer_id）、電子郵件、地址等等，可以區分他們。然而，你不會希望讓兩位客戶擁有雷同的電郵信箱。你可以施加一條防範資料值重複的規則，亦即對 **customer.email** 欄位建立獨特性索引（*unique index*）。

獨特性索引有好幾種功用；除了可以擔任一般索引之外，它還可以避免索引依附的欄位中出現重複的資料值。無論是插入資料列時、或是索引依附的欄位有所更動時，資料庫伺服器都會檢查獨特性索引，看看新的資料值是否已經出現在資料表中的其他資料列當中。以下是針對 **customer.email** 欄位建立獨特性索引的方式：

```
mysql> ALTER TABLE customer
    -> ADD UNIQUE idx_email (email);
Query OK, 0 rows affected (0.64 sec)
Records: 0 Duplicates: 0 Warnings: 0
```

 SQL Server 和 Oracle Database 的使用者只需在建立索引時加上關鍵字 unique 即可：

```
CREATE UNIQUE INDEX idx_email
ON customer (email);
```

一旦索引生效，如果你嘗試新增一筆客戶資料，但其中的電郵信箱已有人使用時，就會出現以下錯誤：

```
mysql> INSERT INTO customer
    -> (store_id, first_name, last_name, email, address_id, active)
    -> VALUES
    -> (1,'ALAN','KAHN', 'ALAN.KAHN@sakilacustomer.org', 394, 1);
ERROR 1062 (23000): Duplicate entry 'ALAN.KAHN@sakilacustomer.org'
  for key 'idx_email'
```

你無須對主鍵欄位建立獨特性索引，因為伺服器原本就會檢查主鍵資料值的獨特性。但是如果你覺得有必要，還是可以對同一資料表建立多個獨特性索引。

多重欄位索引

除了先前已展示過的單一欄位索引以外，你也可以建立跨越多個欄位的索引。舉例來說，如果你發覺自己會同時用姓氏和名字來搜尋客戶，就可以對兩個欄位同時建立索引：

```
mysql> ALTER TABLE customer
    -> ADD INDEX idx_full_name (last_name, first_name);
Query OK, 0 rows affected (0.35 sec)
Records: 0 Duplicates: 0 Warnings: 0
```

對於會同時指定姓名的查詢而言，這個索引會很有用，就算只指定姓氏查詢，也一樣有用，但是如果查詢只指定客戶的名字就不見得有用。如果想知道原因，請設想你尋找某人電話號碼的方式；如果你知道某人姓名，可以用電話簿迅速查出對方電話號碼，因為電話號碼是先依照姓氏、再按照名字排序的。如果你只知道對方的姓氏，仍有機會掃視電話簿中全部同姓人士的資料，並找出特定姓名的電話號碼。

因此，在建立多重欄位索引時，你必須謹慎考量，何者應放在第一個欄位、何者應該居次等等，此舉有助於提升索引的可用性。記住，如果你覺得此舉有助於確保回應時間，而對同一組欄位、依不同順序建立不同的索引，理論上不會受到阻礙。

索引的種類

索引是極為厲害的工具，但是由於資料的類別繁多，單獨一種索引策略並不見得適用於所有資料類別。以下各小節便會說明各家伺服器中不同類型的索引。

B-tree 索引

截至目前為止，所有示範過的索引都屬於平衡樹索引（*balanced-tree indexes*），通稱 *B-tree* 索引。MySQL、Oracle Database 和 SQL Server 預設都是使用 B-tree 索引，因此如非你另外指定索引類型，不然一律都是使用 B-tree 索引。正如你想像的，B-tree 索引是以樹狀架構配置，具備至少一層以上的**分枝節點**（*branch nodes*），而分支的末梢只會有一層的**葉節點**（*leaf nodes*）。分支節點的作用是在索引樹中導引方向，而葉節點才含有真正的資料值和位置資訊。舉例來說，一個按照 `customer.last_name` 欄位建置的 B-tree 索引，看起來會像圖 13-1 所示。

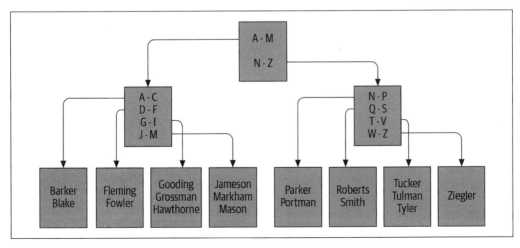

圖 13-1　B-tree 的例子

如果你想下達一道查詢，取得所有姓氏首字母為 G 的客戶，伺服器便會從頂端的分枝節點（又稱為根節點（*root node*））開始找，並沿著連結前往專門處理姓氏首字母為 A 到 M 的分支節點。這個分支節點會進一步將伺服器導向含有姓氏首字母為 G 到 I 的葉節點。最後，伺服器會讀出葉節點裡的值，一直找到沒有首字母 G 的姓氏資料為止（以上例來說，就是找到 Hawthorne 就可以停手了）。

但是，當 customer 資料表要插入、更新及刪除資料列時，伺服器就會試著保持索引樹的平衡，讓根節點某一側的分支 / 葉節點數量不至於超過另一側。伺服器可以新增或移除分支節點以便重新平均分配資料值，有時甚至可以新增或移除一整層的分支節點來達到目的。藉由樹的平衡，伺服器就能迅速地抵達葉節點，並找到所需的資料值，而無須在多層分支節點間遊走。

二元圖索引

雖說 B-tree 索引十分善於處理像是客戶姓名之類、含有多種資料值的欄位，但是當資料欄位只允許少量的資料值時，以這種欄位建置的索引便會變得不切實際。舉例來說，你可能會想對 customer.active 欄位製作索引，以便迅速地取得所有仍有效或已失效的帳號。但是由於只有兩種資料值（1 代表有效、0 代表失效），而且因為有效的客戶帳號顯然比較多，當客戶數量增加時，可能會很難維持一個平衡的 B-tree 索引。

對於只含有少量資料值的欄位、但相應資料筆數卻非常多時（即俗稱的低基數（*low-cardinality*）資料），就需要不一樣的索引策略。要更有效率地處理這種狀況，Oracle Database 引進了二元圖索引（*bitmap indexes*），它會為欄位中的每種資料值產生一個二元圖。如果你要為 customer.active 欄位製作一個二元圖索引，該索引便會維護兩個二元圖：一個供資料值 0 使用、另一個則供資料值 1 使用。當你撰寫查詢要取得所有已不再活動的客戶資料時，資料庫伺服器便只需遊走 0 的二元圖，就能迅速取得所需的資料列。

對於低基數資料來說，二元圖索引是優秀且精巧的索引解決方案，但是當欄位中的資料值種類數目，相對於資料筆數顯得過多時，此種索引策略便會招架不住（即俗稱的高基數（*high-cardinality*）資料），因為伺服器必須維護過多的二元圖索引。舉例來說，你不會對主鍵欄位採用二元圖索引，因為主鍵的基數是最高的（因為每一筆資料列的主鍵欄位值都不同）。

Oracle 的使用者只需在 `create index` 敘述中加上關鍵字 `bitmap`，就能製作二元圖索引：

```
CREATE BITMAP INDEX idx_active ON customer (active);
```

二元圖索引常用在資料倉儲環境裡，這種環境中有大量的資料，但通常都會針對資料值為數有限的欄位製作索引（如銷售季度、地理區域、產品、業務人員等等）。

文字索引

如果你的資料庫中貯有文件，你可能需要讓使用者搜尋文件中的字詞或片語。當然你不會想讓伺服器為每筆搜尋請求都重新讀取每份文件、並掃描目標的文字，但傳統的索引策略顯然不適用這種狀況。要因應此種狀況，MySQL、SQL Server 和 Oracle Database 都含有為文件特製的索引和搜尋機制；其中 SQL Server 和 MySQL 採用所謂的**全文**（*fulltext*）索引，而 Oracle Database 則是採用更為強大的工具組，稱為 *Oracle Text*。文件搜尋屬於相當專門的技術，因此無法在此以範例說明，但讀者們至少應該要知道有這種技術存在。

如何運用索引？

索引通常是用來讓伺服器得以迅速在資料表中找到資料列，然後才能據以造訪相關資料表，並取出使用者所需的相關資訊。請參閱以下查詢：

```
mysql> SELECT customer_id, first_name, last_name
    -> FROM customer
    -> WHERE first_name LIKE 'S%' AND last_name LIKE 'P%';
+-------------+------------+-----------+
| customer_id | first_name | last_name |
+-------------+------------+-----------+
|          84 | SARA       | PERRY     |
|         197 | SUE        | PETERS    |
|         167 | SALLY      | PIERCE    |
+-------------+------------+-----------+
3 rows in set (0.00 sec)
```

對於這道查詢，伺服器可以採取的策略包括：

- 掃描 `customer` 資料表的全部資料列。

- 先用 `last_name` 欄位的相關索引找出姓氏首字母為 P 的客戶；再造訪 `customer` 資料列的所有資料列，找出名字首字母為 S 的資料列。

- 利用以 last_name 和 first_name 欄位合製的索引，找出所有姓氏首字母為 P、而且名字首字母為 S 的客戶。

選項三看似最佳選項，因為一個索引就可以產生結果集合所需的所有資料列，無須再次造訪資料表。但是你如何得知伺服器會使用何種策略？如欲知曉 MySQL 的查詢最佳化工具會如何決定查詢執行方式，筆者會利用 explain 敘述，要求伺服器顯示該筆查詢的執行計畫（execution plan），而非逕自執行查詢。

```
mysql> EXPLAIN
    -> SELECT customer_id, first_name, last_name
    -> FROM customer
    -> WHERE first_name LIKE 'S%' AND last_name LIKE 'P%' \G;
*************************** 1. row ***************************
           id: 1
  select_type: SIMPLE
        table: customer
   partitions: NULL
         type: range
possible_keys: idx_last_name,idx_full_name
          key: idx_full_name
      key_len: 274
          ref: NULL
         rows: 28
     filtered: 11.11
        Extra: Using where; Using index
1 row in set, 1 warning (0.00 sec)
```

每一種資料庫伺服器都有自己的工具，可以讓你觀察查詢最佳化工具如何處理 SQL 敘述。SQL Server 是靠 set show plan_text on 這道敘述，讓你可以在執行 SQL 敘述前先看到執行計畫。Oracle Database 則是採用 explain plan 敘述，它會將執行計畫寫到一個名為 plan_table 的特殊資料表內。

觀察以上的查詢結果，possible_keys 這一欄指出，伺服器可以挑選 idx_last_name 或是 idx_full_name 兩個索引之一，而 key 一欄則顯示最後選用的是 idx_full_name 索引。還有，type 欄位指出執行過程中會用到範圍掃描（range scan），亦即資料庫伺服器會在索引中尋找一整個範圍的值，而非只取得單一資料列。

筆者剛剛示範的過程，就是查詢調校的例子。調校包括檢視 SQL 敘述、並判斷伺服器有哪些資源可以用來執行敘述。為了讓敘述執行得更有效率，你可以修改 SQL 敘述本身、或是調整資料庫的資源，或是兩者並用。調校是一門大學問，筆者鄭重建議各位去詳讀你使用的伺服器所附的調校指南，或是參考專門書籍，以便瞭解你的伺服器有哪些調校手段可以運用。

索引的缺陷

如果索引這麼厲害，為何不對所有欄位都製作索引？好吧，事情不是憨人想像得那麼簡單，關鍵是你得先理解，索引多不見得是好事，因為每個索引其實也是一個資料表（一種特殊資料表，但仍是資料表）。因此，每當你在資料表中增刪資料時，該資料表中所有的索引都必須隨之異動。當你更新資料列時，這些資料列異動的欄位所涉及的索引也得要更新。因此，索引越多、伺服器要做的動作就越多，才能讓架構物件都保持在最新狀態，這一定會讓整體動作都慢下來。

索引也需要佔用磁碟空間、也需要管理員付出心力加以照料，因此增設索引的最佳策略，就是只有在明確需要時方才為之。如果你的索引只供特殊目的使用，例如每月例行維護作業，那麼最好是先建立索引、執行作業、然後把索引拿掉，下次要用時再新建一組。對於資料倉儲而言，索引在營業時段尤為要緊，因為使用者需要跑報表和進行日常查詢，但是在夜間將資料補進資料倉儲時，索引卻會造成負擔，因此最常見的作法，就是在夜間載入資料前先把索引移除，然後再在營業時間開始前重新建立索引。

持平而論，你應該設法將索引數量保持在恰到好處。如果你不確定自己應該保存多少索引，請考慮以下策略：

- 確定所有主鍵欄位都已製作成索引（大部分的伺服器都會在你定義主鍵約束條件時自動製作獨特性索引）。如果是多重欄位構成的主鍵，請考慮針對部分的主鍵欄位製作額外的索引，或是為不同順序（要和主鍵約束條件定義的順序不同）的全部主鍵欄位製作額外的索引。

- 如果有欄位被外來鍵約束條件所引用，這些欄位也要製作成索引。記住，伺服器在刪除任何資料列前，會先檢查有其他資料列依附在你刪除的標的物上（亦即被當成外來鍵引用），因此勢必要用一道查詢搜尋特定的欄位值。如果這種欄位上沒有索引，就必須掃描整個資料表才能完成檢查動作。

- 如果有些欄位常被用來檢索資料，請為其製作索引。大部分的日期欄位便是最好的例子，短字串（2- 到 50- 個字元）欄位亦然。

初次建立索引之後，請試著觀察資料表在現實中接收到的查詢方式，並檢視伺服器的執行計畫，再據以修正你的索引策略，以便因應常見的查詢途徑。

約束條件

所謂約束條件，其實不過就是針對一個資料表的單一或多個欄位施加的限制。約束條件可分成以下數種類型：

主鍵約束條件

　　用來保障資料表中一個或多個欄位中資料的獨特性

外來鍵約束條件

　　限制資料表中一個或多個欄位中的資料，必須等同於另一資料表中主鍵欄位的值（如果附帶了 update cascade 或是 delete cascade 等規則，可能還會連帶限制其他資料表中的許可值）

獨特性約束條件

　　限制資料表中一個或多個欄位中資料的獨特性（主鍵約束條件也算是獨特性約束條件的特殊類型）

檢查約束條件

　　限制欄位中容許的資料值

若沒有約束條件，資料庫中資料的一致性便成問題。舉例來說，如果伺服器允許你更改 customer 資表中的 customer ID，但卻沒有連帶更新 rental 資料表中同一筆 customer ID，結果就會搞出部分出租資料參照的客戶紀錄無效這樣的麻煩（亦即所謂的無主資料列（*orphaned rows*））。但是只要加上了主鍵和外來鍵等約束條件，如果有人試圖更改或刪除其他資料表要參照的資料，或是把更動內容遞移傳遞至其他資料表，伺服器便會發出錯誤訊息（稍後便會介紹）。

 如果你想在 MySQL 伺服器上採用外來鍵約束條件，務必為相關資料表選用 InnoDB 儲存引擎。

建立約束條件

約束條件通常都會在建立其套用目標資料表時，伴隨著 create table 敘述一併定義。下例便是示範資料庫 Sakila 中產生架構用的命令稿：

```
CREATE TABLE customer (
  customer_id SMALLINT UNSIGNED NOT NULL AUTO_INCREMENT,
  store_id TINYINT UNSIGNED NOT NULL,
  first_name VARCHAR(45) NOT NULL,
  last_name VARCHAR(45) NOT NULL,
  email VARCHAR(50) DEFAULT NULL,
  address_id SMALLINT UNSIGNED NOT NULL,
  active BOOLEAN NOT NULL DEFAULT TRUE,
  create_date DATETIME NOT NULL,
  last_update TIMESTAMP DEFAULT CURRENT_TIMESTAMP
    ON UPDATE CURRENT_TIMESTAMP,
  PRIMARY KEY (customer_id),
  KEY idx_fk_store_id (store_id),
  KEY idx_fk_address_id (address_id),
  KEY idx_last_name (last_name),
  CONSTRAINT fk_customer_address FOREIGN KEY (address_id)
    REFERENCES address (address_id) ON DELETE RESTRICT ON UPDATE CASCADE,
  CONSTRAINT fk_customer_store FOREIGN KEY (store_id)
    REFERENCES store (store_id) ON DELETE RESTRICT ON UPDATE CASCADE
)ENGINE=InnoDB DEFAULT CHARSET=utf8;
```

customer 資料表中一共有三個約束條件：其一指定以 customer_id 欄位作為資料表主鍵，另外兩個則分別以 address_id 和 store_id 兩個欄位擔任外來鍵，它們分別來自 address 和 store 這兩個資料表。抑或是你可以在建立 customer 資料表時省略定義外來鍵的約束條件，但事後再以 alter table 敘述來增補外來鍵約束條件：

```
ALTER TABLE customer
ADD CONSTRAINT fk_customer_address FOREIGN KEY (address_id)
REFERENCES address (address_id) ON DELETE RESTRICT ON UPDATE CASCADE;

ALTER TABLE customer
ADD CONSTRAINT fk_customer_store FOREIGN KEY (store_id)
REFERENCES store (store_id) ON DELETE RESTRICT ON UPDATE CASCADE;
```

以上兩道敘述皆包含數種 on 子句：

- on delete restrict，會在上游資料表（parent table，以上例來說就是 address 或 store 資料表）中被下游資料表（child table，以上例來說就是 customer 資料表）參照的資料列遭到刪除時，讓伺服器發出警訊

- on update cascade，會在上游資料表中被下游資料表參照的主鍵資料值遭到變更時，讓伺服器自動把變更的主鍵值遞移至下游資料表一併變更

on delete restrict 子句可以在上層資料表中有資料列被刪除時，防止產生無主資料列。為說明起見，我們從 address 資料表中挑一筆資料，然後觀察 address 和 customer 兩個資料表是如何共用資料值的：

```
mysql> SELECT c.first_name, c.last_name, c.address_id, a.address
    -> FROM customer c
    ->    INNER JOIN address a
    ->    ON c.address_id = a.address_id
    -> WHERE a.address_id = 123;
+------------+-----------+------------+---------------------------------+
| first_name | last_name | address_id | address                         |
+------------+-----------+------------+---------------------------------+
| SHERRY     | MARSHALL  |        123 | 1987 Coacalco de Berriozbal Loop |
+------------+-----------+------------+---------------------------------+
1 row in set (0.00 sec)
```

結果顯示，確實有一筆 customer 資料（客戶姓名是 Sherry Marshall）的 address_id 欄位值為 123。

以下顯示當你試著從上層資料表（亦即 address 資料表）中刪除這筆資料時，會發生什麼事：

```
mysql> DELETE FROM address WHERE address_id = 123;
ERROR 1451 (23000): Cannot delete or update a parent row:
  a foreign key constraint fails (`sakila`.`customer`,
  CONSTRAINT `fk_customer_address` FOREIGN KEY (`address_id`)
  REFERENCES `address` (`address_id`)
  ON DELETE RESTRICT ON UPDATE CASCADE)
```

因為下層資料表中至少有一筆資料的 address_id 欄位中有 123 這個值，故而外來鍵約束條件的 on delete restrict 子句引發了以上敘述的錯誤訊息。

至於 on update cascade 子句，同樣也可以在上層資料表中有主鍵資料被更改時，防止產生無主資料列。當你試著更改 address.address_id 欄位時，就會出現這種現象：

```
mysql> UPDATE address
    -> SET address_id = 9999
    -> WHERE address_id = 123;
Query OK, 1 row affected (0.37 sec)
Rows matched: 1 Changed: 1 Warnings: 0
```

敘述執行後並未出現錯誤，而且還是有一筆資料被更動過了。那麼 Sherry Marshall 在 customer 資料表中的紀錄會變成怎樣呢？它是否仍指向 123 這個地址識別碼、可是這個識別碼剛剛才被改掉？要證明起見，我們再查詢一次，但是這回改用新的識別碼 9999 來取代先前用過的 123：

```
mysql> SELECT c.first_name, c.last_name, c.address_id, a.address
    -> FROM customer c
    ->   INNER JOIN address a
    ->   ON c.address_id = a.address_id
    -> WHERE a.address_id = 9999;
+------------+-----------+------------+---------------------------------+
| first_name | last_name | address_id | address                         |
+------------+-----------+------------+---------------------------------+
| SHERRY     | MARSHALL  |       9999 | 1987 Coacalco de Berriozbal Loop |
+------------+-----------+------------+---------------------------------+
1 row in set (0.00 sec)
```

瞧，傳回的結果仍是相同的地址（只不過識別碼改掉了），這代表 customer 資料表中的識別碼也自動更新成 9999 了。這便是遞移（*cascade*）的效果，也就是我們用來防範出現無主資料列的第二種辦法。

除了 restrict 和 cascade 以外，你還可以選擇 set null 這種作用，它會在上層資料表的資料列遭到更新或異動時，將下層資料表的外來鍵值設為 null。因此我們再定義外來鍵約束條件時，一共有六種選項可用：

- on delete restrict

- on delete cascade

- on delete set null

- on update restrict

- on update cascade

- on update set null

這些都是選擇性的，因此在定義外來鍵約束條件時，你可以完全不用、或是只選用一到兩個（一個 on delete 和一個 on update）選項。

最後，如果你想把主鍵或外來鍵約束條件拿掉，可以再度引用 alter table 敘述，只不過把 add 換成 drop 即可。雖說我們很少將主鍵約束條件移除，但外來鍵約束條件卻常會因為維護作業因素而必須暫時移除，事後才會再放回去。

測試你剛學到的

以下練習會測試你對索引和約束條件的了解程度。完成後請和附錄 B 的答案比對。

練習 13-1

為 rental 資料表撰寫一道 alter table 敘述，以便在 customer 資料表中有某筆資料被刪除、但該筆資料的資料值仍存在於 rental.customer_id 欄位中時，會發出錯誤。

練習 13-2

為 payment 資料表產生一個多欄位索引，以便用於以下兩道查詢：

```
SELECT customer_id, payment_date, amount
FROM payment
WHERE payment_date > cast('2019-12-31 23:59:59' as datetime);

SELECT customer_id, payment_date, amount
FROM payment
WHERE payment_date > cast('2019-12-31 23:59:59' as datetime)
  AND amount < 5;
```

第十四章

Views

凡是設計良好的應用程式，通常都只會公開某一部分的介面，但把其他實作的細節隱藏起來，這樣就算是日後變更了設計，也不至於影響到使用者。在設計資料庫時也可以有類似的效果，也就是將資料表隱藏起來、但允許使用者只能透過一組檢視表（view）來存取資料表中的內容。本章會致力於說明何為檢視表、如何建立檢視表、以及運用它們的時機與方式。

何謂檢視表？

所謂的檢視表，其實不過就是某種查詢資料的機制而已。但是檢視表與資料表的不同之處，在於前者不涉及資料的儲存；你無須擔心檢視表會佔滿磁碟空間。要建立檢視表，只須對一段 select 敘述賦予名稱，然後將這段查詢儲存起來備用即可。其他使用者可以透過你的檢視表存取資料，就像在查詢一般的資料表一樣（事實上他們可能根本感覺不到自己操作的對象是檢視表）。

簡單舉個例子，假設你想隱藏 customer 資料表裡的電郵地址部分。但行銷部門人員卻需要取得電郵地址，以供廣告促銷使用，可是你公司的隱私政策卻又規定必須保護這類資料的隱密性。因此，你沒有允許直接操作 customer 資料表，而是定義了一個名為 customer_vw 的檢視表，並強制非行銷部門人員只能從這個檢視表取得客戶資料（所以非行銷人員便看不到電郵資料）。以下就是該檢視表的定義：

```
CREATE VIEW customer_vw
  (customer_id,
   first_name,
   last_name,
```

```
    email
  )
AS
SELECT
  customer_id,
  first_name,
  last_name,
  concat(substr(email,1,2), '*****', substr(email, -4)) email
FROM customer;
```

上列敘述的第一個部分，列出了檢視表該有的欄位名稱，它們不一定要和依存資料表的欄位完全一樣。敘述的第二個部分則是一段 select 敘述，它必須包含能定義出檢視表每個欄位的表示式。像 email 欄位的內容，就是以原資料表中電郵信箱的前兩個字元、然後接上 '*****' 字串、再接續電郵信箱的最後四個字元合組而成。

只要執行以上 create view 敘述，資料庫伺服器便會將檢視表的定義儲存起來以備將來使用；此時不會真正執行該查詢、也不會取得或儲存任何資料。一旦建立檢視表，使用者就可以像查詢一般資料表那樣去查詢檢視表，就像這樣：

```
mysql> SELECT first_name, last_name, email
    -> FROM customer_vw;
+-------------+-------------+-------------+
| first_name  | last_name   | email       |
+-------------+-------------+-------------+
| MARY        | SMITH       | MA*****.org |
| PATRICIA    | JOHNSON     | PA*****.org |
| LINDA       | WILLIAMS    | LI*****.org |
| BARBARA     | JONES       | BA*****.org |
| ELIZABETH   | BROWN       | EL*****.org |
...
| ENRIQUE     | FORSYTHE    | EN*****.org |
| FREDDIE     | DUGGAN      | FR*****.org |
| WADE        | DELVALLE    | WA*****.org |
| AUSTIN      | CINTRON     | AU*****.org |
+-------------+-------------+-------------+
599 rows in set (0.00 sec)
```

即使 customer_vw 檢視表的定義中含有來自 customer 資料表的四個欄位，但上述查詢只調閱了其中三個。讀者們會在本章後面看到，如果你的檢視表中有部分欄位被放到函式或子查詢當中，這便是一個重要的區別。

從使用者的觀點看來，檢視表與資料表並無二致。如果你想知道檢視表中有哪些欄位可用，也一樣可以用 MySQL（Oracle 也有）的 describe 命令來加以檢查：

```
mysql> describe customer_vw;
+-------------+----------------------+------+-----+---------+-------+
| Field       | Type                 | Null | Key | Default | Extra |
+-------------+----------------------+------+-----+---------+-------+
| customer_id | smallint(5) unsigned | NO   |     | 0       |       |
| first_name  | varchar(45)          | NO   |     | NULL    |       |
| last_name   | varchar(45)          | NO   |     | NULL    |       |
| email       | varchar(11)          | YES  |     | NULL    |       |
+-------------+----------------------+------+-----+---------+-------+
4 rows in set (0.00 sec)
```

對檢視表進行查詢時，同樣可以使用 select 敘述的任何一種子句，包括 group by、having 和 order by 等等。如下例所示：

```
mysql> SELECT first_name, count(*), min(last_name), max(last_name)
    -> FROM customer_vw
    -> WHERE first_name LIKE 'J%'
    -> GROUP BY first_name
    -> HAVING count(*) > 1
    -> ORDER BY 1;
+------------+----------+----------------+----------------+
| first_name | count(*) | min(last_name) | max(last_name) |
+------------+----------+----------------+----------------+
| JAMIE      |        2 | RICE           | WAUGH          |
| JESSIE     |        2 | BANKS          | MILAM          |
+------------+----------+----------------+----------------+
2 rows in set (0.00 sec)
```

此外，你也可以在一道查詢中把檢視表和其他資料表相結合（甚至用檢視表結合檢視表）：

```
mysql> SELECT cv.first_name, cv.last_name, p.amount
    -> FROM customer_vw cv
    ->    INNER JOIN payment p
    ->    ON cv.customer_id = p.customer_id
    -> WHERE p.amount >= 11;
+------------+-----------+--------+
| first_name | last_name | amount |
+------------+-----------+--------+
| KAREN      | JACKSON   | 11.99  |
| VICTORIA   | GIBSON    | 11.99  |
| VANESSA    | SIMS      | 11.99  |
| ALMA       | AUSTIN    | 11.99  |
```

```
|  ROSEMARY  |  SCHMIDT    |  11.99  |
|  TANYA     |  GILBERT    |  11.99  |
|  RICHARD   |  MCCRARY    |  11.99  |
|  NICHOLAS  |  BARFIELD   |  11.99  |
|  KENT      |  ARSENAULT  |  11.99  |
|  TERRANCE  |  ROUSH      |  11.99  |
+------------+-------------+---------+
10 rows in set (0.01 sec)
```

以上查詢結合了 customer_vw 檢視表和 payment 資料表，以便找出曾一次租片金額超過 11 元美金的全部客戶。

為何要使用檢視表？

在上一小節中，筆者展示了一個簡單的檢視表，其唯一任務就是將 customer.email 欄位的內容隱藏起來。雖說檢視表常常用來做這種事，但其實它的用處還不僅於此，以下各小節就會一一介紹。

資料安全

如果你建立資料表、又允許使用者查詢該資料表，那麼使用者便能任意取得資料表中每一筆資料的任何欄位。然而筆者先前已經指出，資料表中有些欄位可能會含有敏感性資訊，像是身分證字號、信用卡號碼等等；將這類資訊曝光在使用者面前非但是個餿主意，還可能違反公司的個資政策，甚至觸犯政府法規。

這時最好的因應方式就是把資料表藏起來（譬如不要將 select 權限開放給任何使用者），然後建立一個以上的檢視表，將敏感的欄位拿掉、或是加以掩飾（就向上例那樣，在敏感的 customer_vw.email 欄位中加上 '*****' 字樣）。你也可以在定義檢視表時利用 where 子句來限制哪些資料列才能讓使用者看到。舉例來說，以下的檢視表定義便會將已無動靜的客戶剔除：

```
CREATE VIEW active_customer_vw
 (customer_id,
  first_name,
  last_name,
  email
 )
AS
SELECT
  customer_id,
  first_name,
```

```
    last_name,
    concat(substr(email,1,2), '*****', substr(email, -4)) email
FROM customer
WHERE active = 1;
```

如果你把這個檢視表交給行銷部使用，就可以避免他們把資訊寄給已無效的客戶，因為檢視表中的 where 子句條件，可保每次查詢時一定都只會針對仍有效的客戶動作。

 Oracle Database 的使用者還有另一種選擇，可以同時保護資料表中的資料列及欄位：就是所謂的虛擬私人資料庫（Virtual Private Database，VPD）。VPD 允許你為資料表套用政策（policies），然後伺服器便會在必要時修改使用者查詢語句，以符合政策要求。舉例來說，如果你實施了一條政策，讓業務和行銷部員工只能看到還有效的客戶資料，那麼 active = 1 這個條件便會被強加在所有對 customer 資料表的查詢上。

資料彙整

報表應用程式會經常需要彙整資料，而檢視表正是絕佳的工具，可以讓資料以看似事先經過彙整並儲存的方式呈現出來。舉例來說，假設有個應用程式會每個月產生一份報表，秀出每一類型影片的總銷售金額，這樣主管們便可以判斷要為庫存添購何種類型的新影片。你不用讓應用程式開發者自行撰寫查詢來檢索基礎資料表，而是改以如下的檢視表供他們參閱[1]：

```
CREATE VIEW sales_by_film_category
AS
SELECT
  c.name AS category,
  SUM(p.amount) AS total_sales
FROM payment AS p
  INNER JOIN rental AS r ON p.rental_id = r.rental_id
  INNER JOIN inventory AS i ON r.inventory_id = i.inventory_id
  INNER JOIN film AS f ON i.film_id = f.film_id
  INNER JOIN film_category AS fc ON f.film_id = fc.film_id
  INNER JOIN category AS c ON fc.category_id = c.category_id
```

1　這份檢視表的定義已事先和其他六個檢視表包含在 Sakila 示範資料庫當中，其中幾個會在以下的範例中陸續用到。

```
  GROUP BY c.name
  ORDER BY total_sales DESC;
```

這種做法可以為身為資料庫設計者的你提供很大的彈性。如果你日後覺得，把資料事先彙整成資料表、而非以檢視表動態產生彙整，會有助於大幅提升查詢效能，就可以建立一個 `film_category_sales` 資料表，並將彙整過的資料匯入新資料表，然後修改 `sales_by_film_category` 檢視表的定義，改成直接從新資料表取得資料就好。日後所有引用 `sales_by_film_category` 檢視表的查詢，便可一律從新製作的 `film_category_sales` 資料表取得資料，亦即使用者可以感覺到效能提升了，卻不需更改他們的查詢寫法。

隱藏複雜性

部署檢視表最常見的理由之一，就是避免讓使用者直接面對複雜的事實。舉例來說，假設每個月都會有一份報表顯示所有影片的資訊，包括影片類別、片中演出的演員人數、每部片的庫存數量、以及每部片的出租次數等等。你可以不用讓報表設計者走訪六個不同資料表來取得必要的資料，而是用一個檢視表直接提供：

```
CREATE VIEW film_stats
AS
SELECT f.film_id, f.title, f.description, f.rating,
  (SELECT c.name
   FROM category c
     INNER JOIN film_category fc
     ON c.category_id = fc.category_id
   WHERE fc.film_id = f.film_id) category_name,
  (SELECT count(*)
   FROM film_actor fa
   WHERE fa.film_id = f.film_id
  ) num_actors,
  (SELECT count(*)
   FROM inventory i
   WHERE i.film_id = f.film_id
  ) inventory_cnt,
  (SELECT count(*)
   FROM inventory i
     INNER JOIN rental r
     ON i.inventory_id = r.inventory_id
   WHERE i.film_id = f.film_id
  ) num_rentals
FROM film f;
```

以上檢視表的定義很有意思，因為就算從檢視表中可以取得來自六個不同資料表的資料，它的 from 子句卻仍只參閱了一個資料表（就是 film 資料表）。來自另外五個資料表的資料其實都是靠純量子查詢達成的。如果有人引用這個檢視表，但卻沒有用到 category_name、num_actors、inventory_cnt 或是 num_rentals 等欄位，就代表這些子查詢都不會被用到（執行）。這種手法讓檢視表可以從 film 資料表提供描述性的資訊，卻不需要一一結合其他五個資料表。

結合已區隔的資料

有的資料庫設計會將大型資料表打散成數個較小的資料表，以便改善效能。舉例來說，如果 payment 資料表變得過分龐大，設計者便可將它拆成兩份：payment_current 儲存最近六個月的資料，而 payment_historic 則儲存超過半年前的資料。如果有人想要觀看特定客戶所有的付款紀錄，就得查詢這兩個資料表。但若是建立一個會同時查詢這兩個資料表的檢視表，藉此將結果整合在一起，你就能讓成果看起來像是所有付款資料都放在單獨一個資料表裡一樣。以下是檢視表的定義：

```
CREATE VIEW payment_all
 (payment_id,
  customer_id,
  staff_id,
  rental_id,
  amount,
  payment_date,
  last_update
 )
AS
SELECT payment_id, customer_id, staff_id, rental_id,
  amount, payment_date, last_update
FROM payment_historic
UNION ALL
SELECT payment_id, customer_id, staff_id, rental_id,
  amount, payment_date, last_update
FROM payment_current;
```

上例中對檢視表的運用十分巧妙，因為它讓設計者得以更動底層資料的結構（亦即分割歷史資料表），但其他資料庫使用者卻不必修改自己的查詢來因應此種變動。

可供更新的檢視表

如果你提供一組檢視表給使用者，讓他們用來取得資料，萬一使用者也想修改相同的資料標的呢？當然了，基於安全理由而強迫使用者只能以檢視表查詢資料、卻又允許他們直接用 update 或 insert 敘述去修改底層資料表，好像自相矛盾。有鑑於此，MySQL、Oracle Database 和 SQL Server 都允許透過檢視表修改資料，只要你確實遵守特定限制即可。以 MySQL 為例，如果符合以下條件，檢視表就是可供更改的：

- 不能用到彙整函式（如 max()、min()、avg() 等等）。
- 檢視表中不得用到 group by 或 having 等子句。
- 在 select 或 from 子句裡不能有子查詢，而位在 where 子句裡的任何子查詢都不得參照位於 from 子句裡的資料表。
- 檢視表不得使用 union、union all 或 distinct。
- from 子句必須包含至少一個資料表或是可更新的檢視表。
- 如果定義中涉及一個以上的資料表或檢視表，則 from 子句只能採用 inner join 的方式。

為了展示可供更新檢視表的作用，最好是先從一個簡單的檢視表定義著手，然後再進展到更複雜的檢視表。

更新一個簡單的檢視表

本章開頭時的檢視表就很單純，所以我們就拿它來練習：

```
CREATE VIEW customer_vw
  (customer_id,
   first_name,
   last_name,
   email
  )
AS
SELECT
   customer_id,
   first_name,
   last_name,
   concat(substr(email,1,2), '*****', substr(email, -4)) email
FROM customer;
```

customer_vw 這個檢視表只查詢了單一資料表，而且四個欄位中只有一個是以表示式推導而得的。這個檢視表定義並未違反上述的任一限制，因此你可以用它來更改 customer 資料表裡的內容。我們就用這個檢視表來把 Mary Smith 的姓氏改成 Smith-Allen：

```
mysql> UPDATE customer_vw
    -> SET last_name = 'SMITH-ALLEN'
    -> WHERE customer_id = 1;
Query OK, 1 row affected (0.11 sec)
Rows matched: 1 Changed: 1 Warnings: 0
```

如上所示，敘述執行結果只更動了一筆資料，但我們仍要確認一下底層的 customer 資料表：

```
mysql> SELECT first_name, last_name, email
    -> FROM customer
    -> WHERE customer_id = 1;
+------------+-------------+--------------------------------+
| first_name | last_name   | email                          |
+------------+-------------+--------------------------------+
| MARY       | SMITH-ALLEN | MARY.SMITH@sakilacustomer.org  |
+------------+-------------+--------------------------------+
1 row in set (0.00 sec)
```

雖說你可以用這種方式修改檢視表中大部分的欄位，卻不能更改 email 欄位，因為它是經過表示式推導而得的：

```
mysql> UPDATE customer_vw
    -> SET email = 'MARY.SMITH-ALLEN@sakilacustomer.org'
    -> WHERE customer_id = 1;
ERROR 1348 (HY000): Column 'email' is not updatable
```

以上例而言，改不了反而可能是好事，因為當初建立這個檢視表的目的就是要保護電郵信箱。

如果你想用 customer_vw 檢視表來插入資料，就要失望了；含有推導而得欄位的檢視表是不能用來插入資料的，就算你插入資料用的敘述中並未涉及推導而得的欄位也不行。舉例來說，以下敘述就會嘗試以 customer_vw 檢視表填入 customer_id、first_name 和 last_name 等欄位：

```
mysql> INSERT INTO customer_vw
    -> (customer_id,
    -> first_name,
```

```
      -> last_name)
      -> VALUES (99999,'ROBERT','SIMPSON');
ERROR 1471 (HY000): The target table customer_vw of the INSERT
is not insertable-into
```

現在你已經檢視過簡易檢視表受到的限制了，下一小節會展示如何運用結合了多個資料表的檢視表。

更新複雜的檢視表

雖說源於單一資料表的檢視表相當常見，你還是會遇上很多檢視表，是在查詢語句的 from 子句中參照多個資料表所構成的。以下列的檢視表為例，它就是結合了 customer、address、city 和 country 等資料表，這樣就能很方便地查詢客戶所有的資料：

```
CREATE VIEW customer_details
AS
SELECT c.customer_id,
  c.store_id,
  c.first_name,
  c.last_name,
  c.address_id,
  c.active,
  c.create_date,
  a.address,
  ct.city,
  cn.country,
  a.postal_code
FROM customer c
  INNER JOIN address a
  ON c.address_id = a.address_id
  INNER JOIN city ct
  ON a.city_id = ct.city_id
  INNER JOIN country cn
  ON ct.country_id = cn.country_id;
```

你可以用這個檢視表來更新 customer 或 address 資料表的內容，如以下敘述：

```
mysql> UPDATE customer_details
    -> SET last_name = 'SMITH-ALLEN', active = 0
    -> WHERE customer_id = 1;
Query OK, 1 row affected (0.10 sec)
Rows matched: 1 Changed: 1 Warnings: 0

mysql> UPDATE customer_details
```

```
    -> SET address = '999 Mockingbird Lane'
    -> WHERE customer_id = 1;
Query OK, 1 row affected (0.06 sec)
Rows matched: 1 Changed: 1 Warnings: 0
```

上列第一道敘述修改了 customer.last_name 和 customer.active 等欄位，而第二道敘述則修改了 address.address 欄位。你可能會猜想，如果試著在一道敘述中同時修改兩個資料表的欄位會怎樣，我們就來試試：

```
mysql> UPDATE customer_details
    -> SET last_name = 'SMITH-ALLEN',
    ->    active = 0,
    ->    address = '999 Mockingbird Lane'
    -> WHERE customer_id = 1;
ERROR 1393 (HY000): Can not modify more than one base table
  through a join view 'sakila.customer_details'
```

就像這樣，你雖然可以用兩道敘述個別修改不同的底層資料表，卻不能在一道敘述中同時做到兩者。接下來我們要試著對這兩個資料表插入新客戶的資料（customer_id = 9998 和 9999）：

```
mysql> INSERT INTO customer_details
    -> (customer_id, store_id, first_name, last_name,
    ->  address_id, active, create_date)
    -> VALUES (9998, 1, 'BRIAN', 'SALAZAR', 5, 1, now());
Query OK, 1 row affected (0.23 sec)
```

以上敘述只會對 customer 資料表填入資料，而且運作如常。如果我們試著在填入欄位的清單中納入 address 資料表的欄位：

```
mysql> INSERT INTO customer_details
    -> (customer_id, store_id, first_name, last_name,
    ->  address_id, active, create_date, address)
    -> VALUES (9999, 2, 'THOMAS', 'BISHOP', 7, 1, now(),
    -> '999 Mockingbird Lane');
ERROR 1393 (HY000): Can not modify more than one base table
  through a join view 'sakila.customer_details'
```

這一版的敘述包括了橫跨兩個資料表的欄位，因而造成了問題。為了要透過複雜的檢視表插入資料，你必須先知道每個欄位的來源。但是由於檢視表原本就是為了要對使用者隱瞞複雜細節而建置的，如果使用者還得先對檢視表的定義瞭如指掌、才能判斷能否據以插入資料，似乎本末倒置。

Oracle Database 和 SQL Server 都允許透過檢視表來插入和更改資料，但就跟 MySQL 一樣，其中還是有限制的。如果你想寫 PL/SQL 或 Transact-SQL 來達到目的，可以利用 *instead-of triggers* 這個功能，它基本上會攔截 insert、update 和 delete 等操作檢視表的敘述，並改寫程式碼以便納入異動的動作。如果在重大應用程式中沒有這種功能相助，還想把透過檢視表更新資料當成一項可行策略，勢必會受到重重阻礙。

測試你剛學到的

以下練習會測試你對檢視表的了解程度。完成後請和附錄 B 的答案比對。

練習 14-1

建立一個檢視表定義，讓下列查詢可以參照並產生以下的結果：

```
SELECT title, category_name, first_name, last_name
FROM film_ctgry_actor
WHERE last_name = 'FAWCETT';
```

title	category_name	first_name	last_name
ACE GOLDFINGER	Horror	BOB	FAWCETT
ADAPTATION HOLES	Documentary	BOB	FAWCETT
CHINATOWN GLADIATOR	New	BOB	FAWCETT
CIRCUS YOUTH	Children	BOB	FAWCETT
CONTROL ANTHEM	Comedy	BOB	FAWCETT
DARES PLUTO	Animation	BOB	FAWCETT
DARN FORRESTER	Action	BOB	FAWCETT
DAZED PUNK	Games	BOB	FAWCETT
DYNAMITE TARZAN	Classics	BOB	FAWCETT
HATE HANDICAP	Comedy	BOB	FAWCETT
HOMICIDE PEACH	Family	BOB	FAWCETT
JACKET FRISCO	Drama	BOB	FAWCETT
JUMANJI BLADE	New	BOB	FAWCETT
LAWLESS VISION	Animation	BOB	FAWCETT
LEATHERNECKS DWARFS	Travel	BOB	FAWCETT
OSCAR GOLD	Animation	BOB	FAWCETT
PELICAN COMFORTS	Documentary	BOB	FAWCETT
PERSONAL LADYBUGS	Music	BOB	FAWCETT
RAGING AIRPLANE	Sci-Fi	BOB	FAWCETT
RUN PACIFIC	New	BOB	FAWCETT

```
| RUNNER MADIGAN        | Music       | BOB   | FAWCETT    |
| SADDLE ANTITRUST      | Comedy      | BOB   | FAWCETT    |
| SCORPION APOLLO       | Drama       | BOB   | FAWCETT    |
| SHAWSHANK BUBBLE      | Travel      | BOB   | FAWCETT    |
| TAXI KICK             | Music       | BOB   | FAWCETT    |
| BERETS AGENT          | Action      | JULIA | FAWCETT    |
| BOILED DARES          | Travel      | JULIA | FAWCETT    |
| CHISUM BEHAVIOR       | Family      | JULIA | FAWCETT    |
| CLOSER BANG           | Comedy      | JULIA | FAWCETT    |
| DAY UNFAITHFUL        | New         | JULIA | FAWCETT    |
| HOPE TOOTSIE          | Classics    | JULIA | FAWCETT    |
| LUKE MUMMY            | Animation   | JULIA | FAWCETT    |
| MULAN MOON            | Comedy      | JULIA | FAWCETT    |
| OPUS ICE              | Foreign     | JULIA | FAWCETT    |
| POLLOCK DELIVERANCE   | Foreign     | JULIA | FAWCETT    |
| RIDGEMONT SUBMARINE   | New         | JULIA | FAWCETT    |
| SHANGHAI TYCOON       | Travel      | JULIA | FAWCETT    |
| SHAWSHANK BUBBLE      | Travel      | JULIA | FAWCETT    |
| THEORY MERMAID        | Animation   | JULIA | FAWCETT    |
| WAIT CIDER            | Animation   | JULIA | FAWCETT    |
+----------------------+---------------+-----------+-----------+
40 rows in set (0.00 sec)
```

練習 14-2

租片業者的主管想要看一份報表，其中要包含每個國家的名稱、以及該國所有客戶的付款總額。請製作一個檢視表定義，其中會查詢 country 資料表，同時以純量子查詢計算出 tot_payments 欄位的總和值。

第十五章

中繼資料

除了儲存各個使用者放進資料庫的所有資料以外，資料庫伺服器還得儲存所有用來保有這些資料的資料庫物件（資料表、檢視表、索引等等）自身的資訊。毫無意外地，資料庫伺服器也是把這些資訊放在一個資料庫裡。本章就要探討如何儲存這些名為中繼資料（*metadata*）的內容、以及將其放在何處、如何取用它們、以及如何利用它們建構彈性化的系統。

描述資料用的資料

中繼資料說穿了就是關於資料本身的資料。每當你建立一個資料庫物件，資料庫伺服器就必須記錄各式各樣的資訊。舉例來說，當你建立一個多重欄位的資料表、加上一個主鍵約束條件、三個索引、以及一個外來鍵約束條件後，資料庫伺服器就得記錄以下所有資訊：

- 資料表名稱
- 資料表儲存資訊（空間、起始大小等等）
- 儲存引擎
- 欄位名稱
- 欄位資料型別
- 欄位的預設值
- `not null` 的欄位約束條件

- 主鍵所在的欄位

- 主鍵的名稱

- 主鍵索引的名稱

- 索引名稱

- 索引類型（B-tree 或 bitmap）

- 索引所在的欄位

- 索引欄位排序方式（升冪或降冪）

- 索引的儲存資訊

- 外來鍵名稱

- 外來鍵所在的欄位

- 與外來鍵相關的資料表 / 欄位

這些資料統稱為**資料字典**（*data dictionary*）或是**系統目錄**（*system catalog*）。資料庫伺服器需要持續保存這些資料，也需要能迅速地取得這些資料，才能驗證和執行 SQL 敘述。此外，資料庫伺服器還須保護這些資料，以確保只能透過正確的機制（例如 `alter table` 敘述）修改它們。

雖說確實有標準定義如何在伺服器之間交換中繼資料，但各家資料庫伺服器仍有自己一套提供中繼資料的機制，像是：

- Oracle Database 使用 `user_tables` 和 `all_constraints` 等檢視表

- 以一組系統預存程序（system-stored procedure），像是 SQL Server 的 `sp_tables` 程序、或是 Oracle Database 的 `dbms_metadata` 封裝

- 透過特殊資料庫，像是 MySQL 的 `information_schema` 資料庫

除了 SQL Server 的系統預存程序（源於其前身 Sybase）以外，SQL Server 同樣也包含一個特製的架構物件（schema），其名稱為 `information_schema`，每個資料庫都會自動附帶這個物件。MySQL 和 SQL Server 都具備這種介面，因為它源於 ANSI SQL:2003 標準。本章以下部分就會探討 MySQL 和 SQL Server 裡的 `information_schema` 物件。

information_schema

所有位在 information_schema 資料庫（或 SQL Server 的架構物件）裡的物件，都是以檢視表的形式存在的。雖然筆者在前幾章用 describe 工具檢視資料表及檢視表結構，但這裡的檢視表用法不太一樣，位在 information_schema 裡的檢視表是純粹供查詢用的、亦即可以用程式化的方式運用的（不能用 describe 觀看，本章稍後便會談到）。下例展示如何取得 Sakila 資料庫中所有資料表的名稱：

```
mysql> SELECT table_name, table_type
    -> FROM information_schema.tables
    -> WHERE table_schema = 'sakila'
    -> ORDER BY 1;
+----------------------------+------------+
| TABLE_NAME                 | TABLE_TYPE |
+----------------------------+------------+
| actor                      | BASE TABLE |
| actor_info                 | VIEW       |
| address                    | BASE TABLE |
| category                   | BASE TABLE |
| city                       | BASE TABLE |
| country                    | BASE TABLE |
| customer                   | BASE TABLE |
| customer_list              | VIEW       |
| film                       | BASE TABLE |
| film_actor                 | BASE TABLE |
| film_category              | BASE TABLE |
| film_list                  | VIEW       |
| film_text                  | BASE TABLE |
| inventory                  | BASE TABLE |
| language                   | BASE TABLE |
| nicer_but_slower_film_list | VIEW       |
| payment                    | BASE TABLE |
| rental                     | BASE TABLE |
| sales_by_film_category     | VIEW       |
| sales_by_store             | VIEW       |
| staff                      | BASE TABLE |
| staff_list                 | VIEW       |
| store                      | BASE TABLE |
+----------------------------+------------+
23 rows in set (0.00 sec)
```

如你所見，information_schema.tables 檢視表中同時含有資料表及檢視表的資訊；如果你只想檢查資料表，只需用 where 子句再加上額外的條件就好：

```
mysql> SELECT table_name, table_type
    -> FROM information_schema.tables
    -> WHERE table_schema = 'sakila'
    ->    AND table_type = 'BASE TABLE'
    -> ORDER BY 1;
+---------------+------------+
| TABLE_NAME    | TABLE_TYPE |
+---------------+------------+
| actor         | BASE TABLE |
| address       | BASE TABLE |
| category      | BASE TABLE |
| city          | BASE TABLE |
| country       | BASE TABLE |
| customer      | BASE TABLE |
| film          | BASE TABLE |
| film_actor    | BASE TABLE |
| film_category | BASE TABLE |
| film_text     | BASE TABLE |
| inventory     | BASE TABLE |
| language      | BASE TABLE |
| payment       | BASE TABLE |
| rental        | BASE TABLE |
| staff         | BASE TABLE |
| store         | BASE TABLE |
+---------------+------------+
16 rows in set (0.00 sec)
```

如果你只對檢視表的資訊有興趣，只須改為查詢 information_schema.views 就
好。除了檢視表的名稱以外，你還可以取得其他資訊，像是顯示該檢視表是否可用
於更新資料的旗標：

```
mysql> SELECT table_name, is_updatable
    -> FROM information_schema.views
    -> WHERE table_schema = 'sakila'
    -> ORDER BY 1;
+----------------------------+--------------+
| TABLE_NAME                 | IS_UPDATABLE |
+----------------------------+--------------+
| actor_info                 | NO           |
| customer_list              | YES          |
| film_list                  | NO           |
| nicer_but_slower_film_list | NO           |
| sales_by_film_category     | NO           |
| sales_by_store             | NO           |
| staff_list                 | YES          |
+----------------------------+--------------+
7 rows in set (0.00 sec)
```

至於資料表與檢視表裡的欄位資訊，則須向 columns 檢視表調閱。以下查詢會顯示 film 資料表的欄位資訊：

```
mysql> SELECT column_name, data_type,
    ->   character_maximum_length char_max_len,
    ->   numeric_precision num_prcsn, numeric_scale num_scale
    -> FROM information_schema.columns
    -> WHERE table_schema = 'sakila' AND table_name = 'film'
    -> ORDER BY ordinal_position;
+----------------------+-----------+--------------+-----------+-----------+
| COLUMN_NAME          | DATA_TYPE | char_max_len | num_prcsn | num_scale |
+----------------------+-----------+--------------+-----------+-----------+
| film_id              | smallint  |         NULL |         5 |         0 |
| title                | varchar   |          255 |      NULL |      NULL |
| description          | text      |        65535 |      NULL |      NULL |
| release_year         | year      |         NULL |      NULL |      NULL |
| language_id          | tinyint   |         NULL |         3 |         0 |
| original_language_id | tinyint   |         NULL |         3 |         0 |
| rental_duration      | tinyint   |         NULL |         3 |         0 |
| rental_rate          | decimal   |         NULL |         4 |         2 |
| length               | smallint  |         NULL |         5 |         0 |
| replacement_cost     | decimal   |         NULL |         5 |         2 |
| rating               | enum      |            5 |      NULL |      NULL |
| special_features     | set       |           54 |      NULL |      NULL |
| last_update          | timestamp |         NULL |      NULL |      NULL |
+----------------------+-----------+--------------+-----------+-----------+
13 rows in set (0.00 sec)
```

ordinal_position 這一欄的用途，純粹只是用來按照欄位資訊加入資料表的順序來排序而已。

如欲取得資料表索引相關資訊，就要查詢 information_schema.statistics 檢視表，如下列查詢所示，它會取得 rental 資料表上建置過的索引：

```
mysql> SELECT index_name, non_unique, seq_in_index, column_name
    -> FROM information_schema.statistics
    -> WHERE table_schema = 'sakila' AND table_name = 'rental'
    -> ORDER BY 1, 3;
+----------------------+------------+--------------+--------------+
| INDEX_NAME           | NON_UNIQUE | SEQ_IN_INDEX | COLUMN_NAME  |
+----------------------+------------+--------------+--------------+
| idx_fk_customer_id   |          1 |            1 | customer_id  |
| idx_fk_inventory_id  |          1 |            1 | inventory_id |
| idx_fk_staff_id      |          1 |            1 | staff_id     |
| PRIMARY              |          0 |            1 | rental_id    |
| rental_date          |          0 |            1 | rental_date  |
```

```
| rental_date         |          0 |            2 | inventory_id |
| rental_date         |          0 |            3 | customer_id  |
+---------------------+------------+--------------+--------------+
7 rows in set (0.02 sec)
```

rental 資料表上一共有五組索引,其中之一 (rental_date) 是以三個欄位製成,
另一個則是具獨特性的索引 (PRIMARY),是專供主鍵約束條件使用的。

如欲取得各種類型的既有約束條件 (外來鍵、主鍵、獨特性等等),可查詢
information_schema.table_constraints 檢視表。以下查詢便會取得 Sakila 架
構中所有的約束條件:

```
mysql> SELECT constraint_name, table_name, constraint_type
    -> FROM information_schema.table_constraints
    -> WHERE table_schema = 'sakila'
    -> ORDER BY 3,1;
+---------------------------+---------------+-----------------+
| constraint_name           | table_name    | constraint_type |
+---------------------------+---------------+-----------------+
| fk_address_city           | address       | FOREIGN KEY     |
| fk_city_country           | city          | FOREIGN KEY     |
| fk_customer_address       | customer      | FOREIGN KEY     |
| fk_customer_store         | customer      | FOREIGN KEY     |
| fk_film_actor_actor       | film_actor    | FOREIGN KEY     |
| fk_film_actor_film        | film_actor    | FOREIGN KEY     |
| fk_film_category_category | film_category | FOREIGN KEY     |
| fk_film_category_film     | film_category | FOREIGN KEY     |
| fk_film_language          | film          | FOREIGN KEY     |
| fk_film_language_original | film          | FOREIGN KEY     |
| fk_inventory_film         | inventory     | FOREIGN KEY     |
| fk_inventory_store        | inventory     | FOREIGN KEY     |
| fk_payment_customer       | payment       | FOREIGN KEY     |
| fk_payment_rental         | payment       | FOREIGN KEY     |
| fk_payment_staff          | payment       | FOREIGN KEY     |
| fk_rental_customer        | rental        | FOREIGN KEY     |
| fk_rental_inventory       | rental        | FOREIGN KEY     |
| fk_rental_staff           | rental        | FOREIGN KEY     |
| fk_staff_address          | staff         | FOREIGN KEY     |
| fk_staff_store            | staff         | FOREIGN KEY     |
| fk_store_address          | store         | FOREIGN KEY     |
| fk_store_staff            | store         | FOREIGN KEY     |
| PRIMARY                   | film          | PRIMARY KEY     |
| PRIMARY                   | film_actor    | PRIMARY KEY     |
| PRIMARY                   | staff         | PRIMARY KEY     |
| PRIMARY                   | film_category | PRIMARY KEY     |
| PRIMARY                   | store         | PRIMARY KEY     |
```

```
| PRIMARY              | actor     | PRIMARY KEY |
| PRIMARY              | film_text | PRIMARY KEY |
| PRIMARY              | address   | PRIMARY KEY |
| PRIMARY              | inventory | PRIMARY KEY |
| PRIMARY              | customer  | PRIMARY KEY |
| PRIMARY              | category  | PRIMARY KEY |
| PRIMARY              | language  | PRIMARY KEY |
| PRIMARY              | city      | PRIMARY KEY |
| PRIMARY              | payment   | PRIMARY KEY |
| PRIMARY              | country   | PRIMARY KEY |
| PRIMARY              | rental    | PRIMARY KEY |
| idx_email            | customer  | UNIQUE      |
| idx_unique_manager   | store     | UNIQUE      |
| rental_date          | rental    | UNIQUE      |
+----------------------+-----------+-------------+
41 rows in set (0.02 sec)
```

表 15-1 列舉出 MySQL 第 8.0 版裡 information_schema 之下的多種檢視表。

表 15-1　information_schema 裡的檢視表

檢視表名稱	提供何種資訊…
schemata	資料庫
tables	資料表與檢視表
columns	資料表與檢視表裡的欄位
statistics	索引
user_privileges	誰對何種架構物件有何權限
schema_privileges	誰對哪些資料庫有何權限
table_privileges	誰對哪些資料表有何權限
column_privileges	誰對哪些資料表的哪些欄位庫有何權限
character_sets	有哪些字元集可用
collations	哪些字元集中又有哪些 collations 可用
collation_character_set_applicability	哪些 collations 可供哪些字元集使用
table_constraints	獨特性、外來鍵與主鍵約束條件
key_column_usage	與每個鍵欄位相關的約束條件
routines	預存程序（程序與函式）
views	檢視表
triggers	資料表觸發程序（Table triggers）
plugins	Server plug-ins
engines	可用的儲存引擎
partitions	Table partitions
events	排程事件

檢視表名稱	提供何種資訊…
processlist	執行中的程序
referential_constraints	外來鍵
parameters	預存程序與函式參數
profiling	User profiling information

雖說上述項目中有很多檢視表是 MySQL 獨有的，像是 engines、events 和 plugins 等等，但也有很多是 SQL Server 中也會用到的。如果你使用的是 Oracle Database，請參閱線上的 Oracle Database Reference Guide（*https://reurl.cc/ vmgAQl*），了解關於 user_、all_ 和 dba_ 等檢視表、以及 dbms_metadata 封裝的資訊。

操作中繼資料

筆者先前提過，若以 SQL 查詢取得架構物件的相關資訊，將會開啟若干饒富趣味的應用機會。本小節會展示若干手法，讓你可以在應用程式中運用中繼資料。

產生架構用的命令碼

雖然有些專案團隊會納入專任的資料庫設計師，負責檢視資料庫的設計和實作，但很多團隊其實都採行「多頭馬車式」（design-by-committee）設計，也就是參與專案的人都可以建置資料庫物件。但是過了幾週甚至數個月的開發後，你可能就得製作命令稿來重現團隊曾經建立的各種資料表、索引、檢視表等物件。

雖然坊間有很多工具可以用來產生上述的命令稿，但其實你也可以靠著查詢 information_schema 檢視表來自行製作這種命令稿。

舉例來說，我們來寫一個命令稿，用來建立 sakila.category 資料表。以下便是用來建置資料表的命令，不過是筆者從建構示範用資料庫的命令稿中擷取出來的片段：

```
CREATE TABLE category (
  category_id TINYINT UNSIGNED NOT NULL AUTO_INCREMENT,
  name VARCHAR(25) NOT NULL,
  last_update TIMESTAMP NOT NULL DEFAULT CURRENT_TIMESTAMP
    ON UPDATE CURRENT_TIMESTAMP,
  PRIMARY KEY (category_id)
)ENGINE=InnoDB DEFAULT CHARSET=utf8;
```

雖說利用程序式語言來產生上述命令稿會容易得多（像是 Transact-SQL 或是 Java），但因為本書談的是 SQL，筆者會試著寫出一段查詢，以它來產生 create table 的敘述。第一步自然是要先查詢 information_schema.columns 資料表，以便取得資料表中欄位的資訊【譯註】：

```
mysql> SELECT 'CREATE TABLE category (' create_table_statement
    -> UNION ALL
    -> SELECT cols.txt
    -> FROM
    ->  (SELECT concat(' ',column_name, ' ', column_type,
    ->    CASE
    ->      WHEN is_nullable = 'NO' THEN ' not null'
    ->      ELSE ''
    ->    END,
    ->    CASE
    ->      WHEN extra IS NOT NULL AND extra LIKE 'DEFAULT_GENERATED%'
    ->       THEN concat(' DEFAULT ',column_default,substr(extra,18))
    ->      WHEN extra IS NOT NULL THEN concat(' ', extra)
    ->      ELSE ''
    ->    END,
    ->    ',') txt
    ->   FROM information_schema.columns
    ->   WHERE table_schema = 'sakila' AND table_name = 'category'
    ->   ORDER BY ordinal_position
    ->  ) cols
    -> UNION ALL
    -> SELECT ')';
+--------------------------------------------------------------------+
| create_table_statement                                             |
+--------------------------------------------------------------------+
| CREATE TABLE category (                                             |
|   category_id tinyint(3) unsigned not null auto_increment,          |
|   name varchar(25) not null ,                                       |
|   last_update timestamp not null DEFAULT CURRENT_TIMESTAMP          |
|     on update CURRENT_TIMESTAMP,                                    |
| )                                                                  |
+--------------------------------------------------------------------+
5 rows in set (0.00 sec)
```

譯註　要檢視這段查詢，建議大家至少找一種支援撰寫程式格式化顯示的文字編譯器，可以標示出成對的小括號，方便觀察各個段落的作用。範例中的 cols.txt，cols 代表外層 FROM 子句中子查詢結果構成的別名，txt 則是外層 FROM 子句中子查詢的 SELECT 子句部分以 concat 函式構成的欄位別名。UNION ALL 的用途則是用來把各行的欄位內容合成單一敘述語句。

大致上就是這樣的做法；但我們還得加上其他對於 table_constraints 和 key_column_usage 等檢視表的查詢結果，才能補足主鍵約束條件所需的資訊：

```
mysql> SELECT 'CREATE TABLE category (' create_table_statement
    -> UNION ALL
    -> SELECT cols.txt
    -> FROM
    ->  (SELECT concat(' ',column_name, ' ', column_type,
    ->    CASE
    ->      WHEN is_nullable = 'NO' THEN ' not null'
    ->      ELSE ''
    ->    END,
    ->    CASE
    ->      WHEN extra IS NOT NULL AND extra LIKE 'DEFAULT_GENERATED%'
    ->       THEN concat(' DEFAULT ',column_default,substr(extra,18))
    ->      WHEN extra IS NOT NULL THEN concat(' ', extra)
    ->      ELSE ''
    ->    END,
    ->    ',') txt
    ->   FROM information_schema.columns
    ->   WHERE table_schema = 'sakila' AND table_name = 'category'
    ->   ORDER BY ordinal_position
    ->  ) cols
    -> UNION ALL
    -> SELECT concat(' constraint primary key (')
    -> FROM information_schema.table_constraints
    -> WHERE table_schema = 'sakila' AND table_name = 'category'
    ->   AND constraint_type = 'PRIMARY KEY'
    -> UNION ALL
    -> SELECT cols.txt
    -> FROM
    ->  (SELECT concat(CASE WHEN ordinal_position > 1 THEN ' ,'
    ->     ELSE ' ' END, column_name) txt
    ->   FROM information_schema.key_column_usage
    ->   WHERE table_schema = 'sakila' AND table_name = 'category'
    ->    AND constraint_name = 'PRIMARY'
    ->   ORDER BY ordinal_position
    ->  ) cols
    -> UNION ALL
    -> SELECT ' )'
    -> UNION ALL
    -> SELECT ')';
+----------------------------------------------------------------------+
| create_table_statement                                               |
+----------------------------------------------------------------------+
| CREATE TABLE category (                                              |
|   category_id tinyint(3) unsigned not null auto_increment,          |
```

```
|   name varchar(25) not null ,                                    |
|   last_update timestamp not null DEFAULT CURRENT_TIMESTAMP       |
|     on update CURRENT_TIMESTAMP,                                 |
|   constraint primary key (                                       |
|     category_id                                                  |
|   )                                                              |
| )                                                                |
+------------------------------------------------------------------+
8 rows in set (0.02 sec)
```

要觀察以上敘述的格式是否正確無誤，筆者將查詢輸出的結果貼到 mysql 工具當中（當然筆者已經事先將資料表名稱改成 category2，以免跟原有的資料表名稱相衝突）：

```
mysql> CREATE TABLE category2 (
    ->   category_id tinyint(3) unsigned not null auto_increment,
    ->   name varchar(25) not null ,
    ->   last_update timestamp not null DEFAULT CURRENT_TIMESTAMP
    ->     on update CURRENT_TIMESTAMP,
    ->   constraint primary key (
    ->     category_id
    ->   )
    -> );
Query OK, 0 rows affected (0.61 sec)
```

這段敘述執行無誤，Sakila 資料庫中也確實出現了 category2 資料表。如果要讓這樣的查詢語句能夠產生格式良好的 create table 敘述、並據以建立任何資料表，還有更多動作要進行（像是處理索引和外來鍵約束條件等等），但筆者把這部分留給讀者們自行練習。

 如果你使用的是 Toad、Oracle SQL Developer 或 MySQL Workbench 等圖形介面的開發工具，就可以輕鬆地產生上述類型的命令稿，無須自行拼湊。不過，萬一你身處什麼都沒有的不毛之地，手邊只有 MySQL 命令列用戶端的話⋯

部署驗證

很多機構都會安排所謂的資料庫維護時段，並在這個時段裡進行資料庫物件的管理作業（例如增設 / 移除分割區）、或是部署新的架構物件與程式碼。當部署用的命令稿執行完畢後，最好是再執行一組驗證用的命令稿，以確保相關的欄位、索引、主鍵等新架構物件是否已經到位。以下查詢便會傳回 Sakila 架構中每個資料表的欄位總數、索引總數、以及主鍵約束條件總數（非 0 即 1）：

```
mysql> SELECT tbl.table_name,
    ->  (SELECT count(*) FROM information_schema.columns clm
    ->   WHERE clm.table_schema = tbl.table_schema
    ->     AND clm.table_name = tbl.table_name) num_columns,
    ->  (SELECT count(*) FROM information_schema.statistics sta
    ->   WHERE sta.table_schema = tbl.table_schema
    ->     AND sta.table_name = tbl.table_name) num_indexes,
    ->  (SELECT count(*) FROM information_schema.table_constraints tc
    ->   WHERE tc.table_schema = tbl.table_schema
    ->     AND tc.table_name = tbl.table_name
    ->     AND tc.constraint_type = 'PRIMARY KEY') num_primary_keys
    -> FROM information_schema.tables tbl
    -> WHERE tbl.table_schema = 'sakila' AND tbl.table_type = 'BASE TABLE'
    -> ORDER BY 1;
+---------------+-------------+-------------+------------------+
| TABLE_NAME    | num_columns | num_indexes | num_primary_keys |
+---------------+-------------+-------------+------------------+
| actor         |           4 |           2 |                1 |
| address       |           9 |           3 |                1 |
| category      |           3 |           1 |                1 |
| city          |           4 |           2 |                1 |
| country       |           3 |           1 |                1 |
| customer      |           9 |           7 |                1 |
| film          |          13 |           4 |                1 |
| film_actor    |           3 |           3 |                1 |
| film_category |           3 |           3 |                1 |
| film_text     |           3 |           3 |                1 |
| inventory     |           4 |           4 |                1 |
| language      |           3 |           1 |                1 |
| payment       |           7 |           4 |                1 |
| rental        |           7 |           7 |                1 |
| staff         |          11 |           3 |                1 |
| store         |           4 |           3 |                1 |
+---------------+-------------+-------------+------------------+
16 rows in set (0.01 sec)
```

你可以在部署前後執行以上敘述，並驗證前後兩組結果集合的差異，然後才宣佈部署是否成功。

動態產生的 SQL

像是 Oracle 的 PL/SQL 和微軟的 Transact-SQL 等語言，都是涵蓋 SQL 語言、但其範圍更為廣泛的超集合（superset），亦即它們涵括了 SQL 敘述的語法、但是又加上了常見的程序式結構，像是「if-then-else」跟「while」等等。而其他像 Java 之流的程式語言，則內含能與關聯式資料庫介接的功能，但自身語法卻缺乏 SQL 敘述的功能，亦即所有的 SQL 敘述都得放在字串中處理。

因此大部分的關聯式資料庫伺服器，不論是 SQL Server、Oracle Database 還是 MySQL，都允許以字串形式將 SQL 敘述提交給伺服器。將字串提交給資料庫引擎、而非透過 SQL 介面執行，這種作法通稱為*動態 SQL 執行*（*dynamic SQL execution*）。以 Oracle 的 PL/SQL 語言為例，它就包含一個 execute immediate 命令，可以用來提交需要執行的字串，至於 SQL Server 則是透過名為 sp_executesql 的系統預存程序來動態執行 SQL 敘述。

MySQL 則是以 prepare、execute 和 deallocate 等敘述來動態執行 SQL 敘述。以下是簡單的示範：

```
mysql> SET @qry = 'SELECT customer_id, first_name, last_name FROM customer';
Query OK, 0 rows affected (0.00 sec)

mysql> PREPARE dynsql1 FROM @qry;
Query OK, 0 rows affected (0.00 sec)
Statement prepared

mysql> EXECUTE dynsql1;
+-------------+-------------+--------------+
| customer_id | first_name  | last_name    |
+-------------+-------------+--------------+
|         505 | RAFAEL      | ABNEY        |
|         504 | NATHANIEL   | ADAM         |
|          36 | KATHLEEN    | ADAMS        |
|          96 | DIANA       | ALEXANDER    |
...
|          31 | BRENDA      | WRIGHT       |
|         318 | BRIAN       | WYMAN        |
|         402 | LUIS        | YANEZ        |
|         413 | MARVIN      | YEE          |
|          28 | CYNTHIA     | YOUNG        |
+-------------+-------------+--------------+
599 rows in set (0.02 sec)

mysql> DEALLOCATE PREPARE dynsql1;
Query OK, 0 rows affected (0.00 sec)
```

以上的 set 敘述會將字串內容賦值給變數 qry，然後變數會被 prepare 敘述提交給資料庫引擎（以便進行剖析、安全檢查和最佳化）。呼叫 execute 執行完敘述後，就必須以 deallocate prepare 來關閉敘述，以便釋出任何執行時用到的資料庫資源（如指標）。

下例顯示如何執行一個含有佔位字符（placeholders）的查詢，便於在執行期間指定各種條件：

```
mysql> SET @qry = 'SELECT customer_id, first_name, last_name
  FROM customer WHERE customer_id = ?';
Query OK, 0 rows affected (0.00 sec)

mysql> PREPARE dynsql2 FROM @qry;
Query OK, 0 rows affected (0.00 sec)
Statement prepared

mysql> SET @custid = 9;
Query OK, 0 rows affected (0.00 sec)

mysql> EXECUTE dynsql2 USING @custid;
+-------------+------------+-----------+
| customer_id | first_name | last_name |
+-------------+------------+-----------+
|           9 | MARGARET   | MOORE     |
+-------------+------------+-----------+
1 row in set (0.00 sec)

mysql> SET @custid = 145;
Query OK, 0 rows affected (0.00 sec)

mysql> EXECUTE dynsql2 USING @custid;
+-------------+------------+-----------+
| customer_id | first_name | last_name |
+-------------+------------+-----------+
|         145 | LUCILLE    | HOLMES    |
+-------------+------------+-----------+
1 row in set (0.00 sec)

mysql> DEALLOCATE PREPARE dynsql2;
Query OK, 0 rows affected (0.00 sec)
```

在上例中，查詢裡含有一個佔位字符（即敘述尾端的 ?），便於在執行期間提交 customer ID 的值。敘述本身只會被 prepare 一次、但卻會被執行兩次，一次是取得 customer ID 9、另一次則是 customer ID 145，然後該敘述才會關閉執行。

這時你也許會自忖：這一切跟中繼資料有何關聯？是這樣的，如果你要以動態 SQL 的方式查詢資料表，何不使用中繼資料來建構查詢字串、而不是自行撰寫資料表定義？下例會產生與上例相同的動態 SQL 字串，但它是透過 `information_schema.columns` 這個檢視表來取得欄位名稱的：

```
mysql> SELECT concat('SELECT ',
    ->   concat_ws(',', cols.col1, cols.col2, cols.col3, cols.col4,
    ->     cols.col5, cols.col6, cols.col7, cols.col8, cols.col9),
    ->   ' FROM customer WHERE customer_id = ?')
    -> INTO @qry
    -> FROM
    ->   (SELECT
    ->     max(CASE WHEN ordinal_position = 1 THEN column_name
    ->       ELSE NULL END) col1,
    ->     max(CASE WHEN ordinal_position = 2 THEN column_name
    ->       ELSE NULL END) col2,
    ->     max(CASE WHEN ordinal_position = 3 THEN column_name
    ->       ELSE NULL END) col3,
    ->     max(CASE WHEN ordinal_position = 4 THEN column_name
    ->       ELSE NULL END) col4,
    ->     max(CASE WHEN ordinal_position = 5 THEN column_name
    ->       ELSE NULL END) col5,
    ->     max(CASE WHEN ordinal_position = 6 THEN column_name
    ->       ELSE NULL END) col6,
    ->     max(CASE WHEN ordinal_position = 7 THEN column_name
    ->       ELSE NULL END) col7,
    ->     max(CASE WHEN ordinal_position = 8 THEN column_name
    ->       ELSE NULL END) col8,
    ->     max(CASE WHEN ordinal_position = 9 THEN column_name
    ->       ELSE NULL END) col9
    ->   FROM information_schema.columns
    ->   WHERE table_schema = 'sakila' AND table_name = 'customer'
    ->   GROUP BY table_name
    ->   ) cols;
Query OK, 1 row affected (0.00 sec)
mysql> SELECT @qry;
+------------------------------------------------------------------+
| @qry                                                             |
+------------------------------------------------------------------+
| SELECT customer_id,store_id,first_name,last_name,email,
    address_id,active,create_date,last_update
  FROM customer WHERE customer_id = ? |
+------------------------------------------------------------------+
1 row in set (0.00 sec)

mysql> PREPARE dynsql3 FROM @qry;
```

```
Query OK, 0 rows affected (0.00 sec)
Statement prepared

mysql> SET @custid = 45;
Query OK, 0 rows affected (0.00 sec)

mysql> EXECUTE dynsql3 USING @custid;
+-------------+----------+------------+-----------+
| customer_id | store_id | first_name | last_name |
+-------------+----------+------------+-----------+
|          45 |        1 | JANET      | PHILLIPS  |
+-------------+----------+------------+-----------+

    +----------------------------------+------------+--------
    | email                            | address_id | active
    +----------------------------------+------------+--------
    | JANET.PHILLIPS@sakilacustomer.org|         49 |      1
    +----------------------------------+------------+--------

    +---------------------+---------------------+
    | create_date         | last_update         |
    +---------------------+---------------------+
    | 2006-02-14 22:04:36 | 2006-02-15 04:57:20 |
    +---------------------+---------------------+
1 row in set (0.00 sec)

mysql> DEALLOCATE PREPARE dynsql3;
Query OK, 0 rows affected (0.00 sec)
```

以上查詢將 customer 資料表中的前九個欄位做了樞紐處理，並以 concat 和 concat_ws 等函式建構出查詢字串，再把字串賦值給變數 qry。執行查詢字串的方式則與先前無異。

 通常還是以含有迴圈結構的程序式語言（例如 Java、PL/SQL、Transact-SQL 或是 MySQL 的預存程序語言）來產生查詢語句較為妥當。但筆者想要展示一下純粹的 SQL 範例寫法，因而必須將取得的欄位數量限制在一個合理範圍內，以上例來說，就是九個欄位。

測試你剛學到的

以下練習會測試你對中繼資料的了解程度。解答請參閱附錄 B。

練習 15-1

撰寫一道查詢，列出 Sakila 架構中全部的索引。必須包括資料表名稱。

練習 15-2

撰寫一道查詢，其輸出必須可以用來建立 sakila.customer 資料表的全部索引。輸出格式應當如下所示：

```
"ALTER TABLE <table_name> ADD INDEX <index_name> (<column_list>)"
```

分析函式

資料量的成長速度驚人，而各機構也都為了如何儲存這麼多資料而苦惱，更別說還要從這麼多資料中理出頭緒來。雖說傳統上的資料分析都是在資料庫伺服器以外的地方，譬如透過 Excel、R 語言和 Python 等特製的工具或程式語言進行的，但 SQL 語言本身其實也具備一套可靠的函式，可用於分析處理。如果你需要產生資料排行，找出公司中前 10 名的頂尖業務，抑或是你正要為客戶製作財務報表，並計算三個月平均的小結，都可以利用 SQL 內建的分析函式來完成相關的計算。

分析函式的概念

一旦資料庫伺服器完成了執行查詢前的評估，例如結合、篩選、分組和排序之後，結果集合就算是完成了，可以交付給提出查詢的一方。但是想像一下，如果你這時暫停執行查詢的動作，並檢視仍停留在記憶體中的結果集合；你還會想要進行何種分析？如果你的結果集合裡含有銷售資料，也許你會想要對業務人員或地區進行排名分析（ranking），或是計算某一段時間和另一段時間之間的資料差異百分比。如果你正要製作財務報表，也許你會想要計算每份報表的小計值、以及整份報表的總計值。透過分析函式，這些事都可以做得到。在開始鑽研細節之前，以下各小節會先說明最常見分析函式所仰賴的機制。

資料窗口

假設你已寫好一道查詢，可以算出一段期間內的每月銷售總額。例如下例中的查詢，便會得出 2005 年 5 到 8 月間每個月的租片付款金額加總：

```
mysql> SELECT quarter(payment_date) quarter,
    ->   monthname(payment_date) month_nm,
    ->   sum(amount) monthly_sales
    -> FROM payment
    -> WHERE year(payment_date) = 2005
    -> GROUP BY quarter(payment_date), monthname(payment_date);
+---------+----------+---------------+
| quarter | month_nm | monthly_sales |
+---------+----------+---------------+
|       2 | May      |       4824.43 |
|       2 | June     |       9631.88 |
|       3 | July     |      28373.89 |
|       3 | August   |      24072.13 |
+---------+----------+---------------+
4 rows in set (0.13 sec)
```

觀察以上結果，可以看出 7 月是四個月當中總金額最高的月份，而 6 月則是第二季中金額最高的月份。但為了以程式化的方式判斷最大值，你得為每筆資料加上額外的欄位，以便顯示每季的最大值、以及整段期間的最大值。以下查詢就會加上這樣的兩個新欄位：

```
mysql> SELECT quarter(payment_date) quarter,
    ->   monthname(payment_date) month_nm,
    ->   sum(amount) monthly_sales,
    ->   max(sum(amount))
    ->     over () max_overall_sales,
    ->   max(sum(amount))
    ->     over (partition by quarter(payment_date)) max_qrtr_sales
    -> FROM payment
    -> WHERE year(payment_date) = 2005
    -> GROUP BY quarter(payment_date), monthname(payment_date);
+---------+----------+---------------+-------------------+----------------+
| quarter | month_nm | monthly_sales | max_overall_sales | max_qrtr_sales |
+---------+----------+---------------+-------------------+----------------+
|       2 | May      |       4824.43 |          28373.89 |        9631.88 |
|       2 | June     |       9631.88 |          28373.89 |        9631.88 |
|       3 | July     |      28373.89 |          28373.89 |       28373.89 |
|       3 | August   |      24072.13 |          28373.89 |       28373.89 |
+---------+----------+---------------+-------------------+----------------+
4 rows in set (0.09 sec)
```

以上用來產生額外欄位的分析函式，會以兩種方式將資料列分組：一組是同一季的所有資料列、另一組則是全部的資料列。為了要進行這類分析，分析函式必須要能將資料列拆分成一個個窗口（windows），以便將資料分割、便於讓分析函式運用，但又不會動到整體的結果集合。窗口是透過 over 子句定義的，有時還會搭配 partition by 子句。在上例的查詢中，兩個分析函式都用到了 over 子句，但第一個函式的引數是空的，代表資料窗口涵蓋整個資料集合，而第二個函式則指定窗口只能含有同一季的資料列。資料窗口的範圍可大可小，從單筆資料到整個結果集合皆可，而不同的分析函式皆可定義不同的資料窗口。

局部排序

除了將結果集合分割成資料窗口以外，你還可以指定排序的順序。舉例來說，如果你想為每個月加上排名數字，數字 1 代表該月份銷售額最高，那麼你就得指定要以哪一個（或哪些）欄位來計算排名：

```
mysql> SELECT quarter(payment_date) quarter,
    ->   monthname(payment_date) month_nm,
    ->   sum(amount) monthly_sales,
    ->   rank() over (order by sum(amount) desc) sales_rank
    -> FROM payment
    -> WHERE year(payment_date) = 2005
    -> GROUP BY quarter(payment_date), monthname(payment_date)
    -> ORDER BY 1,2;
+---------+----------+---------------+------------+
| quarter | month_nm | monthly_sales | sales_rank |
+---------+----------+---------------+------------+
|       2 | June     |       9631.88 |          3 |
|       2 | May      |       4824.43 |          4 |
|       3 | August   |      24072.13 |          2 |
|       3 | July     |      28373.89 |          1 |
+---------+----------+---------------+------------+
4 rows in set (0.03 sec)
```

以上查詢呼叫了 rank 函式，下一小節會介紹到它，該函式指定要依照 amount 欄位的加總值來產生排名，而且排名要依照降冪順序進行。如此一來，銷售額最高的月份（上例是 7 月）就會躍居首位。

多個 order by 子句

上例中出現了兩個 order by 子句，其中之一位於查詢語句結尾，其用途在於判定結果集合應依哪一個欄位來排序，另一個則位於 rank 函式內部，其用途則是決定要以何種順序計算排名。顯然同一種子句被用於兩種不同的目的，但是請記住，就算你已經用一個以上的 order by 子句搭配分析函式，如果你希望結果集合以特定方式排序顯示，最後在查詢語句的結尾還是要加上另一個 order by 子句才能達到目的。

有時候你會需要在同一個分析函式呼叫中同時用到 partition by 和 order by 兩種次子句。舉例來說，上例可以進一步加上另一組排名，也就是季度排名，而不僅僅是整個結果集合的整體排名：

```
mysql> SELECT quarter(payment_date) quarter,
    ->   monthname(payment_date) month_nm,
    ->   sum(amount) monthly_sales,
    ->   rank() over (partition by quarter(payment_date)
    ->     order by sum(amount) desc) qtr_sales_rank
    -> FROM payment
    -> WHERE year(payment_date) = 2005
    -> GROUP BY quarter(payment_date), monthname(payment_date)
    -> ORDER BY 1, month(payment_date);
+---------+----------+---------------+----------------+
| quarter | month_nm | monthly_sales | qtr_sales_rank |
+---------+----------+---------------+----------------+
|       2 | May      |       4824.43 |              2 |
|       2 | June     |       9631.88 |              1 |
|       3 | July     |      28373.89 |              1 |
|       3 | August   |      24072.13 |              2 |
+---------+----------+---------------+----------------+
4 rows in set (0.00 sec)
```

以上範例只是為了要說明 over 子句的用法，以下各小節還會再詳細說明各種分析用的函式。

排名

人們就是愛比較。如果你去看自己最喜愛的新聞 / 運動 / 旅遊網站，總是會看到像這樣的頭條：

• 前 10 大超值假期

- 最佳基金報酬率

- 大學足球賽季前戰力排名

- 史上前 100 大金曲

企業最喜歡做排名了，不過他們的目的比較實際。多半是為了瞭解產品銷售狀況的好壞、或是哪個地區的獲利高低，這些都有助於企業做出決策。

排名函式

SQL 標準中有數種排名用的函式，每一種都自有處理排名平手時的做法：

row_number

> 每一筆資料都會有一個獨一無二的排行數字，不過平手的項目之間名次是隨機決定

rank

> 平手項目之間的名次都是一致的，但會平手項目的數量會佔掉隨後的名次，造成名次看似有空缺

dense_rank

> 平手項目之間的名次都是一致的，但同名次項目數量不會佔掉隨後的名次，亦即不會造成空缺

我們用一個範例來說明上述的差異。假設行銷部門想找出排名前 10 位的客戶，以便提供免費租片的優惠。以下查詢便會找出每位客戶的租片數量，並將結果依降冪排序：

```
mysql> SELECT customer_id, count(*) num_rentals
    -> FROM rental
    -> GROUP BY customer_id
    -> ORDER BY 2 desc;
+-------------+-------------+
| customer_id | num_rentals |
+-------------+-------------+
|         148 |          46 |
|         526 |          45 |
|         236 |          42 |
|         144 |          42 |
|          75 |          41 |
```

```
|          469 |          40 |
|          197 |          40 |
|          137 |          39 |
|          468 |          39 |
|          178 |          39 |
|          459 |          38 |
|          410 |          38 |
|            5 |          38 |
|          295 |          38 |
|          257 |          37 |
|          366 |          37 |
|          176 |          37 |
|          198 |          37 |
|          267 |          36 |
|          439 |          36 |
|          354 |          36 |
|          348 |          36 |
|          380 |          36 |
|           29 |          36 |
|          371 |          35 |
|          403 |          35 |
|           21 |          35 |
...
|          136 |          15 |
|          248 |          15 |
|          110 |          14 |
|          281 |          14 |
|           61 |          14 |
|          318 |          12 |
+--------------+-------------+
599 rows in set (0.16 sec)
```

觀察以上結果，結果中排名第三和第四的客戶都租過 42 部片子；那他們是否都該排在第三名？如果這樣做，租過 41 部片的客戶是該排在第四名呢，還是該跳過一個名次、將他排在第五名？要觀察每種排名函式在出現平手時如何處理排名，以下查詢就會添加三個欄位，每個欄位都採用一種排名函式：

```
mysql> SELECT customer_id, count(*) num_rentals,
    ->   row_number() over (order by count(*) desc) row_number_rnk,
    ->   rank() over (order by count(*) desc) rank_rnk,
    ->   dense_rank() over (order by count(*) desc) dense_rank_rnk
    -> FROM rental
    -> GROUP BY customer_id
    -> ORDER BY 2 desc;
+--------------+--------------+----------------+----------+----------------+
| customer_id | num_rentals | row_number_rnk | rank_rnk | dense_rank_rnk |
```

148	46	1	1	1
526	45	2	2	2
144	42	3	3	3
236	42	4	3	3
75	**41**	**5**	**5**	**4**
197	40	6	6	5
469	40	7	6	5
468	39	10	8	6
137	39	8	8	6
178	39	9	8	6
5	38	11	11	7
295	38	12	11	7
410	38	13	11	7
459	38	14	11	7
198	37	16	15	8
257	37	17	15	8
366	37	18	15	8
176	37	15	15	8
348	36	21	19	9
354	36	22	19	9
380	36	23	19	9
439	36	24	19	9
29	36	19	19	9
267	36	20	19	9
50	35	26	25	10
506	35	37	25	10
368	35	32	25	10
91	35	27	25	10
371	35	33	25	10
196	35	28	25	10
373	35	34	25	10
204	35	29	25	10
381	35	35	25	10
273	35	30	25	10
21	35	25	25	10
403	35	36	25	10
274	35	31	25	10
66	34	42	38	11
...				
136	15	594	594	30
248	15	595	594	30
110	14	597	596	31
281	14	598	596	31
61	14	596	596	31
318	12	599	599	32

599 rows in set (0.01 sec)

第三欄採用的是 row_number 函式，它會為每一列資料加上不一樣的排名，因此不會有平手同名次的狀況發生。所有 599 筆資料都會加上 1 到 599 之間的排名，但對於租片數量相同的客戶，就會根據當下名次隨機分配排名。後面兩個欄位則都會對平手的客戶賦予同樣的排名，只不過它們處理平手後名次空缺的方式不同。請看第五筆資料，讀者們會發現排名函式跳過了第四名，直接賦予第五的名次，但 dense_rank 函式依舊將它排在第四名。

回到原本的需求，我們該如何排出前 10 名的客戶？以下是三種可能的作法：

- 採用 row_number 函式排出名次 1 到 10 的客戶，在本例中這樣一定會選出剛好十位客戶，但萬一有多個租片數平手在第十位的狀況下，就可能會有些人因為隨機分到第十以後的名次而被排除在外。

- 採用 rank 函式排出名次 10 以內的客戶，在本例中這樣也會選出剛好十位客戶，只不過萬一前十名中若有平手的，名次可能不會用到第十。

- 採用 dense_rank 函式排出 1 到 10 名的客戶，但符合前十名的客戶會有 37 位。

如果你的結果集合中沒有平手的，那麼以上任一種函式都堪用，但多數情況下 rank 函式都會是首選。

產生多種排名

上一小節的例子是針對整組客戶產生單一排名，如果你想在同一個結果集合中產生多組排名呢？從上例再衍生一下，假設行銷部門決定要為每個月的前五名客戶都提供免費租片優惠。要產生這樣的資料，我們可以在先前的查詢中再加上 rental_month 欄位：

```
mysql> SELECT customer_id,
    ->   monthname(rental_date) rental_month,
    ->   count(*) num_rentals
    -> FROM rental
    -> GROUP BY customer_id, monthname(rental_date)
    -> ORDER BY 2, 3 desc;
+-------------+--------------+-------------+
| customer_id | rental_month | num_rentals |
+-------------+--------------+-------------+
|         119 | August       |          18 |
|          15 | August       |          18 |
|         569 | August       |          18 |
```

```
|   148 | August        |      18 |
|   141 | August        |      17 |
|    21 | August        |      17 |
|   266 | August        |      17 |
|   418 | August        |      17 |
|   410 | August        |      17 |
|   342 | August        |      17 |
|   274 | August        |      16 |
...
|   281 | August        |       2 |
|   318 | August        |       1 |
|    75 | February      |       3 |
|   155 | February      |       2 |
|   175 | February      |       2 |
|   516 | February      |       2 |
|   361 | February      |       2 |
|   269 | February      |       2 |
|   208 | February      |       2 |
|    53 | February      |       2 |
...
|    22 | February      |       1 |
|   472 | February      |       1 |
|   148 | July          |      22 |
|   102 | July          |      21 |
|   236 | July          |      20 |
|    75 | July          |      20 |
|    91 | July          |      19 |
|    30 | July          |      19 |
|    64 | July          |      19 |
|   137 | July          |      19 |
...
|   339 | May           |       1 |
|   485 | May           |       1 |
|   116 | May           |       1 |
|   497 | May           |       1 |
|   180 | May           |       1 |
+-------------+-------------+-------------+
2466 rows in set (0.02 sec)
```

為了要產生新一組的每月排名，你需要對 rank 函式再動一點手腳，要設法將結果
集合分拆成不同的資料窗口（以本例來說，就是月份）。這就要在 over 子句裡添
加 partition by 子句：

```
mysql> SELECT customer_id,
    ->   monthname(rental_date) rental_month,
    ->   count(*) num_rentals,
```

```
    ->    rank() over (partition by monthname(rental_date)
    ->      order by count(*) desc) rank_rnk
    -> FROM rental
    -> GROUP BY customer_id, monthname(rental_date)
    -> ORDER BY 2, 3 desc;
+-------------+--------------+--------------+----------+
| customer_id | rental_month | num_rentals  | rank_rnk |
+-------------+--------------+--------------+----------+
|         569 | August       |           18 |        1 |
|         119 | August       |           18 |        1 |
|         148 | August       |           18 |        1 |
|          15 | August       |           18 |        1 |
|         141 | August       |           17 |        5 |
|         410 | August       |           17 |        5 |
|         418 | August       |           17 |        5 |
|          21 | August       |           17 |        5 |
|         266 | August       |           17 |        5 |
|         342 | August       |           17 |        5 |
|         144 | August       |           16 |       11 |
|         274 | August       |           16 |       11 |
...
|         164 | August       |            2 |      596 |
|         318 | August       |            1 |      599 |
|          75 | February     |            3 |        1 |
|         457 | February     |            2 |        2 |
|          53 | February     |            2 |        2 |
|         354 | February     |            2 |        2 |
|         352 | February     |            1 |       24 |
|         373 | February     |            1 |       24 |
|         148 | July         |           22 |        1 |
|         102 | July         |           21 |        2 |
|         236 | July         |           20 |        3 |
|          75 | July         |           20 |        3 |
|          91 | July         |           19 |        5 |
|         354 | July         |           19 |        5 |
|          30 | July         |           19 |        5 |
|          64 | July         |           19 |        5 |
|         137 | July         |           19 |        5 |
|         526 | July         |           19 |        5 |
|         366 | July         |           19 |        5 |
|         595 | July         |           19 |        5 |
|         469 | July         |           18 |       13 |
...
|         457 | May          |            1 |      347 |
|         356 | May          |            1 |      347 |
|         481 | May          |            1 |      347 |
|          10 | May          |            1 |      347 |
```

```
+-------------+-------------+-------------+----------+
```
2466 rows in set (0.03 sec)

觀察以上結果，讀者們可以看出每個月都會從 1 開始重新排名。要產生行銷部門需
要的結果（每個月前五名的客戶），只需將以上的查詢放在一個子查詢裡，再加上
一個篩選條件，將前五名以外的名次排除：

```
SELECT customer_id, rental_month, num_rentals,
  rank_rnk ranking
FROM
 (SELECT customer_id,
    monthname(rental_date) rental_month,
    count(*) num_rentals,
    rank() over (partition by monthname(rental_date)
      order by count(*) desc) rank_rnk
  FROM rental
  GROUP BY customer_id, monthname(rental_date)
 ) cust_rankings
WHERE rank_rnk <= 5
ORDER BY rental_month, num_rentals desc, rank_rnk;
```

由於分析函式只能用在 SELECT 子句裡，如果你需要做根據分析函式的結果做篩選
或是分組，就必須以巢狀敘述的方式來進行。

報表函式

除了製作排名以外，分析函式的另一個常見的用途，就是找出極端的部分（如最小
或最大值）、或是對整組資料產生加總或平均值。這類用途通常都是透過彙整函式
進行的（min、max、avg、sum 和 count），但是這裡不是搭配 group by 子句、而
是搭配 over 子句。下例就會針對所有付款額超過 10 元的紀錄進行每月小計、以
及全部的加總：

```
mysql> SELECT monthname(payment_date) payment_month,
    ->    amount,
    ->    sum(amount)
    ->      over (partition by monthname(payment_date)) monthly_total,
    ->    sum(amount) over () grand_total
    -> FROM payment
    -> WHERE amount >= 10
    -> ORDER BY 1;
```

```
+----------------+--------+---------------+-------------+
| payment_month  | amount | monthly_total | grand_total |
+----------------+--------+---------------+-------------+
| August         |  10.99 |        521.53 |     1262.86 |
| August         |  11.99 |        521.53 |     1262.86 |
| August         |  10.99 |        521.53 |     1262.86 |
| August         |  10.99 |        521.53 |     1262.86 |
| ...
| August         |  10.99 |        521.53 |     1262.86 |
| August         |  10.99 |        521.53 |     1262.86 |
| August         |  10.99 |        521.53 |     1262.86 |
| July           |  10.99 |        519.53 |     1262.86 |
| July           |  10.99 |        519.53 |     1262.86 |
| July           |  10.99 |        519.53 |     1262.86 |
| July           |  10.99 |        519.53 |     1262.86 |
| ...
| July           |  10.99 |        519.53 |     1262.86 |
| July           |  10.99 |        519.53 |     1262.86 |
| July           |  10.99 |        519.53 |     1262.86 |
| June           |  10.99 |        165.85 |     1262.86 |
| June           |  10.99 |        165.85 |     1262.86 |
| June           |  10.99 |        165.85 |     1262.86 |
| June           |  10.99 |        165.85 |     1262.86 |
| June           |  10.99 |        165.85 |     1262.86 |
| June           |  10.99 |        165.85 |     1262.86 |
| June           |  10.99 |        165.85 |     1262.86 |
| June           |  10.99 |        165.85 |     1262.86 |
| June           |  11.99 |        165.85 |     1262.86 |
| June           |  10.99 |        165.85 |     1262.86 |
| June           |  10.99 |        165.85 |     1262.86 |
| June           |  10.99 |        165.85 |     1262.86 |
| June           |  10.99 |        165.85 |     1262.86 |
| June           |  10.99 |        165.85 |     1262.86 |
| June           |  10.99 |        165.85 |     1262.86 |
| May            |  10.99 |         55.95 |     1262.86 |
| May            |  10.99 |         55.95 |     1262.86 |
| May            |  10.99 |         55.95 |     1262.86 |
| May            |  10.99 |         55.95 |     1262.86 |
| May            |  11.99 |         55.95 |     1262.86 |
+----------------+--------+---------------+-------------+
114 rows in set (0.01 sec)
```

每一筆資料的 grand_total 欄位值都相同（$1,262.86），這是因為 over 子句裡是
空的，亦即加總是針對整個結果集合來做的。但是 monthly_total 欄位的值則會
依據月份而不同，這是因為它的 over 子句裡加上了 partition by 子句，藉以將
結果集合拆分成數個資料窗口（每個月一組）。

雖說在每筆資料中都加上像 grand_total 這樣的相同欄位值，好像意義不大，但這類欄位也可以用於計算，如以下查詢所示：

```
mysql> SELECT monthname(payment_date) payment_month,
    ->   sum(amount) month_total,
    ->   round(sum(amount) / sum(sum(amount)) over ()
    ->    * 100, 2) pct_of_total
    -> FROM payment
    -> GROUP BY monthname(payment_date);
+---------------+-------------+--------------+
| payment_month | month_total | pct_of_total |
+---------------+-------------+--------------+
| May           |     4824.43 |         7.16 |
| June          |     9631.88 |        14.29 |
| July          |    28373.89 |        42.09 |
| August        |    24072.13 |        35.71 |
| February      |      514.18 |         0.76 |
+---------------+-------------+--------------+
5 rows in set (0.04 sec)
```

以上查詢會把 amount 欄位加總，以便計算出每個月的付款總額，同時再把每月總和再加總作為分母，以便計算出每用付款額所佔的百分比。

報表函式也可以用來做比較，就像下面這道查詢，它使用了 case 表示式來判斷，當月總額是所有月份營收中最好的、最差的、或馬馬虎虎：

```
mysql> SELECT monthname(payment_date) payment_month,
    ->   sum(amount) month_total,
    ->   CASE sum(amount)
    ->     WHEN max(sum(amount)) over () THEN 'Highest'
    ->     WHEN min(sum(amount)) over () THEN 'Lowest'
    ->     ELSE 'Middle'
    ->   END descriptor
    -> FROM payment
    -> GROUP BY monthname(payment_date);
+---------------+-------------+------------+
| payment_month | month_total | descriptor |
+---------------+-------------+------------+
| May           |     4824.43 | Middle     |
| June          |     9631.88 | Middle     |
| July          |    28373.89 | Highest    |
| August        |    24072.13 | Middle     |
| February      |      514.18 | Lowest     |
+---------------+-------------+------------+
5 rows in set (0.04 sec)
```

descriptor 欄位的作用就像是類排名函式，用來在一組資料列中識別頂端 / 底部的值。

Window Frames

如本章稍早所示，分析函式的資料窗口都是靠 partition by 子句定義出來的，這樣就可以把資料列按照共同值來分組。不過要是你想進一步細分資料窗口中的資料列呢？舉例來說，也許你想產生一份從年初到目前這一筆資料的累進小計。這類的計算需要利用「窗框」（frame）這種次子句來界定，哪些資料列應該納入資料窗口。以下查詢便會加總每一週的付款金額，再加上一個計算累進小計的報表函式：

```
mysql> SELECT yearweek(payment_date) payment_week,
    ->   sum(amount) week_total,
    ->   sum(sum(amount))
    ->     over (order by yearweek(payment_date)
    ->       rows unbounded preceding) rolling_sum
    -> FROM payment
    -> GROUP BY yearweek(payment_date)
    -> ORDER BY 1;
+--------------+------------+-------------+
| payment_week | week_total | rolling_sum |
+--------------+------------+-------------+
|       200521 |    2847.18 |     2847.18 |
|       200522 |    1977.25 |     4824.43 |
|       200524 |    5605.42 |    10429.85 |
|       200525 |    4026.46 |    14456.31 |
|       200527 |    8490.83 |    22947.14 |
|       200528 |    5983.63 |    28930.77 |
|       200530 |   11031.22 |    39961.99 |
|       200531 |    8412.07 |    48374.06 |
|       200533 |   10619.11 |    58993.17 |
|       200534 |    7909.16 |    66902.33 |
|       200607 |     514.18 |    67416.51 |
+--------------+------------+-------------+
11 rows in set (0.04 sec)
```

rolling_sum 函式的表示式中加上了 rows unbounded preceding 這個次子句，它定義的資料窗口是從結果集合的起頭開始、直到（包含）當前這一筆資料為止。因此第一筆資料的資料窗口會以一筆資料構成、第二筆資料的資料窗口則是以兩筆資料加總構成，依此類推。至於最後一筆資料的資料窗口，自然就是會以整個資料集合累加而成。

除了小計以外，你也可以計算小計的平均值。以下查詢便會計算整個付款紀錄中的三週小計平均：

```
mysql> SELECT yearweek(payment_date) payment_week,
    ->   sum(amount) week_total,
    ->   avg(sum(amount))
    ->     over (order by yearweek(payment_date)
    ->       rows between 1 preceding and 1 following) rolling_3wk_avg
    -> FROM payment
    -> GROUP BY yearweek(payment_date)
    -> ORDER BY 1;
+--------------+------------+-----------------+
| payment_week | week_total | rolling_3wk_avg |
+--------------+------------+-----------------+
|       200521 |    2847.18 |     2412.215000 |
|       200522 |    1977.25 |     3476.616667 |
|       200524 |    5605.42 |     3869.710000 |
|       200525 |    4026.46 |     6040.903333 |
|       200527 |    8490.83 |     6166.973333 |
|       200528 |    5983.63 |     8501.893333 |
|       200530 |   11031.22 |     8475.640000 |
|       200531 |    8412.07 |    10020.800000 |
|       200533 |   10619.11 |     8980.113333 |
|       200534 |    7909.16 |     6347.483333 |
|       200607 |     514.18 |     4211.670000 |
+--------------+------------+-----------------+
11 rows in set (0.03 sec)
```

rolling_3wk_avg 欄位定義的資料窗口，是由當前這一列、緊貼的前一列跟後一列的資料計算而成。資料窗口一律以三列資料構成，唯一的例外是首列和最尾列，它們的資料窗口都只含兩列（因為首列沒有前一列、而尾列沒有下一列了）。

指定資料窗口的列數通常都可以運作良好，但如果你的資料中間有空隙，也許就要換一種方式。以上面的結果集合為例，在 200521、200522 和 200524 這三週裡都有資料，但 200523 這一週從缺。如果你想指定天數而非資料列數作為區隔，可以用 *range* 來定義資料窗口，就像這樣：

```
mysql> SELECT date(payment_date), sum(amount),
    ->   avg(sum(amount)) over (order by date(payment_date)
    ->     range between interval 3 day preceding
    ->       and interval 3 day following) 7_day_avg
    -> FROM payment
    -> WHERE payment_date BETWEEN '2005-07-01' AND '2005-09-01'
    -> GROUP BY date(payment_date)
    -> ORDER BY 1;
```

```
+--------------------+---------------+---------------+
| date(payment_date) | sum(amount)   | 7_day_avg     |
+--------------------+---------------+---------------+
| 2005-07-05         |        128.73 | 1603.740000   |
| 2005-07-06         |       2131.96 | 1698.166000   |
| 2005-07-07         |       1943.39 | 1738.338333   |
| 2005-07-08         |       2210.88 | 1766.917143   |
| 2005-07-09         |       2075.87 | 2049.390000   |
| 2005-07-10         |       1939.20 | 2035.628333   |
| 2005-07-11         |       1938.39 | 2054.076000   |
| 2005-07-12         |       2106.04 | 2014.875000   |
| 2005-07-26         |        160.67 | 2046.642500   |
| 2005-07-27         |       2726.51 | 2206.244000   |
| 2005-07-28         |       2577.80 | 2316.571667   |
| 2005-07-29         |       2721.59 | 2388.102857   |
| 2005-07-30         |       2844.65 | 2754.660000   |
| 2005-07-31         |       2868.21 | 2759.351667   |
| 2005-08-01         |       2817.29 | 2795.662000   |
| 2005-08-02         |       2726.57 | 2814.180000   |
| 2005-08-16         |        111.77 | 1973.837500   |
| 2005-08-17         |       2457.07 | 2123.822000   |
| 2005-08-18         |       2710.79 | 2238.086667   |
| 2005-08-19         |       2615.72 | 2286.465714   |
| 2005-08-20         |       2723.76 | 2630.928571   |
| 2005-08-21         |       2809.41 | 2659.905000   |
| 2005-08-22         |       2576.74 | 2649.728000   |
| 2005-08-23         |       2523.01 | 2658.230000   |
+--------------------+---------------+---------------+
24 rows in set (0.03 sec)
```

7_day_avg 欄位指定的範圍為前後各 3 天，因此只會把落在這個範圍內的
payment_date 值包含在內。以 2005-08-16 這天為例來計算，只有 08-16、08-17、
08-18 和 08-19 這四天有資料紀錄，因此前三天（08-13 到 08-15）無紀錄便不列入
計算【譯註】。

Lag 和 Lead

除了計算資料窗口裡的加總和平均值以外，另一種常見的報表作業，就是在資料列
之間做比較。舉例來說，如果你正要產生每月銷售總額，可能會要加上一個欄位，
用來顯示與上個月的差額百分比，這就得設法從前一筆資料取得上個月的當月銷售

譯註　avg 函式計算平均值時，也只會以有資料的四天去做平均。

總額。這時就可以利用 lag 函式，它可以從結果集合中的前一列取得欄位值，而 lead 函式則可以取得結果集合中的下一列欄位值。以下便是兩個函式的示範：

```
mysql> SELECT yearweek(payment_date) payment_week,
    ->    sum(amount) week_total,
    ->    lag(sum(amount), 1)
    ->      over (order by yearweek(payment_date)) prev_wk_tot,
    ->    lead(sum(amount), 1)
    ->      over (order by yearweek(payment_date)) next_wk_tot
    -> FROM payment
    -> GROUP BY yearweek(payment_date)
    -> ORDER BY 1;
+--------------+------------+-------------+-------------+
| payment_week | week_total | prev_wk_tot | next_wk_tot |
+--------------+------------+-------------+-------------+
|       200521 |    2847.18 |        NULL |     1977.25 |
|       200522 |    1977.25 |     2847.18 |     5605.42 |
|       200524 |    5605.42 |     1977.25 |     4026.46 |
|       200525 |    4026.46 |     5605.42 |     8490.83 |
|       200527 |    8490.83 |     4026.46 |     5983.63 |
|       200528 |    5983.63 |     8490.83 |    11031.22 |
|       200530 |   11031.22 |     5983.63 |     8412.07 |
|       200531 |    8412.07 |    11031.22 |    10619.11 |
|       200533 |   10619.11 |     8412.07 |     7909.16 |
|       200534 |    7909.16 |    10619.11 |      514.18 |
|       200607 |     514.18 |     7909.16 |        NULL |
+--------------+------------+-------------+-------------+
11 rows in set (0.03 sec)
```

觀察以上結果，200527 這一週的當週總額為 8,490.43，但這個值同樣也出現在 200525 這一週的 next_wk_tot 欄裡、以及 200528 這一週的 prev_wk_tot 欄裡。由於結果集合中沒有 200521 之前的資料列，因而第一筆資料的 lag 函式取得的值會是 null；同理，最後一筆資料的 lead 函式取得的值也是 null。此外，lag 和 lead 兩個函式都具備第二參數（其預設值為 1），其用途為指定要取得先前幾列（或之後幾列）的欄位值。

以下便是如何以 lag 函式產生與前一週差異百分比的方式：

```
mysql> SELECT yearweek(payment_date) payment_week,
    ->    sum(amount) week_total,
    ->    round((sum(amount) - lag(sum(amount), 1)
    ->      over (order by yearweek(payment_date)))
    ->    / lag(sum(amount), 1)
    ->      over (order by yearweek(payment_date))
```

```
    ->        * 100, 1) pct_diff
    -> FROM payment
    -> GROUP BY yearweek(payment_date)
    -> ORDER BY 1;
+--------------+-------------+----------+
| payment_week | week_total  | pct_diff |
+--------------+-------------+----------+
|       200521 |     2847.18 |     NULL |
|       200522 |     1977.25 |    -30.6 |
|       200524 |     5605.42 |    183.5 |
|       200525 |     4026.46 |    -28.2 |
|       200527 |     8490.83 |    110.9 |
|       200528 |     5983.63 |    -29.5 |
|       200530 |    11031.22 |     84.4 |
|       200531 |     8412.07 |    -23.7 |
|       200533 |    10619.11 |     26.2 |
|       200534 |     7909.16 |    -25.5 |
|       200607 |      514.18 |    -93.5 |
+--------------+-------------+----------+
11 rows in set (0.07 sec)
```

在同一結果集合中比較來自不同列的資料,是報表系統很常見的功能,因此你可能會經常用到 lag 和 lead 這兩個函式。

串接欄位值

雖然技術上來說它不太像是分析用函式,但因為它可以用來處理資料窗口中的分組資料列,最後要介紹的這個函式也很要緊。group_concat 函式常用來將一組欄位值進行樞紐處理,以便轉換成單獨一組以逗點區隔的字串,這是一種可以將你的結果集合去正規化(denormalize)、藉以產生 XML 或 JSON 文件的便捷做法。下例便是如何以這種函式來替每部片產生以逗點區隔的演員名單:

```
mysql> SELECT f.title,
    ->     group_concat(a.last_name order by a.last_name
    ->       separator ', ') actors
    -> FROM actor a
    ->     INNER JOIN film_actor fa
    ->     ON a.actor_id = fa.actor_id
    ->     INNER JOIN film f
    ->     ON fa.film_id = f.film_id
    -> GROUP BY f.title
    -> HAVING count(*) = 3;
```

```
+------------------------+-------------------------------------+
| title                  | actors                              |
+------------------------+-------------------------------------+
| ANNIE IDENTITY         | GRANT, KEITEL, MCQUEEN              |
| ANYTHING SAVANNAH      | MONROE, SWANK, WEST                 |
| ARK RIDGEMONT          | BAILEY, DEGENERES, GOLDBERG        |
| ARSENIC INDEPENDENCE   | ALLEN, KILMER, REYNOLDS            |
...
| WHISPERER GIANT        | BAILEY, PECK, WALKEN               |
| WIND PHANTOM           | BALL, DENCH, GUINESS               |
| ZORRO ARK              | DEGENERES, MONROE, TANDY           |
+------------------------+-------------------------------------+
119 rows in set (0.04 sec)
```

以上查詢會按照片名將影片分組、但只把剛好有三位演員演出的片子納入結果。group_concat 函式的用法就像是特殊的彙整函式,把每部片中曾演出的演員姓氏都串成單一字串。如果你使用的是 SQL Server,就可以用 string_agg 函式來產生這類輸出,如果是 Oracle 使用者,就要改用 listagg 函式。

測試你剛學到的

以下練習會測試你對分析函式的了解程度。解答請參閱附錄 B。

本次練習請參考以下源自 Sales_Fact 資料表的資料集:

```
Sales_Fact
+---------+----------+-----------+
| year_no | month_no | tot_sales |
+---------+----------+-----------+
|    2019 |        1 |     19228 |
|    2019 |        2 |     18554 |
|    2019 |        3 |     17325 |
|    2019 |        4 |     13221 |
|    2019 |        5 |      9964 |
|    2019 |        6 |     12658 |
|    2019 |        7 |     14233 |
|    2019 |        8 |     17342 |
|    2019 |        9 |     16853 |
|    2019 |       10 |     17121 |
|    2019 |       11 |     19095 |
|    2019 |       12 |     21436 |
|    2020 |        1 |     20347 |
|    2020 |        2 |     17434 |
|    2020 |        3 |     16225 |
```

```
|    2020 |        4 |      13853 |
|    2020 |        5 |      14589 |
|    2020 |        6 |      13248 |
|    2020 |        7 |       8728 |
|    2020 |        8 |       9378 |
|    2020 |        9 |      11467 |
|    2020 |       10 |      13842 |
|    2020 |       11 |      15742 |
|    2020 |       12 |      18636 |
+---------+----------+-----------+
24 rows in set (0.00 sec)
```

練習 16-1

寫一道查詢，從 Sales_Fact 取出所有資料列，再加上一個欄位，按照 tot_sales 的欄位值進行排名。最高值應排名第 1、吊車尾的名次則是 24。

練習 16-2

改寫上一題的查詢，產生兩組從 1 到 12 的排名，一組供 2019 的資料用、另一組供 2020 用。

練習 16-3

寫一道查詢取出所有 2020 年度的資料，並加上一個欄位，其中含有上個月的 tot_sales 欄位值。

操作大型資料庫

在早年的關聯式資料庫裡，硬碟容量都是以 MB 為單位計算的，而資料庫通常因為規模不大，管理起來也相對簡單。但時至今日，硬碟容量已飆升至 15 TB，現代的磁碟陣列更能夠儲存超過 4 PB 的資料，而雲端的儲存更是幾無上限。雖說關聯式資料庫隨著資料量持續飆升而面臨各種挑戰，企業機關還是可以靠著分割（partitioning）、叢集（clustering）及切片（sharding）等策略，將資料分散至多個儲存層次及伺服器，進而得以繼續運用關聯式資料庫。有些企業則決定移轉至像是 Hadoop 這類的大數據（big data）平台，以便處理過於巨大的資料量。本章將探討若干策略，並著重在擴展關聯式資料庫的技術上。

分割

到底資料庫要大到什麼程度才算是「過於龐大」？如果拿這問題去問十位資料架構師 / 管理員 / 開發者，鐵定會得到十種南轅北轍的答案。但是當資料表膨脹到數百萬筆以上的資料時，大多數人都會感到以下的作業會變得越發困難與耗時：

- 查詢執行時需要掃描整個資料表

- 建立 / 重建索引

- 資料歸檔 / 刪除

- 產生資料表 / 索引的統計數字

- 資料表移位（例如移至不同的 tablespace）

- 備份資料庫

當資料庫規模還小的時候，上述作業都可以用例行作業的方式進行，然後隨著資料量的累積，作業的時間便越來越長，到頭來一定會遇到因為管理時間窗口有限而無法及時完成的瓶頸問題。要防範將來鐵定發生的管理問題，最好的辦法就是趁著資料表剛建立時（雖說日後再分割也一樣可行，但一開始便準備好會容易得多），將大型資料表分拆成不同的部分，也就是所謂的**分割區**（*partitions*）。你可以針對個別的分割區進行管理作業，甚至還可以同步進行，有些分割區還可以完全略過某些作業。

分割的概念

資料表的分割概念始於 1990 年代的 Oracle，隨後所有的主流資料庫伺服器都加上了這個功能，以便分割資料表和索引。一旦資料表被分割，便會出現兩個以上的資料表分割區，但它們全都擁有一致的定義，只不過其中的資料子集合互不重疊。舉例來說，含有銷售資料的資料表可以利用含有銷售日期資料的欄位、按月份分割，或是依照州別 / 省份編碼、按地理區域分割。

一旦資料表被分割過，這個資料表便成為一個虛擬的概念；實際持有資料的是分割區，而索引其實建立在分割區的資料上。資料庫的使用者仍可操作資料表，但對背後的分割機制一無所悉。這有點像是檢視表的概念，因為在使用檢視表時，使用者其實是在與架構物件的介面互動，而非實際的資料表。雖然每個分割區必定享有相同的架構定義（像是欄位名稱和欄位資料型別等等），但每個分割區之間仍會有若干彼此不同的管理功能：

- 分割區必定儲存在不同的 tablespaces，亦即可能位於不同的物理儲存層次。
- 分割區可以透過不同的壓縮架構進行壓縮。
- 有些分割區的局部索引（馬上就會介紹）是可以棄置（dropped）的。
- 有些分割區的資料表的統計資訊是不變的，但其他分割區則可能是需要定期更新的。
- 有些個別的分割區可以持續留在（pinned）記憶體中，或是儲存在資料庫的快閃儲存層次（flash storage tier）當中。

因此，資料表分割可以增進資料儲存及管理上的彈性，但面對使用者時仍維持單一資料表的單純外觀性質。

資料表的分割

大多數關聯式資料庫中具備的分割架構，都屬於水平分割（*horizontal partitioning*），亦即整個資料列都會位在一個分割區中。但資料表也可以做垂直（*vertically*）分割，亦即將一部分的欄位放到不同的分割區裡，但這只能手動為之。做水平分割時，你必須選一個分割鍵（*partition key*），亦即可以依據某個欄位的值將某一筆資料列歸給某個特定的分割區。在大多數的案例裡，資料表的分割鍵都只以一個欄位構成，而分割函式（*partitioning function*）就會套在這個欄位上，以便決定每筆資料列應歸屬於哪個分割區。

索引的分割

如果你分割過的資料表中具有索引，就必須決定特定索引是否需要保持不變，這稱為全域索引（*global index*），或是將索引分散，讓每個分割區擁有自己的索引，這稱為局部索引（*local index*）。全域索引橫跨資料表的所有分割區，對於不含分割鍵值的查詢很有用。舉例來說，假設你的資料表是按照 sale_date 欄位分割的，而使用者執行了以下查詢：

```
SELECT sum(amount) FROM sales WHERE geo_region_cd = 'US'
```

由於查詢中的篩選條件並未涉及 sale_date 欄位，伺服器便需要遍詢每一個分割區，才能查出美國的整體銷售額。但如果當初曾對 geo_region_cd 欄位建置過全域檢索，伺服器便會使用這個索引，迅速找出所有包含美國銷售紀錄的資料列。

分割的手法

雖說各家資料庫伺服器都有自家獨特的分割功能，以下三個小節仍會說明大部分伺服器中常見的分割手法。

範圍分割法

範圍分割法（range partitioning）是第一種實作出來的分割方式，也是使用最為廣泛的。雖說範圍分割法可以適用於數種不同的欄位資料型別，但最常用的仍是針對日期範圍進行切割。舉例來說，sales 資料表應該按照 sale_date 欄位進行分割，以便將每一週的資料放到不同的分割區：

```
mysql> CREATE TABLE sales
    ->  (sale_id INT NOT NULL,
    ->   cust_id INT NOT NULL,
```

```
    ->    store_id INT NOT NULL,
    ->    sale_date DATE NOT NULL,
    ->    amount DECIMAL(9,2)
    ->   )
    -> PARTITION BY RANGE (yearweek(sale_date))
    ->   (PARTITION s1 VALUES LESS THAN (202002),
    ->    PARTITION s2 VALUES LESS THAN (202003),
    ->    PARTITION s3 VALUES LESS THAN (202004),
    ->    PARTITION s4 VALUES LESS THAN (202005),
    ->    PARTITION s5 VALUES LESS THAN (202006),
    ->    PARTITION s999 VALUES LESS THAN (MAXVALUE)
    ->   );
Query OK, 0 rows affected (1.78 sec)
```

以上敘述建立了六個不同的分割區，2020 年前五週的每一週各一個分割區、第
六個名為 s999 的分割區則含有 2020 年第五週以後的所有資料列。這個資料表
以 yearweek(sale_date) 表示式來擔任分割函式，而 sale_date 欄位便是分割
鍵。要觀察已分割資料表的中繼資料，可以從 information_schema 資料庫中的
partitions 資料表著手：

```
mysql> SELECT partition_name, partition_method, partition_expression
    -> FROM information_schema.partitions
    -> WHERE table_name = 'sales'
    -> ORDER BY partition_ordinal_position;
+----------------+------------------+-------------------------+
| PARTITION_NAME | PARTITION_METHOD | PARTITION_EXPRESSION     |
+----------------+------------------+-------------------------+
| s1             | RANGE            | yearweek(`sale_date`,0) |
| s2             | RANGE            | yearweek(`sale_date`,0) |
| s3             | RANGE            | yearweek(`sale_date`,0) |
| s4             | RANGE            | yearweek(`sale_date`,0) |
| s5             | RANGE            | yearweek(`sale_date`,0) |
| s999           | RANGE            | yearweek(`sale_date`,0) |
+----------------+------------------+-------------------------+
6 rows in set (0.00 sec)
```

sales 資料表需要的管理作業之一，便是產生將來的資料所需的分割區（以防止
資料被放到 maxvalue 的分割區）。不同的資料庫會以不同的方式處理這件事，但
MySQL 可以透過 alter table 命令的 reorganize partition 子句，將 s999 分
割區再分成三塊：

```
ALTER TABLE sales REORGANIZE PARTITION s999 INTO
  (PARTITION s6 VALUES LESS THAN (202007),
   PARTITION s7 VALUES LESS THAN (202008),
```

```
    PARTITION s999 VALUES LESS THAN (MAXVALUE)
    );
```

如果你再度執行先前的中繼資料查詢，就會看到分割區已增為八個：

```
mysql> SELECT partition_name, partition_method, partition_expression
    -> FROM information_schema.partitions
    -> WHERE table_name = 'sales'
    -> ORDER BY partition_ordinal_position;
+----------------+------------------+-------------------------+
| PARTITION_NAME | PARTITION_METHOD | PARTITION_EXPRESSION    |
+----------------+------------------+-------------------------+
| s1             | RANGE            | yearweek(`sale_date`,0) |
| s2             | RANGE            | yearweek(`sale_date`,0) |
| s3             | RANGE            | yearweek(`sale_date`,0) |
| s4             | RANGE            | yearweek(`sale_date`,0) |
| s5             | RANGE            | yearweek(`sale_date`,0) |
| s6             | RANGE            | yearweek(`sale_date`,0) |
| s7             | RANGE            | yearweek(`sale_date`,0) |
| s999           | RANGE            | yearweek(`sale_date`,0) |
+----------------+------------------+-------------------------+
8 rows in set (0.00 sec)
```

接著我們再在資料表中添上幾筆資料：

```
mysql> INSERT INTO sales
    -> VALUES
    -> (1, 1, 1, '2020-01-18', 2765.15),
    -> (2, 3, 4, '2020-02-07', 5322.08);
Query OK, 2 rows affected (0.18 sec)
Records: 2 Duplicates: 0 Warnings: 0
```

此資料表現在有兩筆資料了，但它們被放到哪個分割區？要查出這一點，我們要利用 from 子句的 partition 次子句來計算每個分割區所含的資料列：

```
mysql> SELECT concat('# of rows in S1 = ', count(*)) partition_rowcount
    -> FROM sales PARTITION (s1) UNION ALL
    -> SELECT concat('# of rows in S2 = ', count(*)) partition_rowcount
    -> FROM sales PARTITION (s2) UNION ALL
    -> SELECT concat('# of rows in S3 = ', count(*)) partition_rowcount
    -> FROM sales PARTITION (s3) UNION ALL
    -> SELECT concat('# of rows in S4 = ', count(*)) partition_rowcount
    -> FROM sales PARTITION (s4) UNION ALL
    -> SELECT concat('# of rows in S5 = ', count(*)) partition_rowcount
    -> FROM sales PARTITION (s5) UNION ALL
    -> SELECT concat('# of rows in S6 = ', count(*)) partition_rowcount
```

```
    -> FROM sales PARTITION (s6) UNION ALL
    -> SELECT concat('# of rows in S7 = ', count(*)) partition_rowcount
    -> FROM sales PARTITION (s7) UNION ALL
    -> SELECT concat('# of rows in S999 = ', count(*)) partition_rowcount
    -> FROM sales PARTITION (s999);
+-----------------------+
| partition_rowcount    |
+-----------------------+
| # of rows in S1 = 0   |
| # of rows in S2 = 1   |
| # of rows in S3 = 0   |
| # of rows in S4 = 0   |
| # of rows in S5 = 1   |
| # of rows in S6 = 0   |
| # of rows in S7 = 0   |
| # of rows in S999 = 0 |
+-----------------------+
8 rows in set (0.00 sec)
```

結果顯示,一筆資料被放到了 S2 分割區、另一筆則被放到 S5 分割區。要查詢特定分割區,必須先對分割的架構有所了解,因此一般使用者不太可能執行這類的查詢,而是管理性質的動作才會用得到。

清單分割法

如果選作分割鍵的欄位中含有美國州別代碼(像是 CA、TX、VA 等等)、貨幣簡稱(像是 USD、EUR、JPY 等等),或是其他可供枚舉(enumerated)的資料值集合,也許就該考慮採用清單分割法(list partitioning),以便指定那些值應歸屬於哪個分割區。舉例來說,假設 sales 資料表裡有 geo_region_cd 這個欄位,其中包含如下的資料值:

```
+---------------+--------------------------+
| geo_region_cd | description              |
+---------------+--------------------------+
| US_NE         | United States North East |
| US_SE         | United States South East |
| US_MW         | United States Mid West   |
| US_NW         | United States North West |
| US_SW         | United States South West |
| CAN           | Canada                   |
| MEX           | Mexico                   |
| EUR_E         | Eastern Europe           |
| EUR_W         | Western Europe           |
| CHN           | China                    |
```

```
| JPN           | Japan                   |
| IND           | India                   |
| KOR           | Korea                   |
+---------------+-------------------------+
13 rows in set (0.00 sec)
```

你就可以把這些資料值按地理區域分組，並為每一組建立自己的分割區，就像這樣：

```
mysql> CREATE TABLE sales
    ->  (sale_id INT NOT NULL,
    ->   cust_id INT NOT NULL,
    ->   store_id INT NOT NULL,
    ->   sale_date DATE NOT NULL,
    ->   geo_region_cd VARCHAR(6) NOT NULL,
    ->   amount DECIMAL(9,2)
    ->  )
    -> PARTITION BY LIST COLUMNS (geo_region_cd)
    ->  (PARTITION NORTHAMERICA VALUES IN ('US_NE','US_SE','US_MW',
    ->                                     'US_NW','US_SW','CAN','MEX'),
    ->   PARTITION EUROPE VALUES IN ('EUR_E','EUR_W'),
    ->   PARTITION ASIA VALUES IN ('CHN','JPN','IND')
    ->  );
Query OK, 0 rows affected (1.13 sec)
```

資料表被拆成三個分割區，每個分割區只涵蓋幾個 **geo_region_cd** 的值。接下來我們替資料表添上幾筆資料：

```
mysql> INSERT INTO sales
    -> VALUES
    ->  (1, 1, 1, '2020-01-18', 'US_NE', 2765.15),
    ->  (2, 3, 4, '2020-02-07', 'CAN', 5322.08),
    ->  (3, 6, 27, '2020-03-11', 'KOR', 4267.12);
ERROR 1526 (HY000): Table has no partition for value from column_list
```

看來是哪裡出了問題，而錯誤訊息指出其中一個地理區域代碼未曾分配到分割區。再度檢查 **create table** 敘述，筆者發現忘了把 Korea 歸納到 **asia** 分割區裡。這只需用 **alter table** 敘述便可修正：

```
mysql> ALTER TABLE sales REORGANIZE PARTITION ASIA INTO
    -> (PARTITION ASIA VALUES IN ('CHN','JPN','IND', 'KOR'));
Query OK, 0 rows affected (1.28 sec)
Records: 0 Duplicates: 0 Warnings: 0
```

似乎是修正了，但我們還是確認一下中繼資料：

```
mysql> SELECT partition_name, partition_expression,
    ->   partition_description
    -> FROM information_schema.partitions
    -> WHERE table_name = 'sales'
    -> ORDER BY partition_ordinal_position;
+---------------+----------------------+----------------------------------+
| PARTITION_NAME | PARTITION_EXPRESSION | PARTITION_DESCRIPTION            |
+---------------+----------------------+----------------------------------+
| NORTHAMERICA  | `geo_region_cd`      | 'US_NE','US_SE','US_MW','US_NW', |
|               |                      | 'US_SW','CAN','MEX'              |
| EUROPE        | `geo_region_cd`      | 'EUR_E','EUR_W'                  |
| ASIA          | `geo_region_cd`      | 'CHN','JPN','IND','KOR'          |
+---------------+----------------------+----------------------------------+
3 rows in set (0.00 sec)
```

Korea 確實已經被歸納到 asia 分割區了，而且剛才有問題的資料插入動作現在也可以處理無誤了：

```
mysql> INSERT INTO sales
    -> VALUES
    ->   (1, 1, 1, '2020-01-18', 'US_NE', 2765.15),
    ->   (2, 3, 4, '2020-02-07', 'CAN', 5322.08),
    ->   (3, 6, 27, '2020-03-11', 'KOR', 4267.12);
Query OK, 3 rows affected (0.26 sec)
Records: 3 Duplicates: 0 Warnings: 0
```

雖說範圍分割法可以靠著 maxvalue 分割區來捕捉任何無法對應到其他分割區的資料列，重點是清單分割法沒有辦法像前者一般，為漏逸資料提供分割區。因此只要是你想添加新的欄位值時（例如公司開始在澳洲銷售產品了），就必須在插入含有新欄位值的資料之前，妥善地修改分割區定義以便反映現實。

雜湊分割法

如果你選作分割鍵的欄位既不適於範圍分割、也不適於列表分割，還有第三種方式可以將資料列平均地分配到各個分割區當中。這時伺服器便會透過雜湊函式（*hashing function*）來處理欄位值，於是這種分割方式便自然被稱作是*雜湊分割法*（*hash partitioning*）。雜湊分割法與清單分割法的不同之處，在於後者選作分割鍵的欄位應該只包含為數不多的資料值，而前者則適於分割鍵欄位所含資料值千變萬化的時候。以下是另一個版本的 sales 資料表，但我們對 cust_id 欄位值進行了雜湊運算，衍生出四個雜湊分割區：

```
mysql> CREATE TABLE sales
    -> (sale_id INT NOT NULL,
    ->  cust_id INT NOT NULL,
    ->  store_id INT NOT NULL,
    ->  sale_date DATE NOT NULL,
    ->  amount DECIMAL(9,2)
    ->  )
    -> PARTITION BY HASH (cust_id)
    ->  PARTITIONS 4
    ->   (PARTITION H1,
    ->    PARTITION H2,
    ->    PARTITION H3,
    ->    PARTITION H4
    ->   );
Query OK, 0 rows affected (1.50 sec)
```

當 sales 資料表中加入新資料時,它們會被平均地分配給四個分割區,筆者將其命名為 H1、H2、H3 和 H4。為了觀察其作用,我們來添加 16 筆資料,每一筆都含有不同的 cust_id 欄位值:

```
mysql> INSERT INTO sales
    -> VALUES
    -> (1, 1, 1, '2020-01-18', 1.1), (2, 3, 4, '2020-02-07', 1.2),
    -> (3, 17, 5, '2020-01-19', 1.3), (4, 23, 2, '2020-02-08', 1.4),
    -> (5, 56, 1, '2020-01-20', 1.6), (6, 77, 5, '2020-02-09', 1.7),
    -> (7, 122, 4, '2020-01-21', 1.8), (8, 153, 1, '2020-02-10', 1.9),
    -> (9, 179, 5, '2020-01-22', 2.0), (10, 244, 2, '2020-02-11', 2.1),
    -> (11, 263, 1, '2020-01-23', 2.2), (12, 312, 4, '2020-02-12', 2.3),
    -> (13, 346, 2, '2020-01-24', 2.4), (14, 389, 3, '2020-02-13', 2.5),
    -> (15, 472, 1, '2020-01-25', 2.6), (16, 502, 1, '2020-02-14', 2.7);
Query OK, 16 rows affected (0.19 sec)
Records: 16 Duplicates: 0 Warnings: 0
```

如果雜湊函式確實有平均地分配資料列,我們理想上應該就會在四個分割區中各自看到四筆資料:

```
mysql> SELECT concat('# of rows in H1 = ', count(*)) partition_rowcount
    -> FROM sales PARTITION (h1) UNION ALL
    -> SELECT concat('# of rows in H2 = ', count(*)) partition_rowcount
    -> FROM sales PARTITION (h2) UNION ALL
    -> SELECT concat('# of rows in H3 = ', count(*)) partition_rowcount
    -> FROM sales PARTITION (h3) UNION ALL
    -> SELECT concat('# of rows in H4 = ', count(*)) partition_rowcount
    -> FROM sales PARTITION (h4);
+---------------------+
| partition_rowcount  |
```

```
+---------------------+
| # of rows in H1 = 4 |
| # of rows in H2 = 5 |
| # of rows in H3 = 3 |
| # of rows in H4 = 4 |
+---------------------+
4 rows in set (0.00 sec)
```

由於我們只塞了 16 筆資料，這個分配結果已經算是差強人意了，隨著資料列筆數的增加，只要有數量夠多、且彼此互異的 cust_id 欄位值，每個分割區應該都會分到接近 25% 的資料筆數。

複合式分割法

如果你還想對資料如何分配至分割區的方式做更進一步的細分，可以考慮複合式分割法（composite partitioning），這時你就可以對同一個資料表採用兩種不同類型的分割方式。在複合式分割法裡，第一種分割方式定義出分割區，而第二種分割方式則定義出子分割區（subpartition）。下例再度引用了 sales 資料表，但這次我們同時套用了範圍和雜湊分割法：

```
mysql> CREATE TABLE sales
    ->  (sale_id INT NOT NULL,
    ->   cust_id INT NOT NULL,
    ->   store_id INT NOT NULL,
    ->   sale_date DATE NOT NULL,
    ->   amount DECIMAL(9,2)
    ->  )
    -> PARTITION BY RANGE (yearweek(sale_date))
    -> SUBPARTITION BY HASH (cust_id)
    ->  (PARTITION s1 VALUES LESS THAN (202002)
    ->    (SUBPARTITION s1_h1,
    ->     SUBPARTITION s1_h2,
    ->     SUBPARTITION s1_h3,
    ->     SUBPARTITION s1_h4),
    ->   PARTITION s2 VALUES LESS THAN (202003)
    ->    (SUBPARTITION s2_h1,
    ->     SUBPARTITION s2_h2,
    ->     SUBPARTITION s2_h3,
    ->     SUBPARTITION s2_h4),
    ->   PARTITION s3 VALUES LESS THAN (202004)
    ->    (SUBPARTITION s3_h1,
    ->     SUBPARTITION s3_h2,
    ->     SUBPARTITION s3_h3,
    ->     SUBPARTITION s3_h4),
```

```
   ->   PARTITION s4 VALUES LESS THAN (202005)
   ->     (SUBPARTITION s4_h1,
   ->      SUBPARTITION s4_h2,
   ->      SUBPARTITION s4_h3,
   ->      SUBPARTITION s4_h4),
   ->   PARTITION s5 VALUES LESS THAN (202006)
   ->     (SUBPARTITION s5_h1,
   ->      SUBPARTITION s5_h2,
   ->      SUBPARTITION s5_h3,
   ->      SUBPARTITION s5_h4),
   ->   PARTITION s999 VALUES LESS THAN (MAXVALUE)
   ->     (SUBPARTITION s999_h1,
   ->      SUBPARTITION s999_h2,
   ->      SUBPARTITION s999_h3,
   ->      SUBPARTITION s999_h4)
   ->   );
Query OK, 0 rows affected (9.72 sec)
```

此舉分出六個分割區、每個分割區又包含四個子分割區，因此總共有 24 個子分割區。接下來我們又再度插入先前示範雜湊分割時的 16 筆資料：

```
mysql> INSERT INTO sales
    -> VALUES
    -> (1, 1, 1, '2020-01-18', 1.1), (2, 3, 4, '2020-02-07', 1.2),
    -> (3, 17, 5, '2020-01-19', 1.3), (4, 23, 2, '2020-02-08', 1.4),
    -> (5, 56, 1, '2020-01-20', 1.6), (6, 77, 5, '2020-02-09', 1.7),
    -> (7, 122, 4, '2020-01-21', 1.8), (8, 153, 1, '2020-02-10', 1.9),
    -> (9, 179, 5, '2020-01-22', 2.0), (10, 244, 2, '2020-02-11', 2.1),
    -> (11, 263, 1, '2020-01-23', 2.2), (12, 312, 4, '2020-02-12', 2.3),
    -> (13, 346, 2, '2020-01-24', 2.4), (14, 389, 3, '2020-02-13', 2.5),
    -> (15, 472, 1, '2020-01-25', 2.6), (16, 502, 1, '2020-02-14', 2.7);
Query OK, 16 rows affected (0.22 sec)
Records: 16 Duplicates: 0 Warnings: 0
```

當你查詢 **sales** 資料表時，可以從任一分割區取得資料，亦即從它的四個子分割區中取得資料：

```
mysql> SELECT *
    -> FROM sales PARTITION (s3);
+---------+---------+----------+------------+--------+
| sale_id | cust_id | store_id | sale_date  | amount |
+---------+---------+----------+------------+--------+
|       5 |      56 |        1 | 2020-01-20 |   1.60 |
|      15 |     472 |        1 | 2020-01-25 |   2.60 |
|       3 |      17 |        5 | 2020-01-19 |   1.30 |
|       7 |     122 |        4 | 2020-01-21 |   1.80 |
```

```
|      13 |     346 |        2 | 2020-01-24 |   2.40 |
|       9 |     179 |        5 | 2020-01-22 |   2.00 |
|      11 |     263 |        1 | 2020-01-23 |   2.20 |
+---------+---------+----------+------------+--------+
7 rows in set (0.00 sec)
```

由於資料表已經細分到子分割區的程度,自然也可以只從某個子分割區取出資料:

```
mysql> SELECT *
    -> FROM sales PARTITION (s3_h3);
+---------+---------+----------+------------+--------+
| sale_id | cust_id | store_id | sale_date  | amount |
+---------+---------+----------+------------+--------+
|       7 |     122 |        4 | 2020-01-21 |   1.80 |
|      13 |     346 |        2 | 2020-01-24 |   2.40 |
+---------+---------+----------+------------+--------+
2 rows in set (0.00 sec)
```

以上查詢便是只取出位於 s3 分割區中 s3_h3 子分割區的資料。

分割的好處

分割的好處之一,是你只需與少數分割區互動,而不需要涉及整個資料表。舉例來說,如果你的資料表是針對 sales_date 欄位進行範圍分割,而你執行的查詢中含有像是 WHERE sales_date BETWEEN '2019-12-01' AND '2020-01-15' 的過濾條件,伺服器就會檢查資料表的中繼資料,進而判斷出真正需要操作到的分割區。此一概念又被稱為**分區修剪**(*partition pruning*),這是資料表分割最大的優點之一。

同理,如果你執行的查詢涉及與已分割資料表的結合,而查詢語句又包含分割用欄位的條件,伺服器便可排除與查詢無關的資料所屬的分割區。這便是所謂**分割式結合**(*partitionwise joins*),其概念與分區修剪相仿,亦即只有含有查詢所需資料的分割區才會被納入操作。

從管理的觀點來看,分割的主要優點之一,就是可以迅速地刪除已經不再需要的資料。例如財務資料也許需要在線上保留七年;如果資料表已經按照交易日期做過分割,則任何含有超過七年以上資料的分割區都可以棄置。另一個管理上的優點則是,凡是分割過的資料表需要更新時,可以同時對多個分割區進行,這可以大幅縮短觸及資料表中每筆資料所需的時間。

叢集

有了充裕的儲存、再搭配合理的分割策略，你可以在單一關聯資料庫上儲存可觀的資料量。但若是你需要同時處理數千個使用者、或是要在一晚之間產生數萬份報表呢？就算你手中有充裕的資料儲存空間，單一伺服器中可能還是缺乏充足的 CPU、記憶體或網路頻寬。潛在的解法之一，就是**叢集**（*clustering*），它可以讓數台伺服器像單一資料庫一般運作。

雖然叢集架構變化多端，但此處要探討的則是屬於共享磁碟／共享快取的組態，而叢集中每一部伺服器都可以存取所有的磁碟，而儲存在某一部伺服器快取中的資料，同樣也可以供叢集中其他任一伺服器存取。在這種架構下，應用程式伺服器可以附掛到叢集中的任一部資料庫伺服器上，如果遇上故障、也能自動切換到叢集中的另一部伺服器上。在一套由八部伺服器組成的叢集裡，你應該可以游刃有餘地處理極大量的平行使用者、以及相關的查詢／報表／作業。

在商用資料庫廠商當中，Oracle 是此一領域的佼佼者，全球眾多大型企業都採用了 Oracle 的 Exadata 平台，藉以管理擁有數千位平行使用者的大型資料庫。然而這種平台也有無法滿足的超大型企業需求，於是像 Google、Facebook、Amazon 等公司便另闢蹊徑。

切片

設想你受雇擔任一間新社群媒體公司的資料架構師。對方告知你需面對為數約十億左右的用戶，每位使用者每天平均產生 3.7 筆訊息，而且資料必須永久保存。在進行若干計算後，你判斷現有最大的關聯式資料庫平台，資源在不到一年內就會被耗盡。可能的解法是，不僅要分割個別的資料表，連整套資料庫都需要進行分割。這個動作又稱為**切片**（*sharding*），它會將資料分割後配置給數個資料庫（也就是**分片**，*shards*），因此它很類似資料表分割，只不過規模更大、程度也更複雜。如果你要在社群媒體公司中採行此一策略，可能會決定要實作出 100 個分離的資料庫，每一個都存有約一千萬用戶的資料。

切片是相當複雜的題材，由於本書只是入門用，筆者會避免過份深入，但以下仍有一些需要強調的問題：

- 你必須選出一個**切片鍵**（*sharding key*），也就是用來決定要連接哪一個資料庫的值。

- 當大型資料庫被分成多個片段時，個別的資料列會被分配給單一的分片，而較小的參考用資料表則可能需要複製到所有的分片當中，此外還須制訂關於如何修改參考用資料的策略、以及更動內容如何傳遞到所有分片的策略。

- 如果有某些分片變得過大（例如社群媒體公司成長到廿億用戶了），你就必須規劃添加新的分片，並將資料重新分配到各個分片。

- 當你需要更動架構時，必須有一套將異動部署到各個分片的策略，這樣所有的架構才能保持一致。

- 如果應用程式邏輯需要取用儲存在多個分片中的資料，你就得制訂如何在多個資料庫之間進行查詢的策略，以及如何橫跨多個資料庫實作交易。

覺得很複雜嗎？它實際上就是這麼複雜，而且到了 2000 年代後期，許多企業都開始尋求新的做法。下一小節便會探討其他處理極大量資料集合的策略，而且它們都完全超出了關聯式資料庫的範疇。

大數據

經過對於切片的一番權衡後，假設你（身為社群媒體公司的資料架構師）決定要再研究一下其他辦法。但你也不想自己從頭開始，而是決定先參考其他會處理大量資料的公司，看他們如何因應：像是 Amazon、Google、Facebook 和 Twitter 等等，以便從中獲益。這些科技巨擘開創的技術群被統稱為**大數據**（*big data*），它已經是行業中的一門顯學，但其定義可能五花八門。其中一種定義大數據的方式，就是所謂的「3 個 V」：

數量（*Volume*）

　　這裡的數量指的是數十億甚至數萬億筆的資料。

速度（*Velocity*）

　　這是衡量資料累積的速度。

變化（*Variety*）

　　意指資料並非恆為結構化（就像關聯式資料庫的行列資料那樣），而可能會是非結構化的（像是電子郵件、影片、相片、聲音檔案等等）。

因此，只要是任何能迅速處理大量多樣化格式資料的系統，都可以歸納成大數據產品。以下各小節便會簡要地描述過去十五年以來發展出來的若干大數據技術。

Hadoop

Hadoop 應該說是一套生態系統（*ecosystem*），或者說是一套偕同運作的技術或工具組。Hadoop 的若干主要成員有：

Hadoop 分散式檔案系統（*Hadoop Distributed File System*，*HDFS*）

正如其名，HDFS 可以跨越大量伺服器進行檔案管理。

MapReduce

此技術能夠將作業打散成許多小片段，以便同時在多部伺服器上執行，藉以處理大量結構化與非結構化的資料。

YARN

這是一套 HDFS 的資源管理暨作業排程工具。

將以上技術結合起來，便能儲存與處理散佈在數百甚至數千伺服器中的檔案，就像是單一邏輯系統般運作。雖說 Hadoop 的應用十分廣泛，但是以 MapReduce 查詢資料，還是需要由程式設計師來執行，因而衍生出了數種 SQL 介面，像是 Hive、Impala、以及 Drill 等等。

NoSQL 與文件型資料庫

在關聯式資料庫裡，資料通常必須符合既定的架構，像是由包含數值、字串、日期等資料的欄位所組成的資料表建構而成。但是，如果事前無法得知資料結構、或是結構雖為已知卻經常變動時，該如何處置？許多企業的因應之道就是利用像是 XML 或是 JSON 之類的格式，將資料和結構的定義合併在文件當中，再將文件儲存到資料庫裡。這樣一來，同一資料庫中便能容納型態各異的資料，無須再更改架構，這樣儲存會容易得多，但對於查詢和分析工具卻造成了額外的負擔，因為它們必須自行理解文件中的資料。

文件型資料庫屬於俗稱 NoSQL 資料庫的一種，後者常以簡易的鍵 - 值機制儲存資料。舉例來說，使用 MongoDB 之類的文件型資料庫時，你可以利用 customer ID 做為資料鍵，並以一份 JSON 文件做為其對應資料值，其中存有所有的客戶資料，其他的使用者也能讀取放在文件中的架構資訊，藉以理解文件中的資料架構。

雲端運算

在大數據面世之前，大多數企業都必須自行建置資料中心，才能容納遍佈整個企業中的資料庫、網頁和應用程式伺服器。在雲端運算面世後，你基本上可以把整個資料中心外包給雲端平台託管，像是 Amazon Web Services（AWS）、微軟的 Azure、或是 Google Cloud。將服務託管給雲端最大的好處之一，就是便於擴充，你可以迅速地上調或下縮服務營運所需的運算能力。初創的業者最喜歡這種平台，因為他們只需專注在程式碼的開發上，但不必先花大筆金錢建置伺服器、儲存設備、網路或購買軟體授權。

光是涉及資料庫的部分，AWS 的資料庫與分析用產品就有以下選項可用：

- 關聯式資料庫（MySQL、Aurora、PostgreSQL、MariaDB、Oracle 和 SQL Server）
- 記憶體型資料庫（ElastiCache）
- 資料倉儲型資料庫（Redshift）
- NoSQL 資料庫（DynamoDB）
- 文件型資料庫（DocumentDB）
- 圖形資料庫（Neptune）
- 時序型資料庫（TimeStream）
- Hadoop（EMR）
- 資料湖泊（Data lakes）（Lake Formation）

雖說直到 2000 年代中期以前，關聯式資料庫都仍佔有主導性的地位，但還是很容易發覺已經有公司在混合使用各種平台，而關聯式資料庫受歡迎的程度也會隨著時間略為消退。

結論

資料庫越變越大，但在此同時，儲存、叢集和分割的技術也都越趨成熟。無論是何種技術群，大量資料的操作都相當具有挑戰性。不論你使用的是關聯式資料庫、大數據平台、還是各種資料庫伺服器，SQL 都不斷地進化，才能從不同的技術中取出資料。這會是本書最末章的主題，筆者會在下一章展示如何以 SQL 引擎來查詢儲存在多種格式中的資料。

SQL 與大數據

雖說本書大部分的篇幅都集中在使用關聯式資料庫時（例如 MySQL）的各種 SQL 語言功能，但過去十年以來，資料的範疇已有了相當大的變化，而 SQL 也做出了變革，以便因應如今迅速演變的環境需求。許多幾年前仍然惟關聯式資料庫馬首是瞻的機構，如今也開始將資料轉往 Hadoop 叢集、資料湖泊、以及 NoSQL 資料庫了。在此同時，企業仍在拼命設法尋求各種方式，試圖從不斷增加的資料量中理出頭緒，而如今資料遍佈在企業內部或雲端等多種資料儲存媒介中，使得上述的事態更令人退避三舍。

由於外界仍有數百萬人使用 SQL，SQL 又已深入到數千種應用程式當中，因此繼續以 SQL 來操作上述的資料並令其發揮作用，是很合理的作法。過去數年以來，新型工具不斷誕生，讓 SQL 不但可以用來存取結構化資料，更進一步得以操作半結構化或非結構化資料：如這些工具包括 Presto、Apache Drill 和 Toad Data Point 等等。本章將探討其中之一，亦即 Apache Drill，以它來展示如何將儲存在不同伺服器上、且格式互異的資料視為一體，並從中產生報表及進行分析。

Apache Drill 簡介

坊間已開發出了大量的工具及介面，可以透過 SQL 存取存放在 Hadoop、NoSQL、Spark 及雲端分散式檔案系統中的資料。Hive 便是其中一例，它是最早嘗試讓使用者查詢存放在 Hadoop 中資料的工具之一，而 Spark SQL 則是一套程式庫，可用來查詢以各種格式存放在 Spark 中的資料。相對新穎的成員之一則要算是開放原始碼的 Apache Drill，它於 2015 年問世，具備以下令人注目的特質：

- 可跨越多種資料格式進行查詢，包括逗點區隔的資料、JSON、Parquet 和日誌檔案等等
- 可連結關聯式資料庫、Hadoop、NoSQL、HBase 和 Kafka，以及各種特殊資料格式，如 PCAP、區塊鏈等等
- 允許自訂外掛程式，以便連接任何其他資料源
- 無須預先定義架構
- 支援 SQL:2003 標準
- 可搭配知名的商務智慧（business intelligence，BI）工具，像是 Tableau 和 Apache Superset

透過 Drill，你可以任意連接各種資料源，並立即展開查詢，無須事先設置中繼資料儲存庫（metadata repository）。雖說探討 Apache Drill 的安裝與組態選項已經超出了本書的範圍，但如果你有興趣繼續鑽研，筆者鄭重推薦由 Charles Givre 和 Paul Rogersc 合著的 *Learning Apache Drill*（O'Reilly 出版）。

以 Drill 查詢檔案

一開始我們先試著用 Drill 來查詢檔案裡的資料。Drill 知道如何讀取數種檔案格式，包括封包捕捉（packet capture，PCAP）檔案，這是一種二進位格式，內有關於網路上傳輸封包的資訊。當我需要查詢一個 PCAP 檔案時，只需設定 Drill 的 dfs（distributed filesystem，分散式檔案系統）外掛程式，將檔案所在目錄路徑納入即可，然後就可以進行查詢了。

筆者首先想要找的，是檔案中有那些欄位可供查詢。Drill 也有部分支援 information_schema（第 15 章介紹過），因此你可以在工作環境中查出關於資料檔案的高階資訊：

```
apache drill> SELECT file_name, is_directory, is_file, permission
. . . . . . . > FROM information_schema.`files`
. . . . . . . > WHERE schema_name = 'dfs.data';
+-------------------+--------------+---------+-------------+
| file_name         | is_directory | is_file | permission  |
+-------------------+--------------+---------+-------------+
| attack-trace.pcap | false        | true    | rwxrwx---   |
+-------------------+--------------+---------+-------------+
1 row selected (0.238 seconds)
```

以上結果顯示，我的工作環境中有一個名為 *attack-trace.pcap* 檔案，這是很有用的資訊，但我無法透過 information_schema.columns 查出檔案中有那些欄位可用。然而若是對檔案執行以下無效的資料查詢，仍可以查出檔案中有哪些欄位[1]：

```
apache drill> SELECT * FROM dfs.data.`attack-trace.pcap`
. . . . . . . > WHERE 1=2;
+------+---------+-----------+-----------------+--------+--------+
| type | network | timestamp | timestamp_micro | src_ip | dst_ip |
+------+---------+-----------+-----------------+--------+--------+

    ----------+----------+-----------------+-----------------+-------------+
    src_port  | dst_port | src_mac_address | dst_mac_address | tcp_session |
    ----------+----------+-----------------+-----------------+-------------+

    ---------+-----------+--------------+---------------+---------------+
    tcp_ack  | tcp_flags | tcp_flags_ns | tcp_flags_cwr | tcp_flags_ece |
    ---------+-----------+--------------+---------------+---------------+

    ----------------------+-----------------------------------+
    tcp_flags_ece_ecn_capable | tcp_flags_ece_congestion_experienced |
    ----------------------+-----------------------------------+

    --------------+--------------+--------------+--------------+
    tcp_flags_urg | tcp_flags_ack | tcp_flags_psh | tcp_flags_rst |
    --------------+--------------+--------------+--------------+

    --------------+--------------+------------------+---------------+
    tcp_flags_syn | tcp_flags_fin | tcp_parsed_flags | packet_length |
    --------------+--------------+------------------+---------------+

    ------------+------+
    is_corrupt  | data |
    ------------+------+

No rows selected (0.285 seconds)
```

現在筆者已經得知 PCAP 檔案中的欄位名稱、可以著手撰寫查詢了。以下查詢會計算從每一個 IP 位址送往每一個目標通訊埠的封包數量：

```
apache drill> SELECT src_ip, dst_port,
. . . . . . . >    count(*) AS packet_count
. . . . . . . > FROM dfs.data.`attack-trace.pcap`
. . . . . . . > GROUP BY src_ip, dst_port;
+----------------+----------+--------------+
| src_ip         | dst_port | packet_count |
+----------------+----------+--------------+
| 98.114.205.102 | 445      | 18           |
| 192.150.11.111 | 1821     | 3            |
```

1　結果顯示是從 Drill 對於它所理解的 PCAP 檔案結構、進而認出的檔案欄位。如果 Drill 不認得你的檔案格式，結果集合中便只會包含一個字串陣列、其中只有名為 columns 的單一欄位。

```
| 192.150.11.111 | 1828  | 17  |
| 98.114.205.102 | 1957  | 6   |
| 192.150.11.111 | 1924  | 6   |
| 192.150.11.111 | 8884  | 15  |
| 98.114.205.102 | 36296 | 12  |
| 98.114.205.102 | 1080  | 159 |
| 192.150.11.111 | 2152  | 112 |
+----------------+-------+-----+
9 rows selected (0.254 seconds)
```

以下是另一道查詢，它彙整了每秒的封包資訊：

```
apache drill> SELECT trunc(extract(second from `timestamp`)) as packet_time,
. . . . . . > 	count(*) AS num_packets,
. . . . . . > 	sum(packet_length) AS tot_volume
. . . . . . > FROM dfs.data.`attack-trace.pcap`
. . . . . . > GROUP BY trunc(extract(second from `timestamp`));
+-------------+-------------+------------+
| packet_time | num_packets | tot_volume |
+-------------+-------------+------------+
| 28.0        | 15          | 1260       |
| 29.0        | 12          | 1809       |
| 30.0        | 13          | 4292       |
| 31.0        | 3           | 286        |
| 32.0        | 2           | 118        |
| 33.0        | 15          | 1054       |
| 34.0        | 35          | 14446      |
| 35.0        | 29          | 16926      |
| 36.0        | 25          | 16710      |
| 37.0        | 25          | 16710      |
| 38.0        | 26          | 17788      |
| 39.0        | 23          | 15578      |
| 40.0        | 25          | 16710      |
| 41.0        | 23          | 15578      |
| 42.0        | 30          | 20052      |
| 43.0        | 25          | 16710      |
| 44.0        | 22          | 7484       |
+-------------+-------------+------------+
17 rows selected (0.422 seconds)
```

在以上查詢中，筆者必須在 timestamp 一詞前後加上反引號（`），因為它屬於保留字。

你可以查詢儲存在本地端、或是位於網路分散式檔案系統中、甚至位於雲端的檔案。Drill 內建支援多種檔案類型，但你也可以自行建立外掛程式，以便讓 Drill 可以查詢任何類型的檔案。以下兩個小節會探討如何查詢儲存在資料庫裡的資料。

以 Drill 查詢 MySQL

Drill 可以透過 JDBC 驅動程式連接任何關聯式資料庫，因此下一步自然該來說明如何以 Drill 查詢本書示範用的 Sakila 資料庫。讀者們只需為 MySQL 載入 JDBC 驅動程式、並設定 Drill 連接到 MySQL 資料庫即可。

 這時你或許會存疑：「幹嘛要大費周章地用 Drill 來查詢 MySQL？」理由之一是你可以用 Drill 寫出跨越多種資料來源的查詢語句（到本章結尾時你應該就會領略），這樣一來便能輕易地在查詢中結合來自諸如 MySQL、Hadoop、以及逗點區隔檔案的資料。

第一步自然是選擇資料庫：

```
apache drill (information_schema)> use mysql.sakila;
+------+-------------------------------------------+
|  ok  |                 summary                   |
+------+-------------------------------------------+
| true | Default schema changed to [mysql.sakila]  |
+------+-------------------------------------------+
1 row selected (0.062 seconds)
```

選好資料庫後，可以下達 show tables 命令，觀察選定架構中既有的全部資料表：

```
apache drill (mysql.sakila)> show tables;
+--------------+---------------------------+
| TABLE_SCHEMA |        TABLE_NAME         |
+--------------+---------------------------+
| mysql.sakila | actor                     |
| mysql.sakila | address                   |
| mysql.sakila | category                  |
| mysql.sakila | city                      |
| mysql.sakila | country                   |
| mysql.sakila | customer                  |
| mysql.sakila | film                      |
| mysql.sakila | film_actor                |
| mysql.sakila | film_category             |
| mysql.sakila | film_text                 |
| mysql.sakila | inventory                 |
| mysql.sakila | language                  |
| mysql.sakila | payment                   |
| mysql.sakila | rental                    |
| mysql.sakila | sales                     |
| mysql.sakila | staff                     |
| mysql.sakila | store                     |
```

```
| mysql.sakila | actor_info                  |
| mysql.sakila | customer_list               |
| mysql.sakila | film_list                   |
| mysql.sakila | nicer_but_slower_film_list   |
| mysql.sakila | sales_by_film_category      |
| mysql.sakila | sales_by_store              |
| mysql.sakila | staff_list                  |
+--------------+-----------------------------+
24 rows selected (0.147 seconds)
```

筆者會先執行幾個先前章節中展示過的查詢。以下是第 5 章的簡易結合兩個資料
表：

```
apache drill (mysql.sakila)> SELECT a.address_id, a.address, ct.city
. . . . . . . . . . . . . )> FROM address a
. . . . . . . . . . . . . )>   INNER JOIN city ct
. . . . . . . . . . . . . )>   ON a.city_id = ct.city_id
. . . . . . . . . . . . . )> WHERE a.district = 'California';
+------------+------------------------+-----------------+
| address_id |        address         |      city       |
+------------+------------------------+-----------------+
| 6          | 1121 Loja Avenue       | San Bernardino  |
| 18         | 770 Bydgoszcz Avenue   | Citrus Heights  |
| 55         | 1135 Izumisano Parkway | Fontana         |
| 116        | 793 Cam Ranh Avenue    | Lancaster       |
| 186        | 533 al-Ayn Boulevard   | Compton         |
| 218        | 226 Brest Manor        | Sunnyvale       |
| 274        | 920 Kumbakonam Loop    | Salinas         |
| 425        | 1866 al-Qatif Avenue   | El Monte        |
| 599        | 1895 Zhezqazghan Drive | Garden Grove    |
+------------+------------------------+-----------------+
9 rows selected (3.523 seconds)
```

以下查詢則源自第 8 章，含有 group by 和 having 兩個子句：

```
apache drill (mysql.sakila)> SELECT fa.actor_id, f.rating,
. . . . . . . . . . . . . )>   count(*) num_films
. . . . . . . . . . . . . )> FROM film_actor fa
. . . . . . . . . . . . . )>   INNER JOIN film f
. . . . . . . . . . . . . )>   ON fa.film_id = f.film_id
. . . . . . . . . . . . . )> WHERE f.rating IN ('G','PG')
. . . . . . . . . . . . . )> GROUP BY fa.actor_id, f.rating
. . . . . . . . . . . . . )> HAVING count(*) > 9;
+----------+--------+-----------+
| actor_id | rating | num_films |
+----------+--------+-----------+
```

```
| 137      | PG     | 10        |
| 37       | PG     | 12        |
| 180      | PG     | 12        |
| 7        | G      | 10        |
| 83       | G      | 14        |
| 129      | G      | 12        |
| 111      | PG     | 15        |
| 44       | PG     | 12        |
| 26       | PG     | 11        |
| 92       | PG     | 12        |
| 17       | G      | 12        |
| 158      | PG     | 10        |
| 147      | PG     | 10        |
| 14       | G      | 10        |
| 102      | PG     | 11        |
| 133      | PG     | 10        |
+----------+--------+-----------+
16 rows selected (0.277 seconds)
```

最後，以下查詢源於第 16 章，其中含有三個排行用函式：

```
apache drill (mysql.sakila)> SELECT customer_id, count(*) num_rentals,
. . . . . . . . . . . . . . )>    row_number()
. . . . . . . . . . . . . . )>      over (order by count(*) desc)
. . . . . . . . . . . . . . )>        row_number_rnk,
. . . . . . . . . . . . . . )>    rank()
. . . . . . . . . . . . . . )>      over (order by count(*) desc) rank_rnk,
. . . . . . . . . . . . . . )>    dense_rank()
. . . . . . . . . . . . . . )>      over (order by count(*) desc)
. . . . . . . . . . . . . . )>        dense_rank_rnk
. . . . . . . . . . . . . . )> FROM rental
. . . . . . . . . . . . . . )> GROUP BY customer_id
. . . . . . . . . . . . . . )> ORDER BY 2 desc;
+-------------+-------------+----------------+----------+----------------+
| customer_id | num_rentals | row_number_rnk | rank_rnk | dense_rank_rnk |
+-------------+-------------+----------------+----------+----------------+
| 148         | 46          | 1              | 1        | 1              |
| 526         | 45          | 2              | 2        | 2              |
| 144         | 42          | 3              | 3        | 3              |
| 236         | 42          | 4              | 3        | 3              |
| 75          | 41          | 5              | 5        | 4              |
| 197         | 40          | 6              | 6        | 5              |
...
| 248         | 15          | 595            | 594      | 30             |
| 61          | 14          | 596            | 596      | 31             |
| 110         | 14          | 597            | 596      | 31             |
| 281         | 14          | 598            | 596      | 31             |
```

```
|  318          |  12          |  599            |  599        |  32            |               |
+---------------+--------------+-----------------+-------------+----------------+---------------+
599 rows selected (1.827 seconds)
```

以上這些範例都展現了 Drill 對 MySQL 執行繁瑣查詢的能力，但讀者們要記住，Drill 能操作多種關聯式資料庫、而不僅限於 MySQL，因此有些語言上的功能會有差異（例如資料轉換函式）。詳情可參閱 Drill 的 SQL 實作文件（*https://oreil.ly/ d2JSe*）。

以 Drill 查詢 MongoDB

在見識過 Drill 如何查詢 MySQL 的 Sakila 示範資料後，該來把 Sakila 的資料轉換成另一種常見的非關聯式資料庫格式了，並試著用 Drill 來查詢轉換過的資料。筆者想把資料轉換為 JSON 格式、並存放到 MongoDB 當中，因為後者是相當受歡迎的 NoSQL 平台，專門用來儲存文件。Drill 內含 MongoDB 的外掛程式，因此它知道如何讀取 JSON 文件，所以我們很容易就能把 JSON 檔案載入到 Mongo 當中、並開始撰寫查詢。

在開始鑽研查詢之前，我們先研究一下 JSON 檔案的架構，因為它們並非經過正規化的格式。以下第一個 JSON 檔案是 *films.json*：

```
{"_id":1,
 "Actors":[
   {"First name":"PENELOPE","Last name":"GUINESS","actorId":1},
   {"First name":"CHRISTIAN","Last name":"GABLE","actorId":10},
   {"First name":"LUCILLE","Last name":"TRACY","actorId":20},
   {"First name":"SANDRA","Last name":"PECK","actorId":30},
   {"First name":"JOHNNY","Last name":"CAGE","actorId":40},
   {"First name":"MENA","Last name":"TEMPLE","actorId":53},
   {"First name":"WARREN","Last name":"NOLTE","actorId":108},
   {"First name":"OPRAH","Last name":"KILMER","actorId":162},
   {"First name":"ROCK","Last name":"DUKAKIS","actorId":188},
   {"First name":"MARY","Last name":"KEITEL","actorId":198}],
 "Category":"Documentary",
 "Description":"A Epic Drama of a Feminist And a Mad Scientist
    who must Battle a Teacher in The Canadian Rockies",
 "Length":"86",
 "Rating":"PG",
 "Rental Duration":"6",
 "Replacement Cost":"20.99",
 "Special Features":"Deleted Scenes,Behind the Scenes",
 "Title":"ACADEMY DINOSAUR"},
```

```
{"_id":2,
 "Actors":[
   {"First name":"BOB","Last name":"FAWCETT","actorId":19},
   {"First name":"MINNIE","Last name":"ZELLWEGER","actorId":85},
   {"First name":"SEAN","Last name":"GUINESS","actorId":90},
   {"First name":"CHRIS","Last name":"DEPP","actorId":160}],
 "Category":"Horror",
 "Description":"A Astounding Epistle of a Database Administrator
     And a Explorer who must Find a Car in Ancient China",
 "Length":"48",
 "Rating":"G",
 "Rental Duration":"3",
 "Replacement Cost":"12.99",
 "Special Features":"Trailers,Deleted Scenes",
 "Title":"ACE GOLDFINGER"},
...
{"_id":999,
 "Actors":[
   {"First name":"CARMEN","Last name":"HUNT","actorId":52},
   {"First name":"MARY","Last name":"TANDY","actorId":66},
   {"First name":"PENELOPE","Last name":"CRONYN","actorId":104},
   {"First name":"WHOOPI","Last name":"HURT","actorId":140},
   {"First name":"JADA","Last name":"RYDER","actorId":142}],
 "Category":"Children",
 "Description":"A Fateful Reflection of a Waitress And a Boat
     who must Discover a Sumo Wrestler in Ancient China",
 "Length":"101",
 "Rating":"R",
 "Rental Duration":"5",
 "Replacement Cost":"28.99",
 "Special Features":"Trailers,Deleted Scenes",
 "Title":"ZOOLANDER FICTION"}
{"_id":1000,
 "Actors":[
   {"First name":"IAN","Last name":"TANDY","actorId":155},
   {"First name":"NICK","Last name":"DEGENERES","actorId":166},
   {"First name":"LISA","Last name":"MONROE","actorId":178}],
 "Category":"Comedy",
 "Description":"A Intrepid Panorama of a Mad Scientist And a Boy
     who must Redeem a Boy in A Monastery",
 "Length":"50",
 "Rating":"NC-17",
 "Rental Duration":"3",
 "Replacement Cost":"18.99",
 "Special Features":
 "Trailers,Commentaries,Behind the Scenes",
 "Title":"ZORRO ARK"}
```

集合中包含了 1,000 份這樣的文件，每一個文件中都含有幾個純量屬性（Title、Rating、_id），同時也包含一個名為 Actors 的清單，其中含有 1 到 N 個不等的元素，每個元素都由 actor ID、姓名等屬性組成，代表該部片中演出的演員資料。因此這個檔案同樣擁有 MySQL 的 Sakila 資料庫中由 actor、film 和 film_actor 等資料表所涵蓋的全部資料。

至於第二個檔案 *customer.json*，則是結合了來自 MySQL 的 Sakila 資料庫中的 customer、address、city、country、rental 和 payment 等資料表中的資料：

```
{"_id":1,
 "Address":"1913 Hanoi Way",
 "City":"Sasebo",
 "Country":"Japan",
 "District":"Nagasaki",
 "First Name":"MARY",
 "Last Name":"SMITH",
 "Phone":"28303384290",
 "Rentals":[
   {"rentalId":1185,
    "filmId":611,
    "staffId":2,
    "Film Title":"MUSKETEERS WAIT",
    "Payments":[
      {"Payment Id":3,"Amount":5.99,"Payment Date":"2005-06-15 00:54:12"}],
    "Rental Date":"2005-06-15 00:54:12.0",
    "Return Date":"2005-06-23 02:42:12.0"},
   {"rentalId":1476,
    "filmId":308,
    "staffId":1,
    "Film Title":"FERRIS MOTHER",
    "Payments":[
      {"Payment Id":5,"Amount":9.99,"Payment Date":"2005-06-15 21:08:46"}],
    "Rental Date":"2005-06-15 21:08:46.0",
    "Return Date":"2005-06-25 02:26:46.0"},
   ...
   {"rentalId":14825,
    "filmId":317,
    "staffId":2,
    "Film Title":"FIREBALL PHILADELPHIA",
    "Payments":[
      {"Payment Id":30,"Amount":1.99,"Payment Date":"2005-08-22 01:27:57"}],
    "Rental Date":"2005-08-22 01:27:57.0",
    "Return Date":"2005-08-27 07:01:57.0"}
  ]
}
```

此一檔案中含有 599 個項目（但以上只顯示其中一個），它們都已以 customers 集合中 599 份文件的形式載入到 Mongo 當中。每份文件都含有單一客戶的資訊，再加上所有該客戶的租賃及相關付費資料。此外，文件中還有巢狀嵌入的清單，因為 Rentals 清單中的每一筆租賃紀錄裡，還另外含有一份 Payments 的清單。

在載入 JSON 檔案後，Mongo 資料庫中便有兩個集合（films 和 customers），而這兩個集合中的資料跨越了 MySQL 的 Sakila 資料庫中的九個資料表。這是十分典型的場合，因為應用程式設計師通常都會以集合為操作對象，他們不喜歡把資料拆開來、儲存成正規化的關聯式資料表。從 SQL 的角度來看，難處在於如何將資料扁平化、以便讓它們的行為變得像是儲存在多個資料表中一樣。

為說明起見，我們對 film 集合寫一道查詢：找出所有曾演出過 10 部以上普級或保護級（G、PG）影片的演員。以下是原始資料的外觀：

```
apache drill (mongo.sakila)> SELECT Rating, Actors
. . . . . . . . . . . . . )> FROM films
. . . . . . . . . . . . . )> WHERE Rating IN ('G','PG');
+--------+------------------------------------------------------------------+
| Rating |                             Actors                               |
+--------+------------------------------------------------------------------+
| PG     |[{"First name":"PENELOPE","Last name":"GUINESS","actorId":"1"},    |
|         {"First name":"FRANCES","Last name":"DAY-LEWIS","actorId":"48"},   |
|         {"First name":"ANNE","Last name":"CRONYN","actorId":"49"},         |
|         {"First name":"RAY","Last name":"JOHANSSON","actorId":"64"},       |
|         {"First name":"PENELOPE","Last name":"CRONYN","actorId":"104"},    |
|         {"First name":"HARRISON","Last name":"BALE","actorId":"115"},      |
|         {"First name":"JEFF","Last name":"SILVERSTONE","actorId":"180"},   |
|         {"First name":"ROCK","Last name":"DUKAKIS","actorId":"188"}] |     |
| PG     |[{"First name":"UMA","Last name":"WOOD","actorId":"13"},           |
|         {"First name":"HELEN","Last name":"VOIGHT","actorId":"17"},        |
|         {"First name":"CAMERON","Last name":"STREEP","actorId":"24"},      |
|         {"First name":"CARMEN","Last name":"HUNT","actorId":"52"},         |
|         {"First name":"JANE","Last name":"JACKMAN","actorId":"131"},       |
|         {"First name":"BELA","Last name":"WALKEN","actorId":"196"}] |      |
...
| G      |[{"First name":"ED","Last name":"CHASE","actorId":"3"},            |
|         {"First name":"JULIA","Last name":"MCQUEEN","actorId":"27"},       |
|         {"First name":"JAMES","Last name":"PITT","actorId":"84"},          |
|         {"First name":"CHRISTOPHER","Last name":"WEST","actorId":"163"},   |
|         {"First name":"MENA","Last name":"HOPPER","actorId":"170"}] |      |
+--------+------------------------------------------------------------------+
372 rows selected (0.432 seconds)
```

Actors 這一欄含有一份以上演員文件的清單。為了要像對待資料表一般操作這些資料，必須用 flatten 命令將資料轉變成三個欄組成的巢狀資料表：

```
apache drill (mongo.sakila)> SELECT f.Rating, flatten(Actors) actor_list
. . . . . . . . . . . . . )>     FROM films f
. . . . . . . . . . . . . )>     WHERE f.Rating IN ('G','PG');
+--------+------------------------------------------------------------------+
| Rating |                             actor_list                           |
+--------+------------------------------------------------------------------+
| PG     | {"First name":"PENELOPE","Last name":"GUINESS","actorId":"1"}    |
| PG     | {"First name":"FRANCES","Last name":"DAY-LEWIS","actorId":"48"}  |
| PG     | {"First name":"ANNE","Last name":"CRONYN","actorId":"49"}        |
| PG     | {"First name":"RAY","Last name":"JOHANSSON","actorId":"64"}      |
| PG     | {"First name":"PENELOPE","Last name":"CRONYN","actorId":"104"}   |
| PG     | {"First name":"HARRISON","Last name":"BALE","actorId":"115"}     |
| PG     | {"First name":"JEFF","Last name":"SILVERSTONE","actorId":"180"}  |
| PG     | {"First name":"ROCK","Last name":"DUKAKIS","actorId":"188"}      |
| PG     | {"First name":"UMA","Last name":"WOOD","actorId":"13"}           |
| PG     | {"First name":"HELEN","Last name":"VOIGHT","actorId":"17"}       |
| PG     | {"First name":"CAMERON","Last name":"STREEP","actorId":"24"}     |
| PG     | {"First name":"CARMEN","Last name":"HUNT","actorId":"52"}        |
| PG     | {"First name":"JANE","Last name":"JACKMAN","actorId":"131"}      |
| PG     | {"First name":"BELA","Last name":"WALKEN","actorId":"196"}       |
...
| G      | {"First name":"ED","Last name":"CHASE","actorId":"3"}           |
| G      | {"First name":"JULIA","Last name":"MCQUEEN","actorId":"27"}      |
| G      | {"First name":"JAMES","Last name":"PITT","actorId":"84"}         |
| G      | {"First name":"CHRISTOPHER","Last name":"WEST","actorId":"163"}  |
| G      | {"First name":"MENA","Last name":"HOPPER","actorId":"170"}       |
+--------+------------------------------------------------------------------+
2,119 rows selected (0.718 seconds) |
```

以上查詢傳回了 2,119 筆資料，而非前一版查詢傳回的 372 筆資料，這代表每部普級或保護級影片平均會有 5.7 位演員演出。以上查詢可以再包裝成子查詢，並用來按照分級及演員進行分組，就像這樣：

```
apache drill (mongo.sakila)> SELECT g_pg_films.Rating,
. . . . . . . . . . . . . )>   g_pg_films.actor_list.`First name` first_name,
. . . . . . . . . . . . . )>   g_pg_films.actor_list.`Last name` last_name,
. . . . . . . . . . . . . )>   count(*) num_films
. . . . . . . . . . . . . )> FROM
. . . . . . . . . . . . . )>   (SELECT f.Rating, flatten(Actors) actor_list
. . . . . . . . . . . . . )>    FROM films f
. . . . . . . . . . . . . )>    WHERE f.Rating IN ('G','PG')
. . . . . . . . . . . . . )>   ) g_pg_films
. . . . . . . . . . . . . )> GROUP BY g_pg_films.Rating,
```

```
. . . . . . . . . . . . . . . . )>    g_pg_films.actor_list.`First name`,
. . . . . . . . . . . . . . . . )>    g_pg_films.actor_list.`Last name`
. . . . . . . . . . . . . . . . )> HAVING count(*) > 9;
+--------+------------+-------------+-----------+
| Rating | first_name | last_name   | num_films |
+--------+------------+-------------+-----------+
| PG     | JEFF       | SILVERSTONE | 12        |
| G      | GRACE      | MOSTEL      | 10        |
| PG     | WALTER     | TORN        | 11        |
| PG     | SUSAN      | DAVIS       | 10        |
| PG     | CAMERON    | ZELLWEGER   | 15        |
| PG     | RIP        | CRAWFORD    | 11        |
| PG     | RICHARD    | PENN        | 10        |
| G      | SUSAN      | DAVIS       | 13        |
| PG     | VAL        | BOLGER      | 12        |
| PG     | KIRSTEN    | AKROYD      | 12        |
| G      | VIVIEN     | BERGEN      | 10        |
| G      | BEN        | WILLIS      | 14        |
| G      | HELEN      | VOIGHT      | 12        |
| PG     | VIVIEN     | BASINGER    | 10        |
| PG     | NICK       | STALLONE    | 12        |
| G      | DARYL      | CRAWFORD    | 12        |
| PG     | MORGAN     | WILLIAMS    | 10        |
| PG     | FAY        | WINSLET     | 10        |
+--------+------------+-------------+-----------+
18 rows selected (0.466 seconds)
```

內層的查詢引用了 **flatten** 命令，為每位曾演出過普級或保護級影片的演員建立一筆資料，而外層查詢則純粹只負責對資料集合進行分組。

接著我們來對 Mongo 裡的 **customers** 集合寫一道查詢。這次會難一點，因為每份文件中都含有影片租賃清單、清單中每一項目又含有付款紀錄清單。為了增加趣味起見，我們再結合 **films** 集合，以便觀察 Drill 是如何處理結合的。此次查詢應取出所有曾花過 $80 元以上、租看普級或保護級影片的客戶。以下是它的外觀：

```
apache drill (mongo.sakila)> SELECT first_name, last_name,
. . . . . . . . . . . . . . . . )>    sum(cast(cust_payments.payment_data.Amount
. . . . . . . . . . . . . . . . )>        as decimal(4,2))) tot_payments
. . . . . . . . . . . . . . . . )> FROM
. . . . . . . . . . . . . . . . )>    (SELECT cust_data.first_name,
. . . . . . . . . . . . . . . . )>       cust_data.last_name,
. . . . . . . . . . . . . . . . )>       f.Rating,
. . . . . . . . . . . . . . . . )>       flatten(cust_data.rental_data.Payments)
. . . . . . . . . . . . . . . . )>         payment_data
. . . . . . . . . . . . . . . . )>    FROM films f
```

```
. . . . . . . . . . . . . . . . . . . . . )>        INNER JOIN
. . . . . . . . . . . . . . . . . . . . . )>       (SELECT c.`First Name` first_name,
. . . . . . . . . . . . . . . . . . . . . )>         c.`Last Name` last_name,
. . . . . . . . . . . . . . . . . . . . . )>          flatten(c.Rentals) rental_data
. . . . . . . . . . . . . . . . . . . . . )>        FROM customers c
. . . . . . . . . . . . . . . . . . . . . )>       ) cust_data
. . . . . . . . . . . . . . . . . . . . . )>        ON f._id = cust_data.rental_data.filmID
. . . . . . . . . . . . . . . . . . . . . )>       WHERE f.Rating IN ('G','PG')
. . . . . . . . . . . . . . . . . . . . . )>      ) cust_payments
. . . . . . . . . . . . . . . . . . . . . )> GROUP BY first_name, last_name
. . . . . . . . . . . . . . . . . . . . . )> HAVING
. . . . . . . . . . . . . . . . . . . . . )>      sum(cast(cust_payments.payment_data.Amount
. . . . . . . . . . . . . . . . . . . . . )>           as decimal(4,2))) > 80;
+------------+------------+---------------+
| first_name | last_name  | tot_payments  |
+------------+------------+---------------+
| ELEANOR    | HUNT       | 85.80         |
| GORDON     | ALLARD     | 85.86         |
| CLARA      | SHAW       | 86.83         |
| JACQUELINE | LONG       | 86.82         |
| KARL       | SEAL       | 89.83         |
| PRISCILLA  | LOWE       | 95.80         |
| MONICA     | HICKS      | 85.82         |
| LOUIS      | LEONE      | 95.82         |
| JUNE       | CARROLL    | 88.83         |
| ALICE      | STEWART    | 81.82         |
+------------+------------+---------------+
10 rows selected (1.658 seconds)
```

筆者將位於最內一層的查詢命名為 cust_data，並將 Rentals 清單扁平化，讓
cust_payments 查詢得以結合 films 集合，同時又把 Payments 清單也扁平化。最
外一層的查詢則依照客戶名稱進行分組，再加上 having 子句，以便篩選出曾花過
$80 元以上、租看普級或保護級影片的客戶。

具有多重資料來源的 Drill

到目前為止，筆者已經展示過用 Drill 把位在同一資料庫內的多個資料表結合起
來，但若是資料位於不同的資料庫呢？譬如說，假設客戶／租賃／付款等資料放在
MongoDB 裡、但影片類型／演員等資料放在 MySQL 裡？只要 Drill 已設好可以連
接這兩種資料庫，你便只需說明從哪可以找到資料就好。以下便是延續前一小節的
查詢，只不過它結合的不是放在 MongoDB 裡的影片集合、而是位於 MySQL 中的
影片資料表：

```
apache drill (mongo.sakila)> SELECT first_name, last_name,
. . . . . . . . . . . . . )>     sum(cast(cust_payments.payment_data.Amount
. . . . . . . . . . . . . )>          as decimal(4,2))) tot_payments
. . . . . . . . . . . . . )> FROM
. . . . . . . . . . . . . )>   (SELECT cust_data.first_name,
. . . . . . . . . . . . . )>     cust_data.last_name,
. . . . . . . . . . . . . )>     f.Rating,
. . . . . . . . . . . . . )>     flatten(cust_data.rental_data.Payments)
. . . . . . . . . . . . . )>      payment_data
. . . . . . . . . . . . . )>    FROM mysql.sakila.film f
. . . . . . . . . . . . . )>     INNER JOIN
. . . . . . . . . . . . . )>     (SELECT c.`First Name` first_name,
. . . . . . . . . . . . . )>       c.`Last Name` last_name,
. . . . . . . . . . . . . )>       flatten(c.Rentals) rental_data
. . . . . . . . . . . . . )>     FROM mongo.sakila.customers c
. . . . . . . . . . . . . )>     ) cust_data
. . . . . . . . . . . . . )>     ON f.film_id =
. . . . . . . . . . . . . )>       cast(cust_data.rental_data.filmID as integer)
. . . . . . . . . . . . . )>    WHERE f.rating IN ('G','PG')
. . . . . . . . . . . . . )>   ) cust_payments
. . . . . . . . . . . . . )> GROUP BY first_name, last_name
. . . . . . . . . . . . . )> HAVING
. . . . . . . . . . . . . )>   sum(cast(cust_payments.payment_data.Amount
. . . . . . . . . . . . . )>          as decimal(4,2))) > 80;
+------------+------------+--------------+
| first_name | last_name  | tot_payments |
+------------+------------+--------------+
| LOUIS      | LEONE      | 95.82        |
| JACQUELINE | LONG       | 86.82        |
| CLARA      | SHAW       | 86.83        |
| ELEANOR    | HUNT       | 85.80        |
| JUNE       | CARROLL    | 88.83        |
| PRISCILLA  | LOWE       | 95.80        |
| ALICE      | STEWART    | 81.82        |
| MONICA     | HICKS      | 85.82        |
| GORDON     | ALLARD     | 85.86        |
| KARL       | SEAL       | 89.83        |
+------------+------------+--------------+
10 rows selected (1.874 seconds)
```

由於筆者在同一道查詢中連接了多個資料庫,因此我是用完整路徑來指名每一個
資料表 / 集合,以確保引用資料的方式精確無誤。我無須在不同的來源中間轉換資
料及進行載入動作,卻可以在同一道查詢中組合多個資料來源,這就是 Drill 厲害
之處。

SQL 未來的展望

關聯式資料庫的未來並不明朗。過去十年中發展出來的大數據技術有可能更趨成熟、進而繼續蠶食市場佔有率。但也可能又再出現更新穎的技術，並超越 Hadoop 和 NoSQL，同時再瓜分掉關聯式資料庫的市場佔有率。但大部分的企業機構仍會以關聯式資料庫來運作自身的核心商務功能，而且可能還會持續一段時間不變。

然而，SQL 的未來似乎較為光明。雖然 SQL 語言一開始是用來在關聯式資料庫中操作資料的機制，但像是 Apache Drill 之類的工具則更傾向於擔任抽象層，協助跨越各種資料庫平台來分析資料。依筆者淺見，此一趨勢仍將持續，而 SQL 仍將是未來數年中主要的資料分析與報表工具。

範例資料庫的 ER 關係圖

圖 A-1 顯示的是一份本書範例資料庫的實體關係（entity-relationship，ER）圖。正如其名，這張圖描繪了資料庫中的各個實體、或者說是資料表，以及資料表之間的外部鍵關係圖。以下是判讀本圖註記的一些訣竅：

- 每個矩形代表一個資料表，資料表名稱位於方框左上角。主鍵的欄位會優先列出來，然後才列出非鍵值的欄位。

- 資料表之間的線條呈現出外部鍵的關聯。線條頭尾兩端標記了許可的量，如零（0）、一（1）或許多（<）。譬如說，如果你觀察 customer 和 rental 資料表間的關係，就能看出一筆租賃紀錄只會跟一個客戶相關聯，但一個客戶卻可能會有零筆、一筆、或是多筆租賃資料。

如欲進一步瞭解實體關係模型的細節，請參閱維基百科說明（*https://oreil.ly/hLEeq*）。

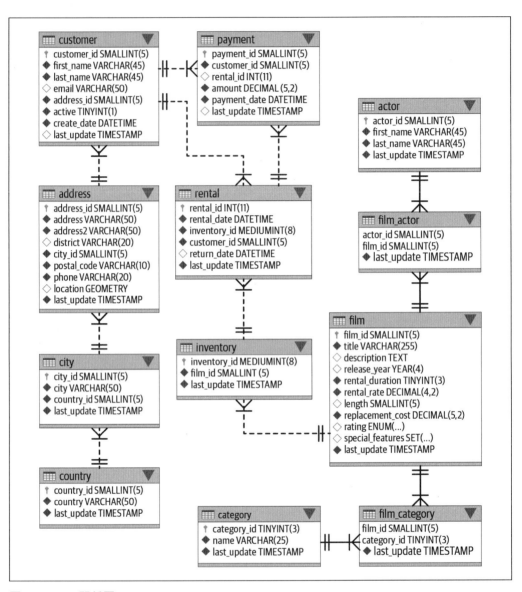

圖 A-1　ER 關係圖

習題解答

第三章

練習 3-1

取得所有演員的識別碼（actor ID）、名字和姓氏。並先按照姓氏、再按照人名排序。

```
mysql> SELECT actor_id, first_name, last_name
    -> FROM actor
    -> ORDER BY 3,2;
+----------+------------+--------------+
| actor_id | first_name | last_name    |
+----------+------------+--------------+
|       58 | CHRISTIAN  | AKROYD       |
|      182 | DEBBIE     | AKROYD       |
|       92 | KIRSTEN    | AKROYD       |
|      118 | CUBA       | ALLEN        |
|      145 | KIM        | ALLEN        |
|      194 | MERYL      | ALLEN        |
...
|       13 | UMA        | WOOD         |
|       63 | CAMERON    | WRAY         |
|      111 | CAMERON    | ZELLWEGER    |
|      186 | JULIA      | ZELLWEGER    |
|       85 | MINNIE     | ZELLWEGER    |
+----------+------------+--------------+
200 rows in set (0.02 sec)
```

練習 3-2

取得所有姓氏為 `'WILLIAMS'` 或 `'DAVIS'` 的演員識別碼和姓名。

```
mysql> SELECT actor_id, first_name, last_name
    -> FROM actor
    -> WHERE last_name = 'WILLIAMS' OR last_name = 'DAVIS';
+----------+------------+-----------+
| actor_id | first_name | last_name |
+----------+------------+-----------+
|        4 | JENNIFER   | DAVIS     |
|      101 | SUSAN      | DAVIS     |
|      110 | SUSAN      | DAVIS     |
|       72 | SEAN       | WILLIAMS  |
|      137 | MORGAN     | WILLIAMS  |
|      172 | GROUCHO    | WILLIAMS  |
+----------+------------+-----------+
6 rows in set (0.01 sec)
```

練習 3-3

為 rental 資料表寫出一筆查詢，取得只有在 2005 年 7 月 5 日那天租片的客戶識別碼（請利用 `rental.rental_date` 欄位，並以 `date()` 函式去掉時間部分的資料）。請以一筆資料呈現每一個個別的客戶識別碼。

```
mysql> SELECT DISTINCT customer_id
    -> FROM rental
    -> WHERE date(rental_date) = '2005-07-05';
+-------------+
| customer_id |
+-------------+
|           8 |
|          37 |
|          60 |
|         111 |
|         114 |
|         138 |
|         142 |
|         169 |
|         242 |
|         295 |
|         296 |
|         298 |
|         322 |
|         348 |
```

```
|          349 |
|          369 |
|          382 |
|          397 |
|          421 |
|          476 |
|          490 |
|          520 |
|          536 |
|          553 |
|          565 |
|          586 |
|          594 |
+--------------+
27 rows in set (0.22 sec)
```

練習 3-4

請替以下這道多重資料表查詢填空（以 **<#>** 標註的部位），以便取得像以下顯示的結果：

```
mysql> SELECT c.email, r.return_date
    -> FROM customer c
    ->   INNER JOIN rental <1>
    ->   ON c.customer_id = <2>
    -> WHERE date(r.rental_date) = '2005-06-14'
    -> ORDER BY <3> <4>;
+----------------------------------------+---------------------+
| email                                  | return_date         |
+----------------------------------------+---------------------+
| DANIEL.CABRAL@sakilacustomer.org       | 2005-06-23 22:00:38 |
| TERRANCE.ROUSH@sakilacustomer.org      | 2005-06-23 21:53:46 |
| MIRIAM.MCKINNEY@sakilacustomer.org     | 2005-06-21 17:12:08 |
| GWENDOLYN.MAY@sakilacustomer.org       | 2005-06-20 02:40:27 |
| JEANETTE.GREENE@sakilacustomer.org     | 2005-06-19 23:26:46 |
| HERMAN.DEVORE@sakilacustomer.org       | 2005-06-19 03:20:09 |
| JEFFERY.PINSON@sakilacustomer.org      | 2005-06-18 21:37:33 |
| MATTHEW.MAHAN@sakilacustomer.org       | 2005-06-18 05:18:58 |
| MINNIE.ROMERO@sakilacustomer.org       | 2005-06-18 01:58:34 |
| SONIA.GREGORY@sakilacustomer.org       | 2005-06-17 21:44:11 |
| TERRENCE.GUNDERSON@sakilacustomer.org  | 2005-06-17 05:28:35 |
| ELMER.NOE@sakilacustomer.org           | 2005-06-17 02:11:13 |
| JOYCE.EDWARDS@sakilacustomer.org       | 2005-06-16 21:00:26 |
| AMBER.DIXON@sakilacustomer.org         | 2005-06-16 04:02:56 |
| CHARLES.KOWALSKI@sakilacustomer.org    | 2005-06-16 02:26:34 |
| CATHERINE.CAMPBELL@sakilacustomer.org  | 2005-06-15 20:43:03 |
```

```
+----------------------------------------+--------------------+
16 rows in set (0.03 sec)
```

<1> 應該填入 r。

<2> 應該填入 r.customer_id。

<3> 應該填入 2。

<4> 應該填入 desc。

第四章

以下的資料列子集合來自 payment 資料表，前兩個練習會用到它：

```
+------------+-------------+--------+--------------------+
| payment_id | customer_id | amount | date(payment_date) |
+------------+-------------+--------+--------------------+
|        101 |           4 |   8.99 | 2005-08-18         |
|        102 |           4 |   1.99 | 2005-08-19         |
|        103 |           4 |   2.99 | 2005-08-20         |
|        104 |           4 |   6.99 | 2005-08-20         |
|        105 |           4 |   4.99 | 2005-08-21         |
|        106 |           4 |   2.99 | 2005-08-22         |
|        107 |           4 |   1.99 | 2005-08-23         |
|        108 |           5 |   0.99 | 2005-05-29         |
|        109 |           5 |   6.99 | 2005-05-31         |
|        110 |           5 |   1.99 | 2005-05-31         |
|        111 |           5 |   3.99 | 2005-06-15         |
|        112 |           5 |   2.99 | 2005-06-16         |
|        113 |           5 |   4.99 | 2005-06-17         |
|        114 |           5 |   2.99 | 2005-06-19         |
|        115 |           5 |   4.99 | 2005-06-20         |
|        116 |           5 |   4.99 | 2005-07-06         |
|        117 |           5 |   2.99 | 2005-07-08         |
|        118 |           5 |   4.99 | 2005-07-09         |
|        119 |           5 |   5.99 | 2005-07-09         |
|        120 |           5 |   1.99 | 2005-07-09         |
+------------+-------------+--------+--------------------+
```

練習 4-1

以下篩選條件會取得哪些付款紀錄識別碼？

```
customer_id <> 5 AND (amount > 8 OR date(payment_date) = '2005-08-23')
```

答案是 101 和 107。

練習 4-2

以下篩選條件會傳回哪些付款紀錄識別碼？

```
customer_id = 5 AND NOT (amount > 6 OR date(payment_date) = '2005-06-19')
```

傳回 108、110、111、112、113、115、116、117、118、119 和 120。

練習 4-3

寫一道查詢，從 payment 資料表取出金額為 1.98、7.98 或 9.98 的資料。

```
mysql> SELECT amount
    -> FROM payment
    -> WHERE amount IN (1.98, 7.98, 9.98);
+--------+
| amount |
+--------+
|   7.98 |
|   9.98 |
|   1.98 |
|   7.98 |
|   7.98 |
|   7.98 |
|   7.98 |
+--------+
7 rows in set (0.01 sec)
```

練習 4-4

寫一道查詢，找出姓氏第二個字母為 A、而隨後任何位置有字母 W 的客戶。

```
mysql> SELECT first_name, last_name
    -> FROM customer
    -> WHERE last_name LIKE '_A%W%';
+------------+------------+
| first_name | last_name  |
+------------+------------+
| KAY        | CALDWELL   |
| JOHN       | FARNSWORTH |
| JILL       | HAWKINS    |
```

```
| LEE       | HAWKS      |
| LAURIE    | LAWRENCE   |
| JEANNE    | LAWSON     |
| LAWRENCE  | LAWTON     |
| SAMUEL    | MARLOW     |
| ERICA     | MATTHEWS   |
+-----------+------------+
9 rows in set (0.02 sec)
```

第五章

練習 5-1

請替以下這道查詢填空（以 <#> 標註的部位），以便取得像以下顯示的結果：

```
mysql> SELECT c.first_name, c.last_name, a.address, ct.city
    -> FROM customer c
    ->    INNER JOIN address <1>
    ->    ON c.address_id = a.address_id
    ->    INNER JOIN city ct
    ->    ON a.city_id = <2>
    -> WHERE a.district = 'California';
+------------+------------+------------------------+-----------------+
| first_name | last_name  | address                | city            |
+------------+------------+------------------------+-----------------+
| PATRICIA   | JOHNSON    | 1121 Loja Avenue       | San Bernardino  |
| BETTY      | WHITE      | 770 Bydgoszcz Avenue   | Citrus Heights  |
| ALICE      | STEWART    | 1135 Izumisano Parkway | Fontana         |
| ROSA       | REYNOLDS   | 793 Cam Ranh Avenue    | Lancaster       |
| RENEE      | LANE       | 533 al-Ayn Boulevard   | Compton         |
| KRISTIN    | JOHNSTON   | 226 Brest Manor        | Sunnyvale       |
| CASSANDRA  | WALTERS    | 920 Kumbakonam Loop    | Salinas         |
| JACOB      | LANCE      | 1866 al-Qatif Avenue   | El Monte        |
| RENE       | MCALISTER  | 1895 Zhezqazghan Drive | Garden Grove    |
+------------+------------+------------------------+-----------------+
9 rows in set (0.00 sec)
```

<1> 應該填入 a。

<2> 應該填入 ct.city_id。

練習 5-2

撰寫一道查詢，傳回所有劇中有演員名為 JOHN 的片名。

```
mysql> SELECT f.title
    -> FROM film f
    ->   INNER JOIN film_actor fa
    ->   ON f.film_id = fa.film_id
    ->   INNER JOIN actor a
    ->   ON fa.actor_id = a.actor_id
    -> WHERE a.first_name = 'JOHN';
+--------------------------+
| title                    |
+--------------------------+
| ALLEY EVOLUTION          |
| BEVERLY OUTLAW           |
| CANDLES GRAPES           |
| CLEOPATRA DEVIL          |
| COLOR PHILADELPHIA       |
| CONQUERER NUTS           |
| DAUGHTER MADIGAN         |
| GLEAMING JAWBREAKER      |
| GOLDMINE TYCOON          |
| HOME PITY                |
| INTERVIEW LIAISONS       |
| ISHTAR ROCKETEER         |
| JAPANESE RUN             |
| JERSEY SASSY             |
| LUKE MUMMY               |
| MILLION ACE              |
| MONSTER SPARTACUS        |
| NAME DETECTIVE           |
| NECKLACE OUTBREAK        |
| NEWSIES STORY            |
| PET HAUNTING             |
| PIANIST OUTFIELD         |
| PINOCCHIO SIMON          |
| PITTSBURGH HUNCHBACK     |
| QUILLS BULL              |
| RAGING AIRPLANE          |
| ROXANNE REBEL            |
| SATISFACTION CONFIDENTIAL |
| SONG HEDWIG              |
+--------------------------+
29 rows in set (0.07 sec)
```

練習 5-3

寫一道查詢，傳回同一個城市中所有的地址。你必須結合 address 資料表和它自己，結果中的每一筆資料必須含有兩個不同的地址。

```
mysql> SELECT a1.address addr1, a2.address addr2, a1.city_id
    -> FROM address a1
    ->   INNER JOIN address a2
    -> ON a1.city_id = a2.city_id
    ->   AND a1.address < a2.address;
+----------------------+----------------------+---------+
| addr1                | addr2                | city_id |
+----------------------+----------------------+---------+
| 23 Workhaven Lane    | 47 MySakila Drive    |     300 |
| 1411 Lillydale Drive | 28 MySQL Boulevard   |     576 |
| 1497 Yuzhou Drive    | 548 Uruapan Street   |     312 |
| 43 Vilnius Manor     | 587 Benguela Manor   |      42 |
+----------------------+----------------------+---------+
4 rows in set (0.01 sec)
```

第六章

練習 6-1

如果集合 A = {L M N O P}、集合 B = {P Q R S T}，以下運算會產生什麼樣的集合？

- A union B

- A union all B

- A intersect B

- A except B

  1. A union B = {L M N O P Q R S T}

  2. A union all B = {L M N O P P Q R S T}

  3. A intersect B = {P}

  4. A except B = {L M N O}

練習 6-2

寫一道組合式查詢，找出 actors 和 customers 資料表中所有姓氏首字母為 L 的姓名。

```
mysql> SELECT first_name, last_name
    -> FROM actor
    -> WHERE last_name LIKE 'L%'
    -> UNION
    -> SELECT first_name, last_name
    -> FROM customer
    -> WHERE last_name LIKE 'L%';
+------------+-------------+
| first_name | last_name   |
+------------+-------------+
| MATTHEW    | LEIGH       |
| JOHNNY     | LOLLOBRIGIDA |
| MISTY      | LAMBERT     |
| JACOB      | LANCE       |
| RENEE      | LANE        |
| HEIDI      | LARSON      |
| DARYL      | LARUE       |
| LAURIE     | LAWRENCE    |
| JEANNE     | LAWSON      |
| LAWRENCE   | LAWTON      |
| KIMBERLY   | LEE         |
| LOUIS      | LEONE       |
| SARAH      | LEWIS       |
| GEORGE     | LINTON      |
| MAUREEN    | LITTLE      |
| DWIGHT     | LOMBARDI    |
| JACQUELINE | LONG        |
| AMY        | LOPEZ       |
| BARRY      | LOVELACE    |
| PRISCILLA  | LOWE        |
| VELMA      | LUCAS       |
| WILLARD    | LUMPKIN     |
| LEWIS      | LYMAN       |
| JACKIE     | LYNCH       |
+------------+-------------+
24 rows in set (0.01 sec)
```

練習 6-3

把練習 6-2 的結果依照 last_name 欄位排序。

```
mysql> SELECT first_name, last_name
    -> FROM actor
    -> WHERE last_name LIKE 'L%'
    -> UNION
    -> SELECT first_name, last_name
    -> FROM customer
    -> WHERE last_name LIKE 'L%'
    -> ORDER BY last_name;
+------------+--------------+
| first_name | last_name    |
+------------+--------------+
| MISTY      | LAMBERT      |
| JACOB      | LANCE        |
| RENEE      | LANE         |
| HEIDI      | LARSON       |
| DARYL      | LARUE        |
| LAURIE     | LAWRENCE     |
| JEANNE     | LAWSON       |
| LAWRENCE   | LAWTON       |
| KIMBERLY   | LEE          |
| MATTHEW    | LEIGH        |
| LOUIS      | LEONE        |
| SARAH      | LEWIS        |
| GEORGE     | LINTON       |
| MAUREEN    | LITTLE       |
| JOHNNY     | LOLLOBRIGIDA |
| DWIGHT     | LOMBARDI     |
| JACQUELINE | LONG         |
| AMY        | LOPEZ        |
| BARRY      | LOVELACE     |
| PRISCILLA  | LOWE         |
| VELMA      | LUCAS        |
| WILLARD    | LUMPKIN      |
| LEWIS      | LYMAN        |
| JACKIE     | LYNCH        |
+------------+--------------+
24 rows in set (0.00 sec)
```

第七章

練習 7-1

寫一道查詢，傳回 'Please find the substring in this string' 這段字串的第 17 到第 25 個字元。

```
mysql> SELECT SUBSTRING('Please find the substring in this string',17,9);
+----------------------------------------------------------+
| SUBSTRING('Please find the substring in this string',17,9) |
+----------------------------------------------------------+
| substring                                                |
+----------------------------------------------------------+
1 row in set (0.00 sec)
```

練習 7-2

寫一道查詢，傳回數字 -25.76823 的絕對值和符號（-1、0 或 1）。同時也傳回進位到小數點以下兩位數的值。

```
mysql> SELECT ABS(-25.76823), SIGN(-25.76823), ROUND(-25.76823, 2);
+----------------+-----------------+---------------------+
| ABS(-25.76823) | SIGN(-25.76823) | ROUND(-25.76823, 2) |
+----------------+-----------------+---------------------+
|       25.76823 |              -1 |              -25.77 |
+----------------+-----------------+---------------------+
1 row in set (0.00 sec)
```

練習 7-3

寫一道查詢，傳回當下日期的月份。

```
mysql> SELECT EXTRACT(MONTH FROM CURRENT_DATE());
+----------------------------------+
| EXTRACT(MONTH FROM CURRENT_DATE) |
+----------------------------------+
|                               12 |
+----------------------------------+
1 row in set (0.02 sec)
```

（你的執行結果可能會跟此處不同，除非你做練習的當下日期正好在十二月。）

第八章

練習 8-1

撰寫一道查詢，計算 payment 資料表的資料總筆數。

```
mysql> SELECT count(*) FROM payment;
+----------+
```

```
| count(*) |
+----------+
|    16049 |
+----------+
1 row in set (0.02 sec)
```

練習 8-2

將以上練習 8-1 的查詢改為計算每位客戶支付的筆數。請在結果中顯示客戶識別碼
與每位客戶所支付的總金額。

```
mysql> SELECT customer_id, count(*), sum(amount)
    -> FROM payment
    -> GROUP BY customer_id;
+-------------+----------+-------------+
| customer_id | count(*) | sum(amount) |
+-------------+----------+-------------+
|           1 |       32 |      118.68 |
|           2 |       27 |      128.73 |
|           3 |       26 |      135.74 |
|           4 |       22 |       81.78 |
|           5 |       38 |      144.62 |
...
|         595 |       30 |      117.70 |
|         596 |       28 |       96.72 |
|         597 |       25 |       99.75 |
|         598 |       22 |       83.78 |
|         599 |       19 |       83.81 |
+-------------+----------+-------------+
599 rows in set (0.03 sec)
```

練習 8-3

再度修改以上練習 8-2 的查詢，改為只納入至少進行過 40 次付款的客戶。

```
mysql> SELECT customer_id, count(*), sum(amount)
    -> FROM payment
    -> GROUP BY customer_id
    -> HAVING count(*) >= 40;
+-------------+----------+-------------+
| customer_id | count(*) | sum(amount) |
+-------------+----------+-------------+
|          75 |       41 |      155.59 |
|         144 |       42 |      195.58 |
|         148 |       46 |      216.54 |
```

```
|          197 |       40 |      154.60 |
|          236 |       42 |      175.58 |
|          469 |       40 |      177.60 |
|          526 |       45 |      221.55 |
+--------------+----------+-------------+
7 rows in set (0.03 sec)
```

第九章

練習 9-1

對 film 資料表撰寫一道查詢，並利用非關聯式子查詢與 category 資料表建立過濾器條件，找出所有的動作片（category.name = 'Action'）。

```
mysql> SELECT title
    -> FROM film
    -> WHERE film_id IN
    -> (SELECT fc.film_id
    ->  FROM film_category fc INNER JOIN category c
    ->    ON fc.category_id = c.category_id
    ->  WHERE c.name = 'Action');
+------------------------+
| title                  |
+------------------------+
| AMADEUS HOLY           |
| AMERICAN CIRCUS        |
| ANTITRUST TOMATOES     |
| ARK RIDGEMONT          |
| BAREFOOT MANCHURIAN    |
| BERETS AGENT           |
| BRIDE INTRIGUE         |
| BULL SHAWSHANK         |
| CADDYSHACK JEDI        |
| CAMPUS REMEMBER        |
| CASUALTIES ENCINO      |
| CELEBRITY HORN         |
| CLUELESS BUCKET        |
| CROW GREASE            |
| DANCES NONE            |
| DARKO DORADO           |
| DARN FORRESTER         |
| DEVIL DESIRE           |
| DRAGON SQUAD           |
| DREAM PICKUP           |
| DRIFTER COMMANDMENTS   |
```

```
| EASY GLADIATOR             |
| ENTRAPMENT SATISFACTION    |
| EXCITEMENT EVE             |
| FANTASY TROOPERS           |
| FIREHOUSE VIETNAM          |
| FOOL MOCKINGBIRD           |
| FORREST SONS               |
| GLASS DYING                |
| GOSFORD DONNIE             |
| GRAIL FRANKENSTEIN         |
| HANDICAP BOONDOCK          |
| HILLS NEIGHBORS            |
| KISSING DOLLS              |
| LAWRENCE LOVE              |
| LORD ARIZONA               |
| LUST LOCK                  |
| MAGNOLIA FORRESTER         |
| MIDNIGHT WESTWARD          |
| MINDS TRUMAN               |
| MOCKINGBIRD HOLLYWOOD      |
| MONTEZUMA COMMAND          |
| PARK CITIZEN               |
| PATRIOT ROMAN              |
| PRIMARY GLASS              |
| QUEST MUSSOLINI            |
| REAR TRADING               |
| RINGS HEARTBREAKERS        |
| RUGRATS SHAKESPEARE        |
| SHRUNK DIVINE              |
| SIDE ARK                   |
| SKY MIRACLE                |
| SOUTH WAIT                 |
| SPEAKEASY DATE             |
| STAGECOACH ARMAGEDDON      |
| STORY SIDE                 |
| SUSPECTS QUILLS            |
| TRIP NEWTON                |
| TRUMAN CRAZY               |
| UPRISING UPTOWN            |
| WATERFRONT DELIVERANCE     |
| WEREWOLF LOLA              |
| WOMEN DORADO               |
| WORST BANGER               |
+----------------------------+
64 rows in set (0.06 sec)
```

練習 9-2

以非關聯式子查詢來配合 category 和 film_category 資料表，重寫練習 9-1 並達成相同的結果。

```
mysql> SELECT f.title
    -> FROM film f
    -> WHERE EXISTS
    ->  (SELECT 1
    ->   FROM film_category fc INNER JOIN category c
    ->     ON fc.category_id = c.category_id
    ->   WHERE c.name = 'Action'
    ->     AND fc.film_id = f.film_id);
+------------------------+
| title                  |
+------------------------+
| AMADEUS HOLY           |
| AMERICAN CIRCUS        |
| ANTITRUST TOMATOES     |
| ARK RIDGEMONT          |
| BAREFOOT MANCHURIAN    |
| BERETS AGENT           |
| BRIDE INTRIGUE         |
| BULL SHAWSHANK         |
| CADDYSHACK JEDI        |
| CAMPUS REMEMBER        |
| CASUALTIES ENCINO      |
| CELEBRITY HORN         |
| CLUELESS BUCKET        |
| CROW GREASE            |
| DANCES NONE            |
| DARKO DORADO           |
| DARN FORRESTER         |
| DEVIL DESIRE           |
| DRAGON SQUAD           |
| DREAM PICKUP           |
| DRIFTER COMMANDMENTS   |
| EASY GLADIATOR         |
| ENTRAPMENT SATISFACTION|
| EXCITEMENT EVE         |
| FANTASY TROOPERS       |
| FIREHOUSE VIETNAM      |
| FOOL MOCKINGBIRD       |
| FORREST SONS           |
| GLASS DYING            |
| GOSFORD DONNIE         |
```

```
| GRAIL FRANKENSTEIN       |
| HANDICAP BOONDOCK        |
| HILLS NEIGHBORS          |
| KISSING DOLLS            |
| LAWRENCE LOVE            |
| LORD ARIZONA             |
| LUST LOCK                |
| MAGNOLIA FORRESTER       |
| MIDNIGHT WESTWARD        |
| MINDS TRUMAN             |
| MOCKINGBIRD HOLLYWOOD    |
| MONTEZUMA COMMAND        |
| PARK CITIZEN             |
| PATRIOT ROMAN            |
| PRIMARY GLASS            |
| QUEST MUSSOLINI          |
| REAR TRADING             |
| RINGS HEARTBREAKERS      |
| RUGRATS SHAKESPEARE      |
| SHRUNK DIVINE            |
| SIDE ARK                 |
| SKY MIRACLE              |
| SOUTH WAIT               |
| SPEAKEASY DATE           |
| STAGECOACH ARMAGEDDON    |
| STORY SIDE               |
| SUSPECTS QUILLS          |
| TRIP NEWTON              |
| TRUMAN CRAZY             |
| UPRISING UPTOWN          |
| WATERFRONT DELIVERANCE   |
| WEREWOLF LOLA            |
| WOMEN DORADO             |
| WORST BANGER             |
+--------------------------+
64 rows in set (0.02 sec)
```

練習 9-3

將以下對 `film_actor` 資料表的查詢合併成一道子查詢，以便顯示每位演員的等級：

```
SELECT 'Hollywood Star' level, 30 min_roles, 99999 max_roles
UNION ALL
SELECT 'Prolific Actor' level, 20 min_roles, 29 max_roles
UNION ALL
SELECT 'Newcomer' level, 1 min_roles, 19 max_roles
```

對 film_actor 資料表的子查詢應該要利用 group by actor_id 計算每位演員的資料筆數，而這個計數值要與 min_roles/max_roles 等欄位做比較，以便決定每位演員所屬的等級。

```
mysql> SELECT actr.actor_id, grps.level
    -> FROM
    -> (SELECT actor_id, count(*) num_roles
    ->  FROM film_actor
    ->  GROUP BY actor_id
    -> ) actr
    ->  INNER JOIN
    -> (SELECT 'Hollywood Star' level, 30 min_roles, 99999 max_roles
    ->  UNION ALL
    ->  SELECT 'Prolific Actor' level, 20 min_roles, 29 max_roles
    ->  UNION ALL
    ->  SELECT 'Newcomer' level, 1 min_roles, 19 max_roles
    -> ) grps
    -> ON actr.num_roles BETWEEN grps.min_roles AND grps.max_roles;
+----------+----------------+
| actor_id | level          |
+----------+----------------+
|        1 | Newcomer       |
|        2 | Prolific Actor |
|        3 | Prolific Actor |
|        4 | Prolific Actor |
|        5 | Prolific Actor |
|        6 | Prolific Actor |
|        7 | Hollywood Star |
...
|      195 | Prolific Actor |
|      196 | Hollywood Star |
|      197 | Hollywood Star |
|      198 | Hollywood Star |
|      199 | Newcomer       |
|      200 | Prolific Actor |
+----------+----------------+
200 rows in set (0.03 sec)
```

第十章

練習 10-1

針對以下的資料表定義和其中的資料寫一道查詢，以傳回每位客戶的姓名和他們的總付款金額：

```
                    Customer:
Customer_id     Name
-----------     ---------------
1               John Smith
2               Kathy Jones
3               Greg Oliver

                    Payment:
Payment_id      Customer_id     Amount
----------      -----------     --------
101             1               8.99
102             3               4.99
103             1               7.99
```

結果中要包括全部的客戶，即使沒有該客戶的付款紀錄也一樣。

```
mysql> SELECT c.name, sum(p.amount)
    -> FROM customer c LEFT OUTER JOIN payment p
    ->   ON c.customer_id = p.customer_id
    -> GROUP BY c.name;
+-------------+---------------+
| name        | sum(p.amount) |
+-------------+---------------+
| John Smith  |         16.98 |
| Kathy Jones |          NULL |
| Greg Oliver |          4.99 |
+-------------+---------------+
3 rows in set (0.00 sec)
```

練習 10-2

改以另一種類型的 outer join 重寫以上練習 10-1 中的查詢（譬如說，如果你在練習 10-1 中使用了 left outer join，這次就要改用 right outer join），但結果要和練習 10-1 所得出的結果一致。

```
MySQL> SELECT c.name, sum(p.amount)
    -> FROM payment p RIGHT OUTER JOIN customer c
    ->   ON c.customer_id = p.customer_id
    -> GROUP BY c.name;
+-------------+---------------+
| name        | sum(p.amount) |
+-------------+---------------+
| John Smith  |         16.98 |
| Kathy Jones |          NULL |
| Greg Oliver |          4.99 |
```

```
+------------+--------------+
3 rows in set (0.00 sec)
```

練習 10-3（加分題）

設計一道查詢，要能產生 {1, 2, 3, ..., 99, 100} 這樣的集合。（提示：利用 cross join 和至少兩個 from 子句的子查詢。）

```
SELECT ones.x + tens.x + 1
FROM
 (SELECT 0 x UNION ALL
  SELECT 1 x UNION ALL
  SELECT 2 x UNION ALL
  SELECT 3 x UNION ALL
  SELECT 4 x UNION ALL
  SELECT 5 x UNION ALL
  SELECT 6 x UNION ALL
  SELECT 7 x UNION ALL
  SELECT 8 x UNION ALL
  SELECT 9 x
 ) ones
  CROSS JOIN
 (SELECT 0 x UNION ALL
  SELECT 10 x UNION ALL
  SELECT 20 x UNION ALL
  SELECT 30 x UNION ALL
  SELECT 40 x UNION ALL
  SELECT 50 x UNION ALL
  SELECT 60 x UNION ALL
  SELECT 70 x UNION ALL
  SELECT 80 x UNION ALL
  SELECT 90 x
 ) tens;
```

第十一章

練習 11-1

以搜尋式 case 表示式重寫以下使用簡易式 case 表示式的查詢，結果必須一致。
同時請盡量節省 when 子句的用量。

```
SELECT name,
  CASE name
    WHEN 'English' THEN 'latin1'
```

```
      WHEN 'Italian' THEN 'latin1'
      WHEN 'French' THEN 'latin1'
      WHEN 'German' THEN 'latin1'
      WHEN 'Japanese' THEN 'utf8'
      WHEN 'Mandarin' THEN 'utf8'
      ELSE 'Unknown'
    END character_set
  FROM language;

  SELECT name,
    CASE
      WHEN name IN ('English','Italian','French','German')
        THEN 'latin1'
      WHEN name IN ('Japanese','Mandarin')
        THEN 'utf8'
      ELSE 'Unknown'
    END character_set
  FROM language;
```

練習 11-2

重寫以下查詢，以便讓結果集合中只有一筆五個欄位構成的資料（每一欄代表一個分級）。請將五個欄位依序命名為 G、PG、PG_13、R 和 NC_17。

```
mysql> SELECT rating, count(*)
    -> FROM film
    -> GROUP BY rating;
+--------+----------+
| rating | count(*) |
+--------+----------+
| PG     |      194 |
| G      |      178 |
| NC-17  |      210 |
| PG-13  |      223 |
| R      |      195 |
+--------+----------+
5 rows in set (0.00 sec)

mysql> SELECT
    ->    sum(CASE WHEN rating = 'G' THEN 1 ELSE 0 END) g,
    ->    sum(CASE WHEN rating = 'PG' THEN 1 ELSE 0 END) pg,
    ->    sum(CASE WHEN rating = 'PG-13' THEN 1 ELSE 0 END) pg_13,
    ->    sum(CASE WHEN rating = 'R' THEN 1 ELSE 0 END) r,
    ->    sum(CASE WHEN rating = 'NC-17' THEN 1 ELSE 0 END) nc_17
    -> FROM film;
+------+------+-------+------+-------+
```

```
| g    | pg   | pg_13 | r    | nc_17 |
+------+------+-------+------+-------+
| 178  | 194  | 223   | 195  | 210   |
+------+------+-------+------+-------+
1 row in set (0.00 sec)
```

第十二章

練習 12-1

產生一個工作單元，以便從你的帳戶 123 轉帳 50 元到帳戶 789。你必須對 transaction 資料表插入兩筆資料，並在 account 資料表中更新兩筆資料。請利用以下的資料表定義及資料來進行：

```
                    Account:
account_id      avail_balance      last_activity_date
----------      -------------      ------------------
123             500                2019-07-10 20:53:27
789             75                 2019-06-22 15:18:35

                    Transaction:
txn_id          txn_date        account_id      txn_type_cd     amount
--------        -----------     -----------     -----------     --------
1001            2019-05-15      123             C               500
1002            2019-06-01      789             C               75
```

請以 txn_type_cd = 'C' 來代表存入（加總），並以 txn_type_cd = 'D' 來代表提出（扣除）。

```
START TRANSACTION;

INSERT INTO transaction
  (txn_id, txn_date, account_id, txn_type_cd, amount)
VALUES
  (1003, now(), 123, 'D', 50);

INSERT INTO transaction
  (txn_id, txn_date, account_id, txn_type_cd, amount)
VALUES
  (1004, now(), 789, 'C', 50);

UPDATE account
SET avail_balance = available_balance - 50,
  last_activity_date = now()
```

```
WHERE account_id = 123;

UPDATE account
SET avail_balance = available_balance + 50,
  last_activity_date = now()
WHERE account_id = 789;

COMMIT;
```

第十三章

練習 13-1

為 rental 資料表撰寫一道 alter table 敘述，以便在 customer 資料表中有某筆資料被刪除、但該筆資料的資料值仍存在於 rental.customer_id 欄位中時，會發出錯誤。

```
ALTER TABLE rental
ADD CONSTRAINT fk_rental_customer_id FOREIGN KEY (customer_id)
REFERENCES customer (customer_id) ON DELETE RESTRICT;
```

練習 13-2

為 payment 資料表產生一個多欄位索引，以便用於以下兩道查詢：

```
SELECT customer_id, payment_date, amount
FROM payment
WHERE payment_date > cast('2019-12-31 23:59:59' as datetime);

SELECT customer_id, payment_date, amount
FROM payment
WHERE payment_date > cast('2019-12-31 23:59:59' as datetime)
  AND amount < 5;

CREATE INDEX idx_payment01
ON payment (payment_date, amount);
```

第十四章

練習 14-1

建立一個檢視表定義，讓下列查詢可以參照並產生以下的結果：

```
SELECT title, category_name, first_name, last_name
FROM film_ctgry_actor
WHERE last_name = 'FAWCETT';
+---------------------+---------------+------------+-----------+
| title               | category_name | first_name | last_name |
+---------------------+---------------+------------+-----------+
| ACE GOLDFINGER      | Horror        | BOB        | FAWCETT   |
| ADAPTATION HOLES    | Documentary   | BOB        | FAWCETT   |
| CHINATOWN GLADIATOR | New           | BOB        | FAWCETT   |
| CIRCUS YOUTH        | Children      | BOB        | FAWCETT   |
| CONTROL ANTHEM      | Comedy        | BOB        | FAWCETT   |
| DARES PLUTO         | Animation     | BOB        | FAWCETT   |
| DARN FORRESTER      | Action        | BOB        | FAWCETT   |
| DAZED PUNK          | Games         | BOB        | FAWCETT   |
| DYNAMITE TARZAN     | Classics      | BOB        | FAWCETT   |
| HATE HANDICAP       | Comedy        | BOB        | FAWCETT   |
| HOMICIDE PEACH      | Family        | BOB        | FAWCETT   |
| JACKET FRISCO       | Drama         | BOB        | FAWCETT   |
| JUMANJI BLADE       | New           | BOB        | FAWCETT   |
| LAWLESS VISION      | Animation     | BOB        | FAWCETT   |
| LEATHERNECKS DWARFS | Travel        | BOB        | FAWCETT   |
| OSCAR GOLD          | Animation     | BOB        | FAWCETT   |
| PELICAN COMFORTS    | Documentary   | BOB        | FAWCETT   |
| PERSONAL LADYBUGS   | Music         | BOB        | FAWCETT   |
| RAGING AIRPLANE     | Sci-Fi        | BOB        | FAWCETT   |
| RUN PACIFIC         | New           | BOB        | FAWCETT   |
| RUNNER MADIGAN      | Music         | BOB        | FAWCETT   |
| SADDLE ANTITRUST    | Comedy        | BOB        | FAWCETT   |
| SCORPION APOLLO     | Drama         | BOB        | FAWCETT   |
| SHAWSHANK BUBBLE    | Travel        | BOB        | FAWCETT   |
| TAXI KICK           | Music         | BOB        | FAWCETT   |
| BERETS AGENT        | Action        | JULIA      | FAWCETT   |
| BOILED DARES        | Travel        | JULIA      | FAWCETT   |
| CHISUM BEHAVIOR     | Family        | JULIA      | FAWCETT   |
| CLOSER BANG         | Comedy        | JULIA      | FAWCETT   |
| DAY UNFAITHFUL      | New           | JULIA      | FAWCETT   |
| HOPE TOOTSIE        | Classics      | JULIA      | FAWCETT   |
| LUKE MUMMY          | Animation     | JULIA      | FAWCETT   |
| MULAN MOON          | Comedy        | JULIA      | FAWCETT   |
| OPUS ICE            | Foreign       | JULIA      | FAWCETT   |
| POLLOCK DELIVERANCE | Foreign       | JULIA      | FAWCETT   |
| RIDGEMONT SUBMARINE | New           | JULIA      | FAWCETT   |
| SHANGHAI TYCOON     | Travel        | JULIA      | FAWCETT   |
| SHAWSHANK BUBBLE    | Travel        | JULIA      | FAWCETT   |
| THEORY MERMAID      | Animation     | JULIA      | FAWCETT   |
| WAIT CIDER          | Animation     | JULIA      | FAWCETT   |
+---------------------+---------------+------------+-----------+
```

```
40 rows in set (0.00 sec)

CREATE VIEW film_ctgry_actor
AS
SELECT f.title,
  c.name category_name,
  a.first_name,
  a.last_name
FROM film f
  INNER JOIN film_category fc
  ON f.film_id = fc.film_id
  INNER JOIN category c
  ON fc.category_id = c.category_id
  INNER JOIN film_actor fa
  ON fa.film_id = f.film_id
  INNER JOIN actor a
  ON fa.actor_id = a.actor_id;
```

練習 14-2

租片業者的主管想要看一份報表，其中要包含每個國家的名稱、以及該國所有客戶的付款總額。請製作一個檢視表定義，其中會查詢 country 資料表，同時以純量子查詢計算出 tot_payments 欄位的總和值。

```
CREATE VIEW country_payments
AS
SELECT c.country,
  (SELECT sum(p.amount)
  FROM city ct
    INNER JOIN address a
    ON ct.city_id = a.city_id
    INNER JOIN customer cst
    ON a.address_id = cst.address_id
    INNER JOIN payment p
    ON cst.customer_id = p.customer_id
  WHERE ct.country_id = c.country_id
  ) tot_payments
FROM country c
```

第十五章

練習 15-1

撰寫一道查詢，列出 Sakila 架構中全部的索引。必須包括資料表名稱。

```
mysql> SELECT DISTINCT table_name, index_name
    -> FROM information_schema.statistics
    -> WHERE table_schema = 'sakila';
+---------------+----------------------------+
| TABLE_NAME    | INDEX_NAME                 |
+---------------+----------------------------+
| actor         | PRIMARY                    |
| actor         | idx_actor_last_name        |
| address       | PRIMARY                    |
| address       | idx_fk_city_id             |
| address       | idx_location               |
| category      | PRIMARY                    |
| city          | PRIMARY                    |
| city          | idx_fk_country_id          |
| country       | PRIMARY                    |
| film          | PRIMARY                    |
| film          | idx_title                  |
| film          | idx_fk_language_id         |
| film          | idx_fk_original_language_id |
| film_actor    | PRIMARY                    |
| film_actor    | idx_fk_film_id             |
| film_category | PRIMARY                    |
| film_category | fk_film_category_category   |
| film_text     | PRIMARY                    |
| film_text     | idx_title_description      |
| inventory     | PRIMARY                    |
| inventory     | idx_fk_film_id             |
| inventory     | idx_store_id_film_id       |
| language      | PRIMARY                    |
| staff         | PRIMARY                    |
| staff         | idx_fk_store_id            |
| staff         | idx_fk_address_id          |
| store         | PRIMARY                    |
| store         | idx_unique_manager         |
| store         | idx_fk_address_id          |
| customer      | PRIMARY                    |
| customer      | idx_email                  |
| customer      | idx_fk_store_id            |
| customer      | idx_fk_address_id          |
| customer      | idx_last_name              |
| customer      | idx_full_name              |
| rental        | PRIMARY                    |
| rental        | rental_date                |
| rental        | idx_fk_inventory_id        |
| rental        | idx_fk_customer_id         |
| rental        | idx_fk_staff_id            |
| payment       | PRIMARY                    |
```

```
| payment        | idx_fk_staff_id             |
| payment        | idx_fk_customer_id          |
| payment        | fk_payment_rental           |
| payment        | idx_payment01               |
+----------------+-----------------------------+
45 rows in set (0.00 sec)
```

練習 15-2

撰寫一道查詢，其輸出必須可以用來建立 `sakila.customer` 資料表的全部索引。
輸出格式應當如下所示：

"ALTER TABLE <table_name> ADD INDEX <index_name> (<column_list>)"

以下是利用 **with** 子句的解法：

```
mysql> WITH idx_info AS
    ->  (SELECT s1.table_name, s1.index_name,
    ->    s1.column_name, s1.seq_in_index,
    ->    (SELECT max(s2.seq_in_index)
    ->     FROM information_schema.statistics s2
    ->     WHERE s2.table_schema = s1.table_schema
    ->       AND s2.table_name = s1.table_name
    ->       AND s2.index_name = s1.index_name) num_columns
    ->   FROM information_schema.statistics s1
    ->   WHERE s1.table_schema = 'sakila'
    ->     AND s1.table_name = 'customer'
    ->  )
    -> SELECT concat(
    ->   CASE
    ->     WHEN seq_in_index = 1 THEN
    ->       concat('ALTER TABLE ', table_name, ' ADD INDEX ',
    ->              index_name, ' (', column_name)
    ->     ELSE concat(' , ', column_name)
    ->   END,
    ->   CASE
    ->     WHEN seq_in_index = num_columns THEN ');'
    ->     ELSE ''
    ->   END
    ->  ) index_creation_statement
    -> FROM idx_info
    -> ORDER BY index_name, seq_in_index;
+--------------------------------------------------------------+
| index_creation_statement                                     |
+--------------------------------------------------------------+
| ALTER TABLE customer ADD INDEX idx_email (email);            |
```

```
| ALTER TABLE customer ADD INDEX idx_fk_address_id (address_id); |
| ALTER TABLE customer ADD INDEX idx_fk_store_id (store_id);     |
| ALTER TABLE customer ADD INDEX idx_full_name (last_name        |
|    , first_name);                                             |
| ALTER TABLE customer ADD INDEX idx_last_name (last_name);      |
| ALTER TABLE customer ADD INDEX PRIMARY (customer_id);          |
+---------------------------------------------------------------+
7 rows in set (0.00 sec)
```

不過讀過第 16 章之後，你可以改用以下方式：

```
mysql> SELECT concat('ALTER TABLE ', table_name, ' ADD INDEX ',
    ->    index_name, ' (',
    ->    group_concat(column_name order by seq_in_index separator ', '),
    ->    ');'
    ->    ) index_creation_statement
    -> FROM information_schema.statistics
    -> WHERE table_schema = 'sakila'
    ->    AND table_name = 'customer'
    -> GROUP BY table_name, index_name;
+------------------------------------------------------------------------+
| index_creation_statement                                               |
+------------------------------------------------------------------------+
| ALTER TABLE customer ADD INDEX idx_email (email);                      |
| ALTER TABLE customer ADD INDEX idx_fk_address_id (address_id);         |
| ALTER TABLE customer ADD INDEX idx_fk_store_id (store_id);             |
| ALTER TABLE customer ADD INDEX idx_full_name (last_name, first_name);  |
| ALTER TABLE customer ADD INDEX idx_last_name (last_name);              |
| ALTER TABLE customer ADD INDEX PRIMARY (customer_id);                  |
+------------------------------------------------------------------------+
6 rows in set (0.00 sec)
```

第十六章

本次練習請參考以下源自 Sales_Fact 資料表的資料集：

```
Sales_Fact
+---------+----------+-----------+
| year_no | month_no | tot_sales |
+---------+----------+-----------+
|    2019 |        1 |     19228 |
|    2019 |        2 |     18554 |
|    2019 |        3 |     17325 |
|    2019 |        4 |     13221 |
|    2019 |        5 |      9964 |
|    2019 |        6 |     12658 |
```

```
| 2019 |      7 |     14233 |
| 2019 |      8 |     17342 |
| 2019 |      9 |     16853 |
| 2019 |     10 |     17121 |
| 2019 |     11 |     19095 |
| 2019 |     12 |     21436 |
| 2020 |      1 |     20347 |
| 2020 |      2 |     17434 |
| 2020 |      3 |     16225 |
| 2020 |      4 |     13853 |
| 2020 |      5 |     14589 |
| 2020 |      6 |     13248 |
| 2020 |      7 |      8728 |
| 2020 |      8 |      9378 |
| 2020 |      9 |     11467 |
| 2020 |     10 |     13842 |
| 2020 |     11 |     15742 |
| 2020 |     12 |     18636 |
+---------+----------+-----------+
24 rows in set (0.00 sec)
```

練習 16-1

寫一道查詢，從 Sales_Fact 取出所有資料列，再加上一個欄位，按照 tot_sales 的欄位值進行排名。最高值應排名第 1、吊車尾的名次則是 24。

```
mysql> SELECT year_no, month_no, tot_sales,
    ->   rank() over (order by tot_sales desc) sales_rank
    -> FROM sales_fact;
+---------+----------+-----------+------------+
| year_no | month_no | tot_sales | sales_rank |
+---------+----------+-----------+------------+
|    2019 |       12 |     21436 |          1 |
|    2020 |        1 |     20347 |          2 |
|    2019 |        1 |     19228 |          3 |
|    2019 |       11 |     19095 |          4 |
|    2020 |       12 |     18636 |          5 |
|    2019 |        2 |     18554 |          6 |
|    2020 |        2 |     17434 |          7 |
|    2019 |        8 |     17342 |          8 |
|    2019 |        3 |     17325 |          9 |
|    2019 |       10 |     17121 |         10 |
|    2019 |        9 |     16853 |         11 |
|    2020 |        3 |     16225 |         12 |
|    2020 |       11 |     15742 |         13 |
|    2020 |        5 |     14589 |         14 |
```

```
|    2019 |        7 |      14233 |          15 |
|    2020 |        4 |      13853 |          16 |
|    2020 |       10 |      13842 |          17 |
|    2020 |        6 |      13248 |          18 |
|    2019 |        4 |      13221 |          19 |
|    2019 |        6 |      12658 |          20 |
|    2020 |        9 |      11467 |          21 |
|    2019 |        5 |       9964 |          22 |
|    2020 |        8 |       9378 |          23 |
|    2020 |        7 |       8728 |          24 |
+---------+----------+------------+------------+
24 rows in set (0.02 sec)
```

練習 16-2

改寫上一題的查詢，產生兩組從 1 到 12 的排名，一組供 2019 的資料用、另一組供 2020 用。

```
mysql> SELECT year_no, month_no, tot_sales,
    ->    rank() over (partition by year_no
    ->              order by tot_sales desc) sales_rank
    -> FROM sales_fact;
+---------+----------+------------+------------+
| year_no | month_no | tot_sales | sales_rank |
+---------+----------+------------+------------+
|    2019 |       12 |      21436 |          1 |
|    2019 |        1 |      19228 |          2 |
|    2019 |       11 |      19095 |          3 |
|    2019 |        2 |      18554 |          4 |
|    2019 |        8 |      17342 |          5 |
|    2019 |        3 |      17325 |          6 |
|    2019 |       10 |      17121 |          7 |
|    2019 |        9 |      16853 |          8 |
|    2019 |        7 |      14233 |          9 |
|    2019 |        4 |      13221 |         10 |
|    2019 |        6 |      12658 |         11 |
|    2019 |        5 |       9964 |         12 |
|    2020 |        1 |      20347 |          1 |
|    2020 |       12 |      18636 |          2 |
|    2020 |        2 |      17434 |          3 |
|    2020 |        3 |      16225 |          4 |
|    2020 |       11 |      15742 |          5 |
|    2020 |        5 |      14589 |          6 |
|    2020 |        4 |      13853 |          7 |
|    2020 |       10 |      13842 |          8 |
|    2020 |        6 |      13248 |          9 |
```

```
|    2020 |        9 |     11467 |          10 |
|    2020 |        8 |      9378 |          11 |
|    2020 |        7 |      8728 |          12 |
+---------+----------+-----------+-------------+
24 rows in set (0.00 sec)
```

練習 16-3

寫一道查詢取出所有 2020 年度的資料，並加上一個欄位，其中含有上個月的 tot_sales 欄位值。

```
mysql> SELECT year_no, month_no, tot_sales,
    ->   lag(tot_sales) over (order by month_no) prev_month_sales
    -> FROM sales_fact
    -> WHERE year_no = 2020;
+---------+----------+-----------+------------------+
| year_no | month_no | tot_sales | prev_month_sales |
+---------+----------+-----------+------------------+
|    2020 |        1 |     20347 |             NULL |
|    2020 |        2 |     17434 |            20347 |
|    2020 |        3 |     16225 |            17434 |
|    2020 |        4 |     13853 |            16225 |
|    2020 |        5 |     14589 |            13853 |
|    2020 |        6 |     13248 |            14589 |
|    2020 |        7 |      8728 |            13248 |
|    2020 |        8 |      9378 |             8728 |
|    2020 |        9 |     11467 |             9378 |
|    2020 |       10 |     13842 |            11467 |
|    2020 |       11 |     15742 |            13842 |
|    2020 |       12 |     18636 |            15742 |
+---------+----------+-----------+------------------+
12 rows in set (0.00 sec)
```

索引

※ 提醒您：由於翻譯書排版的關係，部分索引名詞的對應頁碼會和實際頁碼有一頁之差。

關於作者

Alan Beaulieu 從事資料庫設計及建置已逾卅載。他擁有自己的顧問業務，專精於極大型資料庫的設計、部署與效能調校，並多半運用在財金服務領域。Alan 喜愛與家人共度閒暇時光、在樂團中擔任鼓手、彈奏烏客麗麗，或是偕妻子健行並尋找完美的觀景野餐景點。擁有康乃爾大學的工程學位。

出版記事

本書封面動物是里氏囊蛙（Andean marsupial tree frog，學名 *Gastrotheca riobambae*）。這種專門在黃昏及夜間活動的青蛙，原產於安地斯山脈的西側，遍佈於里奧班巴盆地到北部的伊瓦拉之間。

雄蛙在求偶時會發出聲音（wraaack-ack-ack）來吸引雌蛙。如果準備產卵的雌蛙受到吸引，雄蛙便會爬上雌蛙背部，進行典型的青蛙交配動作，也就是「假交配」（nuptial amplexus）。當雌蛙以泄殖腔產下卵後，雄性便用腳接住卵並令其受精，同時將受精卵放回雌蛙背上的小袋中。雌蛙平均可以孵化 130 個卵子，並在育兒袋中持續發育 60 ～ 120 天。孵化期間育兒袋會明顯腫脹，從雌蛙背部的皮下隆起。當蝌蚪從育兒袋裡出來時，雌蛙便將牠們放入水中。兩三個月內蝌蚪就會成長為小青蛙，七個月後就成熟到可以交配了（再度 wraaaack-ack-ack）。

雌雄樹蛙的前後腳趾都有盤狀蹼，有助於在樹緣垂直攀爬。雄性成蛙長約兩吋，雌蛙則可長到兩吋半長，體色則會在綠色與棕色之間自然變化。幼蛙的顏色則會隨著成長，從棕色變換為綠色。

這種樹蛙的數量正在銳減當中，目前在國際自然保護聯盟瀕危物種紅色名錄（IUCN Red List）中已被歸類為瀕危物種。其生存正面臨農業開墾、入侵物種與病原體、氣候變遷及污染等多重威脅。

封面彩繪由 Karen Montgomery 繪製，題材源於 *The Dover Pictorial Archive* 一書的黑白刻版印刷。

SQL 學習手冊 第三版｜資料建立、維護與檢索

作　　者：Alan Beaulieu
譯　　者：林班侯
企劃編輯：莊吳行世
文字編輯：江雅鈴
設計裝幀：陶相騰
發 行 人：廖文良

發 行 所：碁峰資訊股份有限公司
地　　址：台北市南港區三重路 66 號 7 樓之 6
電　　話：(02)2788-2408
傳　　真：(02)8192-4433
網　　站：www.gotop.com.tw
書　　號：A705
版　　次：2022 年 12 月初版
建議售價：NT$620

國家圖書館出版品預行編目資料

SQL 學習手冊：資料建立、維護與檢索 / Alan Beaulieu 原著；
　林班侯譯. -- 初版. -- 臺北市：碁峰資訊, 2022.12
　　面；　公分
　譯自：Learning SQL, 3rd Edition
　ISBN 978-626-324-352-1(平裝)
　1.CST：資料庫管理系統　2.CST：資料探勘　3.CST：SQL(電
腦程式語言)
312.7565　　　　　　　　　　　　　　　　111017713

讀者服務

● 感謝您購買碁峰圖書，如果您對
本書的內容或表達上有不清楚
的地方或其他建議，請至碁峰網
站：「聯絡我們」\「圖書問題」留
下您所購買之書籍及問題。(請
註明購買書籍之書號及書名，以
及問題頁數，以便能儘快為您處
理)
http://www.gotop.com.tw

● 售後服務僅限書籍本身內容，若
是軟、硬體問題，請您直接與軟
體廠商聯絡。

● 若於購買書籍後發現有破損、缺
頁、裝訂錯誤之問題，請直接將
書寄回更換，並註明您的姓名、
連絡電話及地址，將有專人與您
連絡補寄商品。